U0202905

内 容 简 介

　　本书是大学数学系复变函数基础课教材. 全书共九章,内容包括:复数与复空间,复平面的拓扑,解析函数概念与初等解析函数,Cauchy 定理与 Cauchy 积分,解析函数的级数展开,留数定理和辐角原理,调和函数,解析开拓和共形映射等. 本书选材精练,思路清楚,叙述简洁,推导严谨. 特别是在 Cauchy 定理的证明中,采用对积分闭路的简化推导,比同类教材要技高一筹. 本书注重用现代数学的观点讲述复变函数内容. 如在解析开拓中用连通性论证代替"滚圆法",引入曲线同伦的概念证明单值性定理;用 Riemann 曲面的观点讲述无穷远点函数解析、可微和留数的概念等. 对解析函数、多值函数、解析开拓和共形映射等内容作了较好的处理,使传统内容以新的面貌出现. 为方便读者使用,各章配有适量的习题,并附有解答和较详细的提示.

　　本书可作为综合大学和高等师范院校数学系及相关专业大学生的教科书或教学参考书,也可作为大、中学数学教师、科技工作者和工程技术人员的数学参考书.

复变函数教程

方企勤 编著

北京大学出版社
PEKING UNIVERSITY PRESS

图书在版编目 (CIP) 数据

复变函数教程 / 方企勤编著. —北京：北京大学出版社，1996.12
ISBN 978-7-301-03100-1

Ⅰ.①复… Ⅱ.①方… Ⅲ.复变函数－高等学校－教材
Ⅳ.① O174.5

书 名	复变函数教程	
著作责任者	方企勤 编著	
责 任 编 辑	刘 勇	
标 准 书 号	ISBN 978-7-301-03100-1/O·0373	
出 版 发 行	北京大学出版社	
地 址	北京市海淀区成府路 205 号 100871	
网 址	http://www.pup.cn 新浪微博：@ 北京大学出版社	
电 子 信 箱	zpup@pup.cn	
电 话	邮购部 62752015 发行部 62750672 编辑部 62752021	
印 刷 者	河北滦县鑫华书刊印刷厂	
经 销 者	新华书店	
	850 毫米 × 1168 毫米 32 开本 10.125 印张 264 千字	
	1996 年 12 月第 1 版 2019 年 5 月第 12 次印刷	
定 价	30.00 元	

序　言

　　复变函数是大学数学系的一门重要基础课,为配合这门课程的教学,国内外已出版了许多复变函数的教材.国内复变函数的教材数量太少,使讲课教员在确定教材和主要参考书时,没有可供选择的余地.作者在多次讲授这门课的基础上,把融入个人教学经验的讲义编写成书,只是供使用者多一种选择的可能.

　　据作者讲授的经验,课中有些内容较易讲授.如 Cauchy 定理与 Cauchy 公式,Taylor 展式与 Laurent 展式,留数定理与 Rouché 定理及其应用等.对这部分内容力求在逻辑上编排得更有条理、更加系统,有利于读者主动地、积极地去思考问题,能更好、更快地领会和理解所讲述的内容.课中有些内容不易讲授,如多值函数的单值域选取和黎曼曲面的构造,解析函数沿曲线的解析开拓与单值性定理,黎曼存在定理与边界对应定理等.对这部分内容力图在概念上讲得更清楚些、方法上讲得更透彻些.

　　书中充分吸取国外教材中有意思、有启发性的内容.如第三章作为导数法则的应用,证明多项式零点与其导数零点的关系;Cauchy 公式的证明采用数学归纳法处理;第六章在单叶解析函数的应用中加进解析函数局部映射的性质.本书与当前国外教材主要差别在于 Cauchy 定理的处理.国外教材都是先引入曲线绕一点的环绕数和闭曲线族在区域上同调于零的概念,定理的证明采用 Dixon 证法或 Beurdon 证法、Artin 证法等.而本书仍采用传统的 Pringsheim 方法处理.因为这样做并不影响今后学习黎曼曲面、多复变函数、H_p 空间、单叶函数论等专门化课程,而且国外教材的讲法不能替代本书的讲法,比如本书讨论积分路径可以是区域的边界,和区域可以包含无穷远点情形.

木书在与数学分析的衔接上,尽量做到相互推证、彼此呼应.如在第三章应用数学分析中反函数存在定理来证解析函数的反函数定理,用数学分析中曲线积分与路径无关定理,证明单连通区域内调和函数一定有共轭调和函数和对数函数在不含原点的单连通域内一定可取出单值解析分支等.特别实初等函数是解析函数在实轴上的限制,所以关于初等函数的一些命题,用解析函数方法可给出统一的、简明的处理.如重新得初等函数的 Taylor 展式,而不必去证余项趋于零;正切、余切函数展成部分分式,在数学分析中用 Fourier 级数技巧,一些特殊广义积分计算用参变积分技巧,现在用留数定理给出统一的、有一定程式可循的处理.但 e^{-x^2} 在实轴上积分是例外,用复分析方法比数学分析中办法来得复杂,所以本书插入一段数学分析的内容,使读者对有关公式前后左右关系有一完整的认识.

本书是按 64 学时的课程编写的,对只有 48 学时的课程也是适用的,当然课程内容需要作些删减.如第三章反余弦、反正切函数不讲;第五章第一节只着重讲 Weierstrass 定理;第六章关于对半纯函数的应用不讲;第七章有选择地只讲前三节内容;第八章只讲前两节内容,单值性定理仅介绍不证明;第九章只讲第一节内容,黎曼映射定理与边界对应定理只介绍不证明.在顺序上,把第七章移到最后,必要时可以删去.经这样删节后,这些内容是能够在 48 学时内讲授完的.

此书编写过程中,张顺燕教授仔细审阅书稿,并提出了许多有益的修改意见.责任编辑刘勇同志为审编此书付出了辛勤的劳动,在此,谨向他们表示衷心的感谢.

由于作者水平所限,书中缺点和错误在所难免,恳切希望大家批评指正.

方企勤

1996 年 1 月于北京

目　录

第一章　复数与复空间

在中学代数课程里,为了解一元二次方程而引进了复数的概念,并且阐明了它的运算和若干基本性质.这一章在复习复数的运算和性质的基础上,我们要讨论关于圆周的对称点和球极射影.

§1　复　数　域

在中学课程里,我们把$\sqrt{-1}$记为 i,并引进复数$a+ib$,其中a,b为实数.这样讲对今后进一步的讨论不会产生什么麻烦,但从逻辑上来说毕竟是有缺陷的,它回避了虚数 i 的存在问题,因为我们没有定义过负实数开平方根.为了从逻辑上克服这一缺陷,必须只用实数来给出复数的定义.

我们把复数集定义为所有有序数对(a,b)的集合,其中a,b为实数.有序数对的加法与乘法定义如下:
$$(a,b) + (c,d) = (a + c, b + d),$$
$$(a,b)(c,d) = (ac - bd, bc + ad).$$

容易验证,这样定义的复数集满足域的所有公理,也就是说满足加法和乘法的结合律、交换律、分配律,对加法存在零元素$(0,0)$和逆元素$(-a,-b)$,对乘法存在单位元素$(1,0)$和每一个非零元素(a,b)有逆元素$(a/(a^2+b^2),-b/(a^2+b^2))$,所以复数集在定义加法与乘法运算后为一域.根据运算定义,任一有序数对(a,b)总可表示成:
$$(a,b) = (a,0) + (0,1)(b,0).$$
我们通过映射$a \mapsto (a,0)$,建立实数域和复数子域间的同构,即不仅映射是一一对应,而且保持加法和乘法,所以我们可以把实数域

看成是复数域的一个子集,记号$(a,0)$与a可以不加区分.再记$(0,1)$为i,那么我们有

$$(a,b) = (a,0) + (0,1)(b,0)$$
$$= a + ib,$$
$$i^2 = (0,1)(0,1) = (-1,0) = -1.$$

这说明用有序实数对定义的复数可以用我们熟知的记号来表示.数i的平方为-1.现在i表示一个实数对$(0,1)$,这就解决了i的存在问题,而熟知的复数运算仍有效.为方便起见,我们仍记$i=\sqrt{-1}$,称i为纯虚数单位.

§2 复数的表示

上节定义有序实数对(x,y)为复数,记做z.引入记号$i=(0,1)$和恒同实数a与复数$(a,0)$后,复数z可记为$z=x+iy,x,y$分别称为复数z的**实部**和**虚部**,记做:

$$x = \text{Re} z, \quad y = \text{Im} z.$$

在平面上取正交坐标系Oxy,用坐标为(x,y)的点P表示复数$z=x+iy$.这样复数就与平面上的点一一对应.实数与x轴上的点一一对应,x轴称为实轴;虚数iy与y轴上的点一一对应,y轴称为虚轴.与复数建立了这种对应关系的平面就称为**复平面**.今后,复数与复平面的点可以不加区别.全体复数或复平面记做$\mathbb{C}$.

复数也可与平面上的自由向量一一对应.该复数$z=x+iy$对应于点$P=(x,y)$,则复数z与向量$\overrightarrow{OP}$对应(向量$\overrightarrow{OP}$平移后所得向量与原向量视作同一向量).反之,给定一向量,将其起点置于原点,设其终点为P,x和y分别是$\overrightarrow{OP}$在x轴和y轴上的投影,则给定向量对应于复数$z=x+iy$.

向量$\overrightarrow{OP}$的长度r称为复数$z=x+iy$的**模**,记做$|z|$.显然(图1-1)

$$|z| = r = \sqrt{x^2 + y^2},$$

$$\left.\begin{array}{c} |x| \\ |y| \end{array}\right\} \leqslant |z| \leqslant |x| + |y|.$$

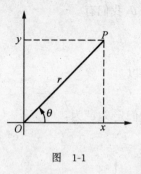

图 1-1

假如 P 不是原点(即 $z \neq 0$),则称向量 $\overrightarrow{OP}$ 与 x 轴正向之间的夹角 θ 为复数 z 的**辐角**,记做 Arg$z$. 辐角的符号规定为:由正实轴依反时针方向转到 $\overrightarrow{OP}$ 为正,顺时针方向为负. 显然一个复数有无穷多个辐角,若 θ_0 为复数 z 的一个辐角,那么

$$\theta = \theta_0 + 2k\pi \quad (k \in \mathbb{Z} \text{ —— 整数集})$$

就给出了复数 z 的全部辐角. 为确定起见,我们只取一个辐角与之对应,称为辐角的**主值**,记做 arg$z$. 主值通常有两种取法,一种取法是在 Arg$z$ 中取满足 $0 \leqslant \theta_0 < 2\pi$ 的辐角作为主值,这时

$$\arg z = \begin{cases} \arctan \dfrac{y}{x}, & z \text{ 在第 I 象限}; \\[2mm] \arctan \dfrac{y}{x} + \pi, & z \text{ 在第 II,III 象限}; \\[2mm] \arctan \dfrac{y}{x} + 2\pi, & z \text{ 在第 IV 象限}. \end{cases}$$

另一种取满足 $-\pi \leqslant \theta_0 < \pi$ 的辐角作为 z 的辐角主值,这时

$$\arg z = \begin{cases} \arctan \dfrac{y}{x}, & z \text{ 在第 I,IV 象限}; \\[2mm] \arctan \dfrac{y}{x} \pm \pi, & z \text{ 在第 II,III 象限}. \end{cases}$$

不管主值如何取,总有

$$\text{Arg} z = \arg z + 2k\pi, \quad k \in \mathbb{Z}.$$

上面公式是说:给定复数的实部与虚部,我们可以求出复数的模与辐角($z = 0$ 时,辐角是不定的). 反之给定复数的模 r 与辐

角 θ,我们有

$$\begin{cases} x = r\cos\theta, \\ y = r\sin\theta. \end{cases}$$

所以

$$z = x + iy = r(\cos\theta + i\sin\theta).$$

我们定义 $e^{i\theta}$ 为：

$$e^{i\theta} = \cos\theta + i\sin\theta.$$

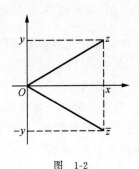

这么定义的合理性在于它仍保留了指数运算规则,如容易证明 $e^{i\theta_1 + i\theta_2} = e^{i\theta_1} \cdot e^{i\theta_2}$. 这样复数 z 可表示为

$$z = re^{i\theta}.$$

复数 $x - iy$ 称为复数 $z = x + iy$ 的**共轭复数**. 记做 $\bar{z}$. 显然 z 和 $\bar{z}$ 关于实轴是对称的(图 1-2). 若取辐角主值在 $[-\pi, \pi)$,则有

$$|\bar{z}| = |z|, \quad \arg\bar{z} = -\arg z,$$

$$\overline{(\bar{z})} = z, \quad z\bar{z} = |z|^2, \quad x = \frac{z + \bar{z}}{2},$$

$$y = \frac{z - \bar{z}}{2i}.$$

图 1-2

§3 复数的运算

我们称两复数 $z_1 = x_1 + iy_1, z_2 = x_2 + iy_2$ 相等,如果 $x_1 = x_2$, $y_1 = y_2$,仍记为 $z_1 = z_2$. 注意,复数无大小可言.

两复数的加法和减法定义为：

$$z_1 \pm z_2 = (x_1 \pm x_2) + i(y_1 \pm y_2).$$

若用 $\overrightarrow{OP_1}, \overrightarrow{OP_2}$ 分别表示复数 z_1 和 z_2 对应的向量,由于复数的加减法与向量的加减法规则一致,因此求两复数的和与差可化为求两向量的和与差,按向量求和的平行四边形规则,向量 $\overrightarrow{OP}$ 表示复数 z_1+z_2,向量 $\overrightarrow{P_2P_1}$ 表示复数 z_1-z_2(图 1-3).

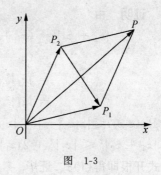

图 1-3

讨论复数乘除法时,我们采用复数的极坐标形式. 设 $z_1=r_1\mathrm{e}^{\mathrm{i}\theta_1}$, $z_2=r_2\mathrm{e}^{\mathrm{i}\theta_2}$,则
$$z_1 \cdot z_2 = r_1r_2\mathrm{e}^{\mathrm{i}\theta_1}\mathrm{e}^{\mathrm{i}\theta_2} = r_1r_2\mathrm{e}^{\mathrm{i}(\theta_1+\theta_2)},$$
所以
$$|z_1z_2| = r_1r_2, \quad \mathrm{Arg}(z_1z_2) = \theta_1 + \theta_2 + 2k\pi, \quad k \in \mathbb{Z}.$$
由此得
$$\begin{cases} |z_1z_2| = |z_1||z_2|, \\ \mathrm{Arg}(z_1z_2) = \mathrm{Arg}z_1 + \mathrm{Arg}z_2, \end{cases}$$
这表明两复数乘积的模等于模的乘积,乘积的辐角等于辐角的和.

同理可得($z_2 \neq 0$ 时)
$$\begin{cases} |z_1/z_2| = |z_1|/|z_2|, \\ \mathrm{Arg}\, \dfrac{z_1}{z_2} = \mathrm{Arg}z_1 - \mathrm{Arg}z_2, \end{cases}$$
即两复数商的模等于模的商,商的辐角等于辐角之差.

因 $\mathrm{i}=\mathrm{e}^{\frac{\pi}{2}\mathrm{i}}$,所以 $|\mathrm{i}|=1$, $\arg\mathrm{i}=\pi/2$. 于是 $\mathrm{i}z$ 对应的向量可以由 z 对应的向量经逆时针旋转 $90°$ 而得到,$z/\mathrm{i}=-\mathrm{i}z$ 对应的向量可以由 z 对应的向量经顺时针旋转 $90°$ 而得到.

§4 不 等 式

利用复数加法的几何意义及三角形两边长的和不小于第三边的长,我们可得三角不等式.

定理 1 $|z_1+z_2|\leqslant|z_1|+|z_2|$. (1)

证明 由

$$|z_1 + z_2|^2 = (z_1 + z_2)\overline{(z_1 + z_2)}$$
$$= (z_1 + z_2)(\bar{z}_1 + \bar{z}_2)$$
$$= |z_1|^2 + (z_1\bar{z}_2 + \bar{z}_1 z_2) + |z_2|^2$$
$$= |z_1|^2 + 2\text{Re}(z_1\bar{z}_2) + |z_2|^2,$$

和 $\text{Re}(z_1\bar{z}_2) \leqslant |z_1\bar{z}_2| = |z_1||z_2|$,所以

$$|z_1 + z_2|^2 \leqslant |z_1|^2 + 2|z_1||z_2| + |z_2|^2 = (|z_1| + |z_2|)^2,$$

上式开根即得(1)式.证毕.

推论 $$||z_1| - |z_2|| \leqslant |z_1 - z_2|, \tag{2}$$

$$\Big|\sum_{k=1}^{n} z_k\Big| \leqslant \sum_{k=1}^{n} |z_k|. \tag{3}$$

证明 由定理1,

$$|z_1| \leqslant |z_1 - z_2| + |z_2|,$$

因此

$$|z_1| - |z_2| \leqslant |z_1 - z_2|.$$

同理

$$|z_2| - |z_1| \leqslant |z_2 - z_1| = |z_1 - z_2|.$$

由上两式即可得(2).利用三角不等式和归纳法不难推出(3)式.证毕.

定理 2 设 $a_k, b_k (k = 1, 2, \cdots, n)$ 为复数,则

$$\Big|\sum_{k=1}^{n} a_k b_k\Big|^2 \leqslant \Big(\sum_{k=1}^{n} |a_k|^2\Big)\Big(\sum_{k=1}^{n} |b_k|^2\Big). \tag{4}$$

证明 设 t 为任意复数,则

$$0 \leqslant |a_k - t\bar{b}_k|^2 = (a_k - t\bar{b}_k)(\bar{a}_k - \bar{t}b_k)$$
$$= |a_k|^2 - 2\text{Re}\,\bar{t}a_k b_k + |t|^2|b_k|^2.$$

对指标 k 求和,得

$$0 \leqslant \sum_{k=1}^{n} |a_k|^2 - 2\text{Re}\Big(\bar{t}\sum_{k=1}^{n} a_k b_k\Big) + |t|^2\sum_{k=1}^{n} |b_k|^2. \tag{5}$$

取

$$t = \sum_{k=1}^{n} a_k b_k \Big/ \sum_{k=1}^{n} |b_k|^2,$$

（无妨设分母不为零）代入(5)式得

$$0 \leqslant \sum_{k=1}^{n} |a_k|^2 - \frac{2\mathrm{Re}\left|\sum\limits_{k=1}^{n} a_k b_k\right|^2}{\sum\limits_{k=1}^{n} |b_k|^2} + \frac{\left|\sum\limits_{k=1}^{n} a_k b_k\right|^2}{\sum\limits_{k=1}^{n} |b_k|^2},$$

化简即得(4)式. 证毕.

§5 圆周和直线方程

若 $z_1 = x_1 + iy_1 = r_1 e^{i\theta_1}$, $z_2 = x_2 + iy_2 = r_2 e^{i\theta_2}$, 则

$$\mathrm{Re}z_1\bar{z}_2 = \mathrm{Re}\bar{z}_1 z_2 = x_1 x_2 + y_1 y_2 = r_1 r_2 \cos(\theta_1 - \theta_2).$$

这表明 $\mathrm{Re}z_1\bar{z}_2$ 在几何上表示 z_1, z_2 对应的向量的内积或数量积. 利用这个几何解释, 我们来讨论直线方程和关于直线的对称点.

给定复平面上直线 L, 它的法向量对应于复数 B(不要求为单位向量), 则直线 L 的方程可用

$$\mathrm{Re}B\bar{z} = -C/2 \qquad (6)$$

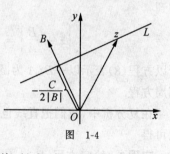

图 1-4

来表示(图 1-4), 其中 C 为某一实数. 当 z 对应的向量与 B 对应的向量夹角为锐角时, C 取负值; 钝角时 C 取正值. 利用

$$\mathrm{Re}z = (z + \bar{z})/2,$$

直线 L 方程(6)可改写成

$$\bar{B}z + B\bar{z} + C = 0. \qquad (7)$$

反之, 给定方程(7), 其中 B 为复数, C 为实数, 则(7)式等价于(6)式, 所以(7)式表示一直线方程.

设圆周 K 的圆心为 z_0, 半径为 R, 则 K 的方程为

$$|z - z_0| = R \text{ 或 } |z - z_0|^2 = R^2$$

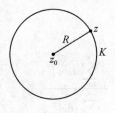

图 1-5

（图 1-5）. 将其乘开得

$$z\bar{z} - \bar{z}_0 z - z_0 \bar{z} + |z_0|^2 - R^2 = 0.$$

若令 $A = 1, B = -z_0, C = |z_0|^2 - R^2$，圆周 K 的方程可写成

$$Az\bar{z} + \bar{B}z + B\bar{z} + C = 0. \qquad (8)$$

反之，若给定上述方程，其中系数满足：

$$A, C \in \mathbb{R}, \quad B \in \mathbb{C}, \quad |B|^2 - AC > 0, \qquad (9)$$

则方程(8)表示直线或圆周方程. 事实上 $A = 0$ 时，(8)式即为直线方程(7)式. 若 $A \neq 0$，(8)式除以 A 得

$$z\bar{z} + \frac{\bar{B}}{A}z + \frac{B}{A}\bar{z} + \frac{C}{A} = 0,$$

类似于解二次方程，把上式改写成

$$\left(z + \frac{B}{A}\right)\left(\bar{z} + \frac{\bar{B}}{A}\right) = \frac{|B|^2 - AC}{A^2},$$

得到

$$\left| z + \frac{B}{A} \right| = \frac{\sqrt{|B|^2 - AC}}{|A|}.$$

所以方程(8)表示以 $-B/A$ 为圆心，以 $\sqrt{|B|^2 - AC}/|A|$ 为半径的圆周方程.

在复分析中，我们把直线也称为过无穷点的圆周. 综合上面讨论可得

定理3 给定方程 $Az\bar{z} + \bar{B}z + B\bar{z} + C = 0$，其中 A, C 为实数，B 为复数，且 $|B|^2 - AC > 0$，则方程是一圆周方程. 反之，每一圆周方程总可表示成系数满足式(9)式的方程(8).

§6 关于圆周的对称点

设两点 z_1, z_2 位于直线 L 的两侧，若 L 是连接 z_1, z_2 线段的垂直平分线时，则称 z_1, z_2 **关于直线 L 对称**（图 1-6）.

设 L 的方程为 $\overline{B}z + B\overline{z} + C = 0$，怎么判断两点 z_1, z_2 关于 L 是对称的呢？直线 L 与连接 z_1, z_2 的线段垂直，即向量 $z_2 - z_1$ 与向量 iB 正交，用式子来表示为：

$$\mathrm{Re}\, iB(\overline{z_2 - z_1}) = 0. \tag{10}$$

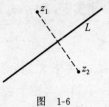

图 1-6

L 是连接 z_1, z_2 线段的平分线，即点 $\dfrac{z_1 + z_2}{2}$ 满足 L 的方程：

$$\overline{B}\frac{z_1 + z_2}{2} + B\frac{\overline{z}_1 + \overline{z}_2}{2} + C = 0. \tag{11}$$

由(10)式可得

$$iB(\overline{z}_2 - \overline{z}_1) - i\overline{B}(z_2 - z_1) = 0,$$

或

$$B\overline{z}_2 + \overline{B}z_1 = B\overline{z}_1 + \overline{B}z_2.$$

将上式代入(11)式便得

$$B\overline{z}_1 + \overline{B}z_2 + C = 0. \tag{12}$$

这表明若 z_1, z_2 关于直线 L：$\overline{B}z + B\overline{z} + C = 0$ 对称，则 z_1, z_2 要满足(12)式. 反之，若 z_1, z_2 满足(12)式，对(12)式取共轭可得

$$\overline{B}z_1 + B\overline{z}_2 + C = 0. \tag{13}$$

将(13)式与(12)式相加，得(11)式；将(13)式减去(12)式，可得

$$B(\overline{z}_2 - \overline{z}_1) - \overline{B}(z_2 - z_1) = 0,$$

上式乘以 $i/2$，便得(10)式. 这说明若(12)式成立，必有(10)，(11)式成立，其几何意义为直线 L 是连接 z_1, z_2 线段的垂直平分线，所以 z_1, z_2 关于直线 L 对称.

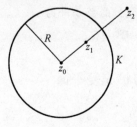

图 1-7

设两点 z_1, z_2 位于圆周 K 的两侧，并位于过圆心 z_0 的同一条射线上，还满足

$$|z_1 - z_0||z_2 - z_0| = R^2,$$

其中 R 为圆周 K 的半径，则称 z_1, z_2 **关于圆周 K 对称**(图 1-7).

事实上,若 z_1, z_2 满足

$$z_2 - z_0 = \frac{R^2}{\bar{z}_1 - \bar{z}_0}, \tag{14}$$

则 z_1, z_2 关于 K 对称. 因为对上式取模与辐角得

$$\begin{cases} |z_2 - z_0||z_1 - z_0| = R^2, \\ \arg(z_2 - z_0) = -\arg(\bar{z}_1 - \bar{z}_0) = \arg(z_1 - z_0). \end{cases}$$

上面第二式表明 z_1, z_2 位于过圆心 z_0 的同一射线上.

若 K 由方程 $Az\bar{z} + \bar{B}z + B\bar{z} + C = 0$ 给出,系数满足(9)式,怎么判断 z_1, z_2 关于 K 对称呢? 因 K 的方程等价于

$$\left| z + \frac{B}{A} \right| = \frac{\sqrt{|B|^2 - AC}}{|A|}.$$

若 z_1, z_2 关于 K 对称,则由(14)式可得

$$z_2 + \frac{B}{A} = \frac{\dfrac{|B|^2 - AC}{A^2}}{\bar{z}_1 + \dfrac{\bar{B}}{A}}, \tag{15}$$

化简得

$$Az_2\bar{z}_1 + \bar{B}z_2 + B\bar{z}_1 + C = 0. \tag{16}$$

反之,若 z_1, z_2 满足(16)式,必满足(15)式,即 z_1, z_2 关于 K 对称. 综合上面讨论,可得下面定理.

定理 4 给定两点 z_1, z_2 和圆周 $Az\bar{z} + \bar{B}z + B\bar{z} + C = 0$,其系数满足(9)式. 则 z_1, z_2 关于圆周对称的充分必要条件为

$$Az_2\bar{z}_1 + \bar{B}z_2 + B\bar{z}_1 + C = 0.$$

§7 复数的球面表示与扩充复平面

在 $\mathbb{R}^3$ 中考虑一个半径为 1 的球面 S:

$$x_1^2 + x_2^2 + x_3^2 = 1.$$

点 $(0, 0, 1)$ 称为北极,记做 N. 平面 Ox_1x_2 与复平面 $\mathbb{C}$ 重合,所以

复数 $z = x + \mathrm{i}y$ 也可看成三维实空间的点 $z = (x, y, 0)$(图 1-8).

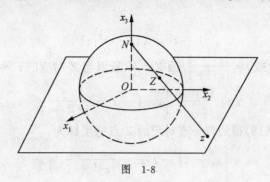

图 1-8

　　我们来建立 $\mathbb{C}$ 上的点 z 与 S 上的点 Z 之间的一一对应. 先设给定 z, 在 $\mathbb{R}^3$ 中作过 z, N 的直线, 它与 S 交于一点 $Z \neq N$. 若 $|z| < 1$, 那么 Z 在下半球面; 若 $|z| > 1$, 那么 Z 在上半球面; 若 $|z| = 1$, 则 $Z = z$. 反之若给定球面 S 上一点 $Z \neq N$, 过 Z, N 作直线, 它与 $\mathbb{C}$ 交于一点 z. 这样除 N 点外, 复平面 $\mathbb{C}$ 与 $S \backslash \{N\}$ 上的点是一一对应的, 并且当 $|z| \to +\infty$ 时, z 的对应点 Z 趋于 N. 因此很自然会想到在 $\mathbb{C}$ 中引进一理想点, 称为无穷远点, 记做 $z = \infty$, 它与 N 点对应. 添加 ∞ 点的复平面称为扩充复平面, 记做 $\overline{\mathbb{C}} = \mathbb{C} \cup \{\infty\}$. 我们应当注意, 平面的 ∞ 点, 跟原点一样, 也设有辐角. 这样 $\overline{\mathbb{C}}$ 与 S 上的点建立起一一对应, S 称为**黎曼球面**, $\mathbb{C}$ 与 S 这种一一对应称为**球极射影**.

　　设 $z = x + \mathrm{i}y$, 对应的 $Z = (x_1, x_2, x_3)$, 我们来求坐标之间的对应公式. 过 z, N 的直线上的点为
$$tN + (1 - t)z, \quad -\infty < t < +\infty.$$
写成分量形式为
$$((1 - t)x, (1 - t)y, t), \quad -\infty < t < +\infty.$$
$\exists\, t \in (-\infty, +\infty)$, 使
$$x_1 = (1 - t)x, \quad x_2 = (1 - t)y, \quad x_3 = t. \tag{17}$$
因 Z 点在 S 上, 坐标应满足

$$1 = (1-t)^2 x^2 + (1-t)^2 y^2 + t^2 = (1-t)^2 |z|^2 + t^2,$$

或

$$1 - t^2 = (1-t)^2 |z|^2.$$

解出 $t=1$ 或 $t = \dfrac{|z|^2 - 1}{|z|^2 + 1}$. 因 $Z \neq N$,所以与 Z 对应的 t 只能是

$$t = \frac{|z|^2 - 1}{|z|^2 + 1}, \quad 1 - t = \frac{2}{|z|^2 + 1}. \tag{18}$$

由(17)与(18)得到与 z 点对应的 Z 点的坐标为:

$$\begin{cases} x_1 = (1-t)x = \dfrac{z + \bar{z}}{|z|^2 + 1}, \\[2mm] x_2 = (1-t)y = \dfrac{z - \bar{z}}{\mathrm{i}(|z|^2 + 1)}, \\[2mm] x_3 = t = \dfrac{|z|^2 - 1}{|z|^2 + 1}. \end{cases} \tag{19}$$

反之,由 Z 的坐标 (x_1, x_2, x_3) 求对应点 z 的公式为:

$$z = x + \mathrm{i}y = \frac{x_1 + \mathrm{i}x_2}{1 - t} = \frac{x_1 + \mathrm{i}x_2}{1 - x_3}. \tag{20}$$

有了对应公式,我们可以说明球面 S 上一圆周,经球极射影到 $\mathbb{C}$ 上,其像仍是圆周. 反之亦然. 事实上球面 S 上的圆周可以用方程

$$\begin{cases} x_1^2 + x_2^2 + x_3^2 = 1, \\ \alpha_1 x_1 + \alpha_2 x_2 + \alpha_3 x_3 = \alpha \end{cases} \tag{21}$$

来表示,其中 $\alpha_1, \alpha_2, \alpha_3, \alpha$ 为实数,且满足

$$\alpha_1^2 + \alpha_2^2 + \alpha_3^2 = 1, \quad |\alpha| < 1.$$

利用(19)式中的对应公式,代入(21)式中第二式得

$$\alpha_1 \frac{z + \bar{z}}{|z|^2 + 1} - \mathrm{i}\alpha_2 \frac{z - \bar{z}}{|z|^2 + 1} + \alpha_3 \frac{|z|^2 - 1}{|z|^2 + 1} = \alpha,$$

化简得

$$(\alpha_3 - \alpha)z\bar{z} + (\alpha_1 - \mathrm{i}\alpha_2)z + (\alpha_1 + \mathrm{i}\alpha_2)\bar{z} + (-\alpha_3 - \alpha) = 0.$$
$$\tag{22}$$

因 $A=\alpha_3-\alpha, C=-\alpha_3-\alpha$ 为实数，$B=\alpha_1+\mathrm{i}\alpha_2$ 为复数，且

$$|B|^2 - AC = \alpha_1^2 + \alpha_2^2 + (\alpha_3^2 - \alpha^2) = 1 - \alpha^2 > 0,$$

所以(22)式表示圆周方程. 当 $\alpha=0$ 时，(21)式表示 S 上的一大圆周，它在 $\mathbb{C}$ 上的球极射影(22)中系数满足 $A+C=0$. 又若 S 上的圆周过 N 点，即 $\alpha_3=\alpha$，这时它的球极射影为 $\mathbb{C}$ 上一直线，这也说明为什么我们把直线统一称作圆周的理由.

反之，$\mathbb{C}$ 上的圆周 $Az\bar{z}+\bar{B}z+B\bar{z}+C=0$，其系数满足(9)式，它一定是 S 上某一圆周的球极射影. 事实上利用(20)式可得

$$A\frac{x_1^2+x_2^2}{(1-x_3)^2} + \bar{B}\frac{x_1+\mathrm{i}x_2}{1-x_3} + B\frac{x_1-\mathrm{i}x_2}{1-x_3} + C = 0,$$

化简得

$$(B+\bar{B})x_1 + \mathrm{i}(\bar{B}-B)x_2 + (A-C)x_3 = -(A+C).$$

$$(23)$$

令 $\alpha_1=B+\bar{B}, \alpha_2=\mathrm{i}(\bar{B}-B), \alpha_3=A-C, \alpha=-(A+C)$，则它们皆为实数，且 $\alpha^2<\alpha_1^2+\alpha_2^2+\alpha_3^2$，所以把平面方程(23)的法向量单位化，即为(21)中第二式，说明平面(23)必与 S 相交，其交线为 S 上的一个圆周. 若 $A+C=0$，有 $\alpha=0$. 故方程 $Az\bar{z}+\bar{B}z+B\bar{z}+C=0$ 是 S 上大圆周的球极射影的充要条件为 $A+C=0$. 若 $A=0$，这时有 $\alpha_3=\alpha$，说明 $\mathbb{C}$ 上直线是 S 上过 N 点圆周的球极射影.

对 $\mathbb{C}$ 空间我们用 $|z_1-z_2|$ 表示 z_1, z_2 两点间的欧氏距离，有了距离就可引入邻域、开集、闭集等概念. 对 $\overline{\mathbb{C}}$ 空间，怎么定义两点间距离呢？设 $z, z'\in\overline{\mathbb{C}}$，它们在 S 上对应的点记为

$$Z=(x_1,x_2,x_3) \quad \text{和} \quad Z'=(x_1',x_2',x_3'),$$

我们定义 z, z' 两点间的球距离为：

$$d(z,z') = [(x_1-x_1')^2 + (x_2-x_2')^2 + (x_3-x_3')^2]^{1/2},$$

即利用 Z, Z' 在 $\mathbb{R}^3$ 中的欧氏距离来定义 $\overline{\mathbb{C}}$ 中的**球距离**. 由

$$d(z,z')^2 = 2 - 2(x_1x_1' + x_2x_2' + x_3x_3'),$$

由(19)式不难得出

$$d(z,z') = \frac{2|z-z'|}{\sqrt{(1+|z|^2)(1+|z'|^2)}}, \quad z,z' \in \mathbb{C},$$

$$d(z,\infty) = \frac{2}{\sqrt{1+|z|^2}}.$$

显然,球距离也满足三角不等式.

习　题

1. 求复数 $1+i,2-3i,1+\cos\theta+i\sin\theta(-\pi\leqslant\theta<\pi)$ 的模和辐角主值.

2. 将下列复数表为 $a+bi$ 形式

$$i^n, \frac{1-i}{1+i}, (1+i\sqrt{3})^3, (1+i)^n+(1-i)^n, n \in \mathbb{N}.$$

3. 设 $z=\cos\theta+i\sin\theta\neq1$,求 $\dfrac{1+z}{1-z}$.

4. 证明:(1) $|z_1-z_2|^2=|z_1|^2-2\mathrm{Re}z_1\bar{z}_2+|z_2|^2$;

(2) $|z_1+z_2|^2+|z_1-z_2|^2=2(|z_1|^2+|z_2|^2)$,并说明其几何意义.

5. 证明:

(1) $|1-\bar{z}_1z_2|^2-|z_1-z_2|^2=(1-|z_1|^2)(1-|z_2|^2)$;

(2) 当 $|z_1|<1,|z_2|<1$ 时,$\left|\dfrac{z_1-z_2}{1-\bar{z}_1z_2}\right|<1$;

(3) 当 $|z_1|=1$ 或 $|z_2|=1$ 之一成立时,$\left|\dfrac{z_1-z_2}{1-\bar{z}_1z_2}\right|=1$.

6. 证明:当 $|z_1|<1,|z_2|<1$ 时,

$$\frac{|z_1|-|z_2|}{1-|z_1z_2|} \leqslant \left|\frac{z_1-z_2}{1-\bar{z}_1z_2}\right| \leqslant \frac{|z_1|+|z_2|}{1+|z_1z_2|}.$$

7. 求下列关系式确定的 z 的集合 E,并作图($z_1\neq z_2$).

(1) $\left|\dfrac{z-z_1}{z-z_2}\right|<1$,   (2) $\mathrm{Re}\dfrac{z-z_1}{z-z_2}=0$,

(3) $0<\mathrm{Re}(iz)<1$,   (4) $\mathrm{Im}\dfrac{z-z_1}{z-z_2}=0$,

(5) $0 < \arg \dfrac{z+i}{z-i} < \dfrac{\pi}{4}$.

8. 设 $z_1 \neq z_2$, λ 是不为 1 的正实数, 证明:

$$\left| \frac{z-z_1}{z-z_2} \right| = \lambda$$

是一圆周, 并求出圆心和半径.

9. 求复数 $z_0 \neq 0$ 关于直线 L: (1) $x-y=0$; (2) $x+y=0$ 的对称点.

10. 设 z_0 不在直线 L: $x=a$ (实数)上, 求 z_0 关于直线 L 的对称点.

11. 求出关于虚轴和圆周 $|z-2|=1$ 的公共对称点.

12. 求出关于圆周 $|z|=1$ 和 $|z-1|=\dfrac{5}{2}$ 的公共对称点.

13. 证明: $z, \dfrac{1}{\bar{z}}$ 的球面 S 上像是关于 Ox_1x_2 平面的对称点.

14. 证明: z, z' 对应于球面 S 上一直径的两端点的充要条件为: $z\bar{z}' = -1$.

15. 证明: $|z-z_0|=R$ 是 S 上大圆周的球极射影, 当且仅当 $R^2 = 1 + |z_0|^2$.

16. 证明图 1-8 中线段 $\overline{zN}$ 与 $\overline{ZN}$ 长之积为 2. (即球极射影为 $\overline{\mathbb{C}}$ 关于球面 $S(N; \sqrt{2})$ 的反射)

第二章　复平面的拓扑

这章我们讨论复平面的拓扑,即讨论 $\mathbb{C}$ 空间的完备性、$\mathbb{C}$ 内集合的紧性、连通性和其上的连续函数的性质. 对 $\overline{\mathbb{C}}$ 空间只要借助于对 $\mathbb{C}$ 空间拓扑的理解和几何直观,很容易作出相应的结论.

§1　复平面上的开集与闭集

我们称以 $a \in \mathbb{C}$ 为圆心,以 ε 为半径的圆是 a 点的一个 ε 邻域,简称 a 点的**邻域**,记做 $V(a;\varepsilon)$:

$$V(a;\varepsilon) = \{z: |z - a| < \varepsilon\}.$$

$V(a;\varepsilon)$ 中除去 a 点,称为 a 的一个**空心邻域**,记做:

$$V^*(a;\varepsilon) = \{z: 0 < |z - a| < \varepsilon\}.$$

有了邻域概念,我们可以定义开集. 给定集合 $E \subset \mathbb{C}$,a 称为 E 的一个内点,如果 $\exists \varepsilon > 0$,使得 $V(a;\varepsilon) \subset E$. 由集 E 的所有内点作成的集合,称为 E 的内部,记做 $E°$. 显然 $E° \subset E$. 一个集合 E 的内部可以是空集,空集记做 $\varnothing$.

若 $E = E°$,则称 E 为**开集**. 所以开集是由内点组成的集合. 特别邻域 $V(a;\varepsilon)$ 为一开集. 关于开集我们有以下结论:

(1) $\mathbb{C}$ 与 $\varnothing$ 为开集;

(2) 有限个开集的交集为开集;

(3) 任意个开集的和集为开集;

(4) 集合 E 的内部 $E°$ 为开集,即 $(E°)° = E°$.

下面讨论闭集. 点 a 称为集合的极限点或聚点,如果 $\forall \varepsilon > 0$,总有

$$V^*(a;\varepsilon) \bigcap E \neq \varnothing,$$

则称 a 为 E 的极限点. E 的极限点 a 可以属于 E，也可以不属于 E.

由集 E 的所有极限点组成的集，称为 E 的导集，记做 E'. 属于 E 而不属于 E' 的点，称为 E 的孤立点. 由集 E 的所有极限点和孤立点组成的集，称为 E 的闭包，记做 $\overline{E}$，$\overline{E}=E\bigcup E'$. 显然 $E\subset\overline{E}$.

若 $E=\overline{E}$，则称 E 为**闭集**，所以闭集是包含所有它的极限点的集合. 关于闭集我们有以下结论：

(1) $\mathbb{C}$ 与 $\varnothing$ 为闭集；

(2) 有限个闭集的和集为闭集；

(3) 任意个闭集的交集为闭集；

(4) 集合 E 的闭包 $\overline{E}$ 为闭集，即 $(\overline{E})=\overline{E}$.

$\mathbb{C}$ 中所有不属于 E 的点组成的集，称为 E 的余集，记做 E^c，$E^c=\mathbb{C}\setminus E$. 可以证明 E 是闭集的充分必要条件是 E^c 为开集.

最后称 $\overline{E}\setminus E^\circ$ 为 E 的**边界**，记做 ∂E，∂E 为一闭集.

对扩充复平面 $\overline{\mathbb{C}}$，用球距离我们也可引入一点的邻域和空心邻域，进而定义开集和闭集. 上述关于开集和闭集的结论只要把 $\mathbb{C}$ 换成 $\overline{\mathbb{C}}$ 都保持有效. 但要注意的是，如果取定的基本空间是 $\mathbb{C}$，则 $\mathbb{C}$ 既是开集又是闭集. 如果取定的基本空间是 $\overline{\mathbb{C}}$，则 $\mathbb{C}$ 是 $\overline{\mathbb{C}}$ 的开集，不是闭集. 一般来说 $E\subset\mathbb{C}$ 是开集，则看成 $\overline{\mathbb{C}}$ 空间的子集也是开集，$E\subset\mathbb{C}$ 是闭集，看成 $\overline{\mathbb{C}}$ 空间的子集不一定是闭集. 例如

$$E=\{z：|z|\geqslant1\}\subset\mathbb{C}$$

是闭集（E 不含 ∞ 点），它不是 $\overline{\mathbb{C}}$ 中闭集. 但集合

$$E=\{z：|z|\geqslant1\}\subset\overline{\mathbb{C}}$$

是闭集，E 包含 ∞ 点.

讨论 $\overline{\mathbb{C}}$ 空间拓扑时，我们也可以直接从邻域出发，不必依赖球距离. 若 $a\in\mathbb{C}$，邻域定义同上；若 $a=\infty$，定义

$$V(\infty；R)=\{z：|z|>R\}$$

为 ∞ 点的 R 邻域，或 ∞ 点邻域. 称

$$V^*(\infty; R) = \{z: +\infty > |z| > R\}$$

为∞点空心邻域.

§2 完 备 性

讨论 $\mathbb{C}$ 空间完备性时,首先要引入复数序列的收敛概念. 设有复数 $z_n \in \mathbb{C}$ $(n=1,2,\cdots)$,称序列 $\{z_n\}$ 收敛到点 $z_0 \in \mathbb{C}$,或 $\{z_n\}$ 趋于 z_0,记做 $\lim\limits_{n\to\infty} z_n = z_0$,如果 $\forall \varepsilon > 0$,$\exists$ 正整数 N,使得当 $n \geqslant N$ 时,有 $|z_n - z_0| < \varepsilon$,即当 $n \geqslant N$ 时,$z_n \in V(z_0; \varepsilon)$. 容易证明 $\lim\limits_{n\to\infty} z_n = z_0$ 的充分必要条件为:

$$\lim_{n\to\infty} \mathrm{Re} z_n = \mathrm{Re} z_0, \qquad \lim_{n\to\infty} \mathrm{Im} z_n = \mathrm{Im} z_0.$$

序列 $\{z_n\}$ 称为收敛到 ∞,记做 $\lim\limits_{n\to\infty} z_n = \infty$,如果 $\forall R > 0$,$\exists$ 正整数 N,使得当 $n \geqslant N$ 时,有 $|z_n| > R$,即当 $n \geqslant N$ 时,$z_n \in V(\infty; R)$.

$\mathbb{C}$ 中序列 $\{z_n\}$ 称为 **Cauchy 序列**,如果 $\forall \varepsilon > 0$,$\exists$ 正整数 N,使得当 $n, m \geqslant N$ 时,有 $|z_n - z_m| < \varepsilon$.

定理 1 设 $\{z_n\}$ 为 $\mathbb{C}$ 中 Cauchy 序列,则序列 $\{z_n\}$ 收敛到 $z_0 \in \mathbb{C}$,或序列极限存在.

证明 令 $z_n = x_n + \mathrm{i} y_n$ $(n=1,2,\cdots)$,由 $|z_n - z_m| < \varepsilon$,可得 $|x_n - x_m| < \varepsilon$ 和 $|y_n - y_m| < \varepsilon$,所以序列 $\{x_n\}$ 和 $\{y_n\}$ 为实 Cauchy 序列. 在分析中已证明实 Cauchy 序列必有极限存在,设

$$\lim_{n\to\infty} x_n = x_0, \qquad \lim_{n\to\infty} y_n = y_0.$$

令 $z_0 = x_0 + \mathrm{i} y_0$,则 $\lim\limits_{n\to\infty} z_n = z_0$. 证毕.

若 $\mathbb{C}$ 空间的 Cauchy 序列必为收敛序列,则称 $\mathbb{C}$ 空间是**完备**的. 定理 1 说明 $\mathbb{C}$ 空间是完备的. 对于 $\overline{\mathbb{C}}$ 空间,利用球距离同样可以定义序列收敛和 Cauchy 序列概念,而且可证每一 Cauchy 序列必为收敛序列,所以 $\overline{\mathbb{C}}$ 空间也是完备的. 这里我们承认 $\mathbb{R}^3$ 中的

Cauchy 序列必为收敛序列.

空间的完备性也可用集合来刻画. $E \subset \mathbb{C}$ 的直径记做 $\text{diam}E$, 其定义为:

$$\text{diam}E = \sup\{|z_1 - z_2| : z_1, z_2 \in E\}.$$

Cantor 定理 若 $F_n \subset \mathbb{C}$ ($n = 1, 2, \cdots$) 为闭集, 且 $F_1 \supset F_2 \supset F_3$
$\supset \cdots, \text{diam}F_n \to 0 (n \to +\infty)$, 则 $\bigcap\limits_{n=1}^{\infty} F_n$ 由一点组成.

证明 对于每个 n, 在 F_n 中任取一点 z_n. 由于 $F_1 \supset F_2 \supset \cdots \supset$ $F_n \supset \cdots$, 于是当 $n, m \geqslant N$ 时, $z_n, z_m \in F_N$. 因 $\lim\limits_{n \to \infty} \text{diam}F_n = 0$, 所以 $\forall \varepsilon > 0$, $\exists$ 正整数 N, 当 $n, m \geqslant N$ 时, 有

$$|z_n - z_m| \leqslant \text{diam}F_N < \varepsilon,$$

即序列 $\{z_n\}$ 为 Cauchy 序列. 根据定理 1, 存在 $z_0 \in \mathbb{C}$, 使得 $\lim\limits_{n \to +\infty} z_n = z_0$. 固定 k, 当 $n \geqslant k$ 时, $F_n \subset F_k$, 也就有 $\{z_n\}_k^{\infty} \subset F_k$. 由于 F_k 是闭集, 所以 $z_0 \in F_k$. 既然上式对一切 k 成立, 故 $z_0 \in F = \bigcap\limits_{n=1}^{+\infty} F_n$.

现在假如 F 还包含另一点 z_0', 那么 $z_0, z_0' \in F_n (n = 1, 2, \cdots)$, 得 $|z_0 - z_0'| \leqslant \text{diam}F_n \to 0 (n \to +\infty)$, 由此推出 $|z_0 - z_0'| = 0$ 或 $z_0 = z_0'$, 即证明 F 只由一点 z_0 组成. 证毕.

若 $F \subset \overline{\mathbb{C}}$ 为闭集, 利用球距离定义 F 的直径:

$$\text{diam}F = \sup\{d(z, z') : z, z' \in F\},$$

则相应的 Cantor 定理成立.

§3 紧 性

$\mathbb{C}$ 或 $\overline{\mathbb{C}}$ 中集合 E 称为紧集, 如果任一开集族 $\mathscr{G}$ 覆盖 E, 即 E 的每一点至少属于 $\mathscr{G}$ 中某一开集, 则必能从 $\mathscr{G}$ 中选出有穷个开集 $G_1, G_2, \cdots, G_n$ 覆盖 E, 即

$$E \subset \bigcup_{j=1}^{n} G_j.$$

Heine-Borel 定理 若 $E \subset \mathbb{C}$ 是有界闭集,则 E 为 $\mathbb{C}$ 中的紧集.

证明 设 $\mathscr{G}$ 是 E 的一个开覆盖,假设 $\mathscr{G}$ 中不存在 E 的有穷子覆盖.因为 E 是有界集,总可使 E 包含在正方形 $Q = \{(x,y): |x| \leqslant M, |y| \leqslant M\}$ 中.分 Q 为相等的四个小正方形,其中至少有一个小正方形 Q_1 满足:

(1) $E \bigcap Q_1$ 是有界闭集;

(2) 在 $\mathscr{G}$ 中不存在 $E \bigcap Q_1$ 的有穷子覆盖.重复这一作法,可得到一列闭正方形 $\{Q_n\}$,记

$$F_n = E \bigcap Q_n,$$

则 F_n 满足条件:

(1) F_n 是有界闭集,$F_{n+1} \subset F_n (n=1,2,\cdots)$;

(2) 在 $\mathscr{G}$ 中不存在 F_n 的有穷子覆盖;

(3) $\mathrm{diam} F_n \leqslant \dfrac{M}{2^n} \sqrt{2} \to 0 (n \to +\infty).$

根据 Cantor 定理,存在复数 $z_0 \in \bigcap\limits_{n=1}^{\infty} F_n$.由于 $F_n \subset E$,也就有 $z_0 \in E$,所以 z_0 必属于 $\mathscr{G}$ 中某一开集 G_0,我们总可求得邻域 $V(z_0;\varepsilon) \subset G_0$.由于 $\mathrm{diam} F_n \to 0$,所以当 n 充分大时,$F_n \subset V(z_0;\varepsilon) \subset G_0$,即用 $\mathscr{G}$ 中一个开集便可覆盖 F_n,这与 $\mathscr{G}$ 中不存在 F_n 的有穷子覆盖相矛盾.证毕.

推论 若 $E \subset \overline{\mathbb{C}}$ 为闭集,则 E 是 $\overline{\mathbb{C}}$ 中紧集.

证明 E 有界时,由上一定理便知,所以只要证 E 无界情形.由于 E 是闭集,所以 $\infty \in E$,总可求得 $\mathscr{G}$ 中开集 G_0,使 $\infty \in G_0$.而集合 $E \backslash G_0$ 为有界闭集,由上一定理,从 $\mathscr{G}$ 中必能选出有穷个 G_1,$\cdots$,G_n 覆盖 $E \backslash G_0$,故 $E \subset \bigcup\limits_{j=0}^{n} G_j$.证毕.

特别地 $\overline{\mathbb{C}}$ 本身为紧集.

Bolzano-Weierstrass 定理 任一无穷集至少有一极限点(或任一序列至少有一收敛子列,子列可以收敛到 ∞).

证明 设 E 为无穷集,若 E 无界,则显然 $z=\infty$ 就是 E 的一个极限点. 若 E 有界,我们用反证法. 如果 E 没有极限点,则 $\forall z \in E$,$\exists V(z;\delta_z)$,使得 $V^*(z;\delta_z)\bigcap E=\varnothing$,且 $E=\overline{E}$. 令

$$\mathscr{G} = \{V(z;\delta_z): z \in E\},$$

则 $\mathscr{G}$ 为 E 的一个开覆盖,由上一定理,总可选出有穷个 $V(z_j;\delta_j)$ $(j=1,2,\cdots,n)$ 覆盖 E,即 E 至多有有限个点组成,这与 E 是无穷集矛盾,这矛盾说明反证法假设不成立,所以 E 必有一极限点. 证毕.

上面定理反映 $\mathbb{C}$ 是紧集,一般可证若 E 是紧集,则 E 中任一点列,必有收敛子列,且收敛于 E 中一点.

§4 曲　线

今后在行文中经常要遇到连续曲线、可求长曲线、光滑曲线和 Jordan 曲线等概念,因此有必要给出它们的明确定义.

连续曲线 连续曲线简称曲线或路径,定义为区间 $[\alpha,\beta]$ 上的连续复值函数 $\gamma(t)$,写成

$$\gamma(t) = x(t) + \mathrm{i}y(t), \quad \alpha \leqslant t \leqslant \beta,$$

其中 $x(t),y(t)$ 都是实连续函数. $\gamma(\alpha),\gamma(\beta)$ 分别称为曲线的起点和终点,曲线的方向就是参数 t 增加的方向. 如果 $\gamma(\alpha)=\gamma(\beta)$,即两端点重合,则称 γ 为闭曲线.

曲线 $\gamma(t)$ 的反向曲线为 $\gamma(-t),-\beta\leqslant t\leqslant-\alpha$,记做 γ^{-1}.

可求长曲线 给定曲线 $\gamma(t)$:$\alpha\leqslant t\leqslant\beta$. 对区间 $[\alpha,\beta]$ 作分割

$$\Delta: \alpha = t_0 < t_1 < \cdots < t_{n-1} < t_n = \beta.$$

以 $z_j=\gamma(t_j)(0\leqslant j\leqslant n)$ 为顶点作折线 P,P 的长度为

$$\sum_{j=1}^{n} |\gamma(t_j) - \gamma(t_{j-1})|.$$

若对 $[\alpha,\beta]$ 的任意分割 Δ,上式有界,则称曲线 $\gamma(t)$ 为**可求长曲线**,并称上确界

$$L = \sup_{\{\Delta\}} \sum_{j=1}^{n} |\gamma(t_j) - \gamma(t_{j-1})|$$

为曲线 $\gamma(t)$ 的长度.

光滑曲线 如果 $\gamma'(t) = x'(t) + \mathrm{i}y'(t)$ 存在、连续(在端点理解为左、右导数存在,若 γ 为闭曲线时,要求 $\gamma'(\alpha) = \gamma'(\beta)$),且 $\gamma'(t) \neq 0$,则称 $\gamma(t)$ 为**光滑曲线**. 因 $\gamma'(t_0)$ 表示曲线 γ 在 $z_0 = \gamma(t_0)$ 点的切向量,所以 $\gamma'(t)$ 连续,即切向量的长度和切向量与正实轴的夹角连续地变化. 当 γ 非闭曲线时,$\mathrm{Arg}\gamma'(t)$ 总可在 $[\alpha, \beta]$ 上取出连续单值分支. 注意,我们把光滑闭曲线,规定在两端点重合处切线存在. 而闭的光滑曲线,规定为在两端点重合处切线不存在(左、右切线存在).

若区间 $[\alpha, \beta]$ 能分成有穷个小区间,在每个小区间上 $\gamma(t)$ 为光滑曲线,则称 γ 为**逐段光滑曲线**.

若在闭曲线定义中,再要求 $t_1, t_2 \in [\alpha, \beta)$,且 $t_1 \neq t_2$ 时,$\gamma(t_1) \neq \gamma(t_2)$,则称 γ 为 **Jordan 曲线**,或称简单闭曲线. 若曲线定义中要求 $t_1, t_2 \in [\alpha, \beta]$,且 $t_1 \neq t_2$ 时,$\gamma(t_1) \neq \gamma(t_2)$,则称 γ 为 Jordan 弧,或简单曲线.

我们指出,非 Jordan 曲线可以自身相交.

下面我们证明光滑曲线一定是可求长曲线,且长度为

$$L = \int_{\alpha}^{\beta} |\gamma'(t)| \mathrm{d}t.$$

为此先要定义区间 $[\alpha, \beta]$ 上的连续复值函数 $f(t) = x(t) + \mathrm{i}y(t)$ 在 $[\alpha, \beta]$ 上的积分为:

$$\int_{\alpha}^{\beta} x(t)\mathrm{d}t + \mathrm{i}\int_{\alpha}^{\beta} y(t)\mathrm{d}t,$$

记做 $\int_{\alpha}^{\beta} f(t)\mathrm{d}t$. 由定义容易看出:

(1) $\mathrm{Re}\int_{\alpha}^{\beta} f(t)\mathrm{d}t = \int_{\alpha}^{\beta} \mathrm{Re}f(t)\mathrm{d}t$;

(2) c 为复数, $c\int_{\alpha}^{\beta} f(t)\mathrm{d}t = \int_{\alpha}^{\beta} cf(t)\mathrm{d}t$.

引理 设 $f(t)$ 为 $[\alpha,\beta]$ 上的复值连续函数,则

$$\left|\int_\alpha^\beta f(t)\mathrm{d}t\right| \leqslant \int_\alpha^\beta |f(t)|\mathrm{d}t.$$

证明 设复数 $\int_\alpha^\beta f(t)\mathrm{d}t$ 的辐角主值为 θ,则

$$\int_\alpha^\beta f(t)\mathrm{d}t = \left|\int_\alpha^\beta f(t)\mathrm{d}t\right|\mathrm{e}^{\mathrm{i}\theta},$$

或

$$\left|\int_\alpha^\beta f(t)\mathrm{d}t\right| = \mathrm{e}^{-\mathrm{i}\theta}\int_\alpha^\beta f(t)\mathrm{d}t = \int_\alpha^\beta \mathrm{e}^{-\mathrm{i}\theta}f(t)\mathrm{d}t.$$

对上式取实部得

$$\left|\int_\alpha^\beta f(t)\mathrm{d}t\right| = \mathrm{Re}\int_\alpha^\beta \mathrm{e}^{-\mathrm{i}\theta}f(t)\mathrm{d}t = \int_\alpha^\beta \mathrm{Re}(\mathrm{e}^{-\mathrm{i}\theta}f(t))\mathrm{d}t$$

$$\leqslant \int_\alpha^\beta |\mathrm{e}^{-\mathrm{i}\theta}f(t)|\mathrm{d}t = \int_\alpha^\beta |f(t)|\mathrm{d}t.$$

注意上式只用到两个实函数积分不等式. 证毕.

定理 2 设 $\gamma(t)(\alpha\leqslant t\leqslant\beta)$ 为光滑曲线,则必为可求长曲线,且长度为

$$L = \int_\alpha^\beta |\gamma'(t)|\mathrm{d}t.$$

证明 由引理得

$$L = \sup_{\{\Delta\}} \sum_{j=1}^n |\gamma(t_j) - \gamma(t_{j-1})| = \sup_{\{\Delta\}} \sum_{j=1}^n \left|\int_{t_{j-1}}^{t_j} \gamma'(t)\mathrm{d}t\right|$$

$$\leqslant \sup_{\{\Delta\}} \sum_{j=1}^n \int_{t_{j-1}}^{t_j} |\gamma'(t)|\mathrm{d}t = \int_\alpha^\beta |\gamma'(t)|\mathrm{d}t.$$

这说明折线 P 的长度有界,且 $L \leqslant \int_\alpha^\beta |\gamma'(t)|\mathrm{d}t$.

引入弧长函数 $s(t)$,它表示曲线限制在 $[\alpha,t]$ 上的弧长,则

$$L = s(\beta) = s(\beta) - s(\alpha) = \int_\alpha^\beta s'(t)\mathrm{d}t. \tag{1}$$

我们来证 $s'(t)$ 存在,且 $s'(t) = |\gamma'(t)|$.

考虑 $[t, t+\Delta t]$（$\Delta t > 0$），相应弧长记为 Δs，应用上面的结果与弧长大于等于弦长得：

$$|\gamma(t+\Delta t) - \gamma(t)| \leqslant \Delta s \leqslant \int_t^{t+\Delta t} |\gamma'(t)| \mathrm{d}t,$$

上式除以 Δt，并令 $\Delta t \to +0$，左端趋于 $|\gamma'(t)|$，右端利用分析中积分中值定理也趋于 $|\gamma'(t)|$，故有

$$s'(t) = |\gamma'(t)|. \tag{2}$$

将 (2) 代入 (1) 即得结论. 证毕.

§5 连 通 性

讨论 $\mathbb{C}$ 中的连通性, 等价于讨论 $\mathbb{R}^2$ 中的连通性, 由于数学分析中对连通性讲述太少, 这里有必要着重来讨论关于连通性的一些概念.

定义 1 设 E 为 $\mathbb{C}$（或 $\overline{\mathbb{C}}$）中集合, 称 E 为**连通集**, 如果不存在 $\mathbb{C}$（或 $\overline{\mathbb{C}}$）中满足下列条件的开集 G_1, G_2：

(1) $G_1 \bigcap G_2 = \varnothing$；

(2) $E \bigcap G_1 \neq \varnothing$，$E \bigcap G_2 \neq \varnothing$；

(3) $E \subset (G_1 \bigcup G_2)$.

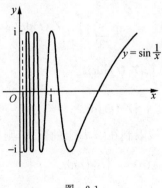

图 2-1

即 E 不能用两个不相交非空开集将其一分为二, 则称 E 为连通集.

例如集合 (图 2-1)

$$E = \{iy: |y| \leqslant 1\} \bigcup$$
$$\left\{ x + i\sin \frac{1}{x} : 0 < x \leqslant 1 \right\},$$

显然不能用两个不交开集将其分开, 所以 E 是连通集. 但 E 不是**道路连通集**, 即在 E 中

存在两点,不存在属于 E 的连续曲线连接所取两点.

又如集合 $E = \{x \pm \mathrm{i} \mathrm{e}^{-x} : 0 < x < +\infty\}$ 可用开集 $G_1 = \{z : \mathrm{Im} z > 0\}$ 和 $G_2 = \{z : \mathrm{Im} z < 0\}$ 将其分开,所以 E 不是连通集.

如果 E 是开集,则 E 为连通集时,不可能拆成两个不交、非空开集的和.若开集 E 能拆成两个不交开集的和,则必有一个开集为空集.

定义 2 称连通开集为**区域**,称区域的闭包为**闭区域**.

定理 3 若 D 是开集,则 D 的连通性与道路连通是等价的.

证明 设 D 连通,任取一点 $z_0 \in D$. 考虑集合

$$G_1 = \{z \in D : \text{可用 } D \text{ 中曲线连接 } z \text{ 与 } z_0\},$$

$$G_2 = \{z \in D : \text{不能用 } D \text{ 中曲线连接 } z \text{ 与 } z_0\}.$$

我们证 G_1, G_2 为开集.设 $z_1 \in G_1 \subset D$,由于 D 为开集,$\exists V(z_1; \varepsilon) \subset D$,显然邻域 $V(z_1; \varepsilon)$ 中的点 z 可用 D 中的曲线连接 z 与 z_0,所以 $V(z_1; \varepsilon) \subset G_1$,即 G_1 为开集.设 $z_2 \in G_2 \subset D$,$\exists V(z_2; \varepsilon) \subset D$,则邻域 $V(z_2; \varepsilon)$ 中的点 z 不能用 D 中的曲线连接 z 与 z_0,否则的话有 D 中曲线连接 z_2 与 z_0,这与 G_2 定义矛盾,所以 $V(z_2; \varepsilon) \subset G_2$,即 G_2 亦为开集.由 $G_1 \cap G_2 = \varnothing$,$D = G_1 \cup G_2$ 和 D 的连通性,G_1 与 G_2 中必有一为空集,再由 $z_0 \in G_1$,推出 $G_2 = \varnothing$,故 $D = G_1$ 为道路连通集.

反之,若 D 是道路连通,要证 D 连通.假设 D 不连通,$\exists$ 不交非空开集 G_1 和 G_2,$D = G_1 \cup G_2$.设 $z_1 \in G_1, z_2 \in G_2$,由条件存在曲线 $\gamma : [\alpha, \beta] \to D$,使得 $\gamma(\alpha) = z_1, \gamma(\beta) = z_2$.对 $[\alpha, \beta]$ 二等分,分点记为 c_1,若 $\gamma(c_1) \in G_1$,则记 $\alpha_1 = c_1, \beta_1 = \beta$;否则记 $\alpha_1 = \alpha, \beta_1 = c_1$.再对 $[\alpha_1, \beta_1]$ 二等分,分点记做 c_2,若 $\gamma(c_2) \in G_1$,记 $\alpha_2 = c_2, \beta_2 = \beta_1$;否则记 $\alpha_2 = \alpha_1, \beta_2 = c_2$.依此下去可得一区间套 $[\alpha_n, \beta_n]$,$\gamma(\alpha_n) \in G_1$,$\gamma(\beta_n) \in G_2$.由区间套定理,$\exists c \in [\alpha, \beta]$,且 $\lim\limits_{n \to +\infty} \alpha_n = c = \lim\limits_{n \to +\infty} \beta_n$.若 $\gamma(c) \in G_1$,则 n 充分大时,$\gamma(\beta_n) \in G_1$ 与区间套作法矛盾,$\gamma(c) \in G_2$ 同样可得矛盾,这矛盾说明 D 不连通不成立,即 D 为连通集.证毕.

定义 3　D 为区域,若 $\overline{\mathbb{C}} \setminus D$ 是连通集,则称 D 为**单连通区域**.

Jordan 定理　设 $\gamma \subset \mathbb{C}$ 为 Jordan 曲线,则它把 $\overline{\mathbb{C}}$ 分成两个单连通区域,其中一个是有界的,称为 γ 的内部,另一个是无界的,称为 γ 的外部,γ 是这两个单连通区域的共同边界.

这个定理看来非常直观,证明却比较复杂,因此恕不证明.下一定理也只叙述不加证明.

定理 4　设 $D \subset \mathbb{C}$ 为区域,则 D 为单连通区域的充分必要条件是:对任一 Jordan 曲线 $\gamma \subset D$,γ 的内部属于 D.

对不自身相交的非 Jordan 曲线 $\gamma : (\alpha, \beta) \to \mathbb{C}$(图 2-2 中区域 D 的边界曲线),当 $t \to \beta - 0$ 与 $t \to \alpha + 0$ 时,曲线 γ 在单位圆内无限地旋转,且无限地接近单位圆周.这条曲线 γ 围成一螺旋形的单连通区域 D,而 $\overline{\mathbb{C}} \setminus \gamma$ 由三个单连通区域组成,这说明对这样的曲线 Jordan 定理不成立.

图 2-2

定义 4　集合 E 的最大连通子集称为 E 的一个分支.

可以证明 E 能唯一地分解成不交的分支之和.

定义 5　设 D 为区域,若 $\overline{\mathbb{C}} \setminus D$ 由 n 个连通分支组成,则称 D 为 **n 连通区域**.

直观地说,n 连通区域 $D \subset \mathbb{C}$,可以通过单连通区域挖去 $n-1$ 个"洞"得到.若对应到黎曼球面 S 上,n 连通域即 S 去掉 n 个"洞"得到.

§6　连续函数

设集合 $E, F \subset \mathbb{C}$,若对每一个 $z \in E$,按照一规则使 F 中有唯一确定的复数值 w 与之对应,则称在 E 上确定一函数 f,记做

$f: E \rightarrow F$,或记做 $w = f(z)$. "函数"着重于说明复数与复数之间的对应关系,为了强调点与点之间的对应关系,我们也把函数称为**映照**或**映射**. 今后,除非特别声明,我们所讨论的函数总是指单值函数,即符合上述定义的函数.

E 称为函数 f 的定义域,$f(E) = \{f(z): z \in E\} \subset F$,$F$ 称为 f 的取值域,f 将 E 映入 F,或说 f 是 E 到 F 里的映射. 如果 $f(E) = F$,则称 f 是把 E 映为 F 的满射,或说 f 是 E 到 F 上的映射.

如果 $f(z_1) = f(z_2)$ 蕴含着 $z_1 = z_2$,即 E 中不同点的像也是 F 中不同点,则称映射 f 是一一的,或**单叶**或**双方单值**的. 在这种情况下,$w = f(z)$ 有一个定义在 $f(E)$ 上的反函数或逆映射,记做 $z = f^{-1}(w)$.

设 $f(z)$ 定义在 E 上,z_0 是 E 的极限点,当 z 在 E 内趋于 z_0 时,我们称 $f(z)$ 有极限 l,记做

$$\lim_{z \rightarrow z_0} f(z) = l,$$

如果 $\forall \varepsilon > 0$,$\exists \delta > 0$,使得当 $z \in V^*(z_0; \delta) \bigcap E$ 时,$f(z) \in V(l; \varepsilon)$.

又若 $a \in E$,称 $f(z)$ 在 $z = a$ 点连续,如果

$$\lim_{z \rightarrow a} f(z) = f(a),$$

即 $\forall \varepsilon > 0$,$\exists \delta > 0$,使得

$$f(V(a; \delta) \bigcap E) \subset V(f(a); \varepsilon).$$

若 $f(z)$ 在 E 的每一点连续,则称 $f(z)$ 在 E 上连续.

若 $E \subset \mathbb{C}$ 为紧集,$f(z)$ 在 E 上连续,则有:

(1) $f(z)$ 在 E 上有界,$f(E)$ 为闭集,即 f 把紧集映为紧集;

(2) $|f(z)|$ 在 E 上取到最大、最小值,即存在点 $z_1, z_2 \in E$,使得对 $\forall z \in E$,有

$$|f(z_2)| \leqslant |f(z)| \leqslant |f(z_1)|;$$

(3) $f(z)$ 在 E 上一致连续,即 $\forall \varepsilon > 0$,$\exists \delta > 0$,使得对于 E 上任意两点 z_1, z_2,只要 $|z_1 - z_2| < \delta$,就有

$$|f(z_1) - f(z_2)| < \varepsilon.$$

注意(2)事实上是数学分析中的命题.(3)通过将 f 分解为实部与虚部也可把它归结为数学分析中相应命题.

若 $E \subset \mathbb{C}$ 为连通集,$f(z)$ 在 E 上是连续的,则 $f(E)$ 也为连通集.但我们用不到这条性质.

当 E,F 为 $\overline{\mathbb{C}}$ 中集合时,函数 $f(z)$ 允许取 ∞,这时讨论连续与一致连续就要利用球距离.同样有紧集上连续函数一定是一致连续的,且把紧集映为紧集.

习 题

1. 证明:序列 $\{z_n\} \subset \mathbb{C}$ 收敛到 $z_0 \in \mathbb{C}$ 的充要条件为序列 $\{\mathrm{Re} z_n\}$、$\{\mathrm{Im} z_n\}$ 分别收敛到 $\mathrm{Re} z_0, \mathrm{Im} z_0$.

2. 证明:序列 $\{z_n\} \subset \mathbb{C}$ 收敛到 $z_0 \in \mathbb{C}$,$z_0 \neq 0$ 的充要条件是:$\lim\limits_{n \to +\infty} |z_n| = |z_0|$,$\lim\limits_{n \to +\infty} \arg z_n = \arg z_0$(先要说明辐角主值的取法).

3. 证明:(1) $\lim\limits_{n \to +\infty} \left(1 + \dfrac{x+\mathrm{i}y}{n}\right)^n = \mathrm{e}^{x+\mathrm{i}y}$;

(2) 设 $z \neq 0$,$\lim\limits_{n \to +\infty} n(\sqrt[n]{z} - 1) = \log|z| + \mathrm{i}\arg z + 2\pi \mathrm{i}k$($k = 0, 1, 2, \cdots$).

4. 设 $A, B \subset \mathbb{C}$ 为两个点集,A, B 的距离定义为
$$d(A, B) = \inf_{z \in A, z' \in B} |z - z'|.$$
证明:

(1) $|d(z_1, A) - d(z_2, A)| \leqslant |z_1 - z_2|$,其中 z_1, z_2 为任意两个复数;

(2) 若 A 为闭集,B 为紧集,且 $A \cap B = \varnothing$,则 $d(A, B) > 0$.

5. 设 $f(t)$ 为 $[\alpha, \beta]$ 上复值连续函数,$c \in \mathbb{C}$,则
$$c \int_\alpha^\beta f(t)\mathrm{d}t = \int_\alpha^\beta c f(t)\mathrm{d}t.$$

6. $E \subset \mathbb{C}$ 为紧集,$f(z)$ 在 E 上连续,证明 $f(E)$ 为紧集.

第三章 解析函数概念与初等解析函数

单复变函数论主要是研究解析函数的. 本章给出解析函数的两个等价定义. 在随后两章中还要给出解析函数的积分与级数形式的等价定义. 本章用映射观点讨论每一初等函数所表示的变换, 和多值初等函数如何取出单值分支的问题, 即如何使其局部单值化的问题, 并给出如何构造初等黎曼曲面使其整体单值化.

§1 解析函数概念

设 $D \subset \mathbb{C}$ 为区域, 函数 $f(z)$ 在 D 内定义, 我们来定义函数在一点 $z_0 \in D$ 的导数与微分概念.

定义 1 当 $z \in D$ 趋于 z_0 时, 若极限

$$\lim_{z \to z_0} \frac{f(z) - f(z_0)}{z - z_0}$$

存在 (有限复值), 则称 $f(z)$ 在点 $z = z_0$ **可导**, 这个极限值就称为 $f(z)$ 在 z_0 点的**导数**, 记做 $f'(z_0)$.

若记 $\Delta z = z - z_0$, $\Delta f = f(z) - f(z_0) = f(z_0 + \Delta z) - f(z_0)$.

定义 2 如果函数在 z_0 点的改变量可写成

$$\Delta f = A(z_0) \Delta z + \rho(\Delta z),$$

其中 $\rho(\Delta z)$ 满足

$$\lim_{\Delta z \to 0} \frac{\rho(\Delta z)}{\Delta z} = 0,$$

则称 $f(z)$ 在 $z = z_0$ 点**可微**, 函数改变量的线性主部 $A(z_0) \Delta z$ 称为 $f(z)$ 在 z_0 点的微分, 记做

$$\mathrm{d}f(z_0) = A(z_0) \Delta z.$$

若函数 $f(z)$ 在 z_0 点可导,则取

$$\rho(\Delta z) = \Delta f - f'(z_0)\Delta z,$$

显然有

$$\lim_{\Delta z \to 0} \frac{\rho(\Delta z)}{\Delta z} = 0,$$

所以 $f(z)$ 在 z_0 点可微,且 $\mathrm{d}f(z_0) = f'(z_0)\Delta z$. 反之,若函数 $f(z)$ 在 z_0 点可微,易知 $f(z)$ 在 z_0 点可导,且 $f'(z_0) = A(z_0)$. 对特殊函数 $f(z) = z$,有 $f'(z) \equiv 1, \mathrm{d}z = \Delta z$. 我们定义 $\mathrm{d}z = \Delta z$,这样微分和导数可记做

$$\mathrm{d}f = f'(z_0)\mathrm{d}z, \quad f'(z_0) = \frac{\mathrm{d}f}{\mathrm{d}z}.$$

所以导数也称为微商. 显然 $f(z)$ 在 z_0 点可导,那么 $f(z)$ 必在 z_0 点连续.

如果函数 $f(z)$ 在域 D 内的每一点可导,则称函数 $f(z)$ 在域 D 内是**解析**的或**全纯**的,记做 $f \in A(D)$. 若存在 z_0 点邻域 $V(z_0;\varepsilon)$,函数 $f(z)$ 在邻域内解析,则称函数 $f(z)$ 在 z_0 **点解析**.

例1 证明:函数 $f(z) = (\mathrm{Re}z)^2$ 在 $z = 0$ 点可导,但在该点不解析.

证明 因为

$$\lim_{z \to 0} \frac{f(z) - f(0)}{z - 0} = \lim_{z \to 0} \frac{(\mathrm{Re}z)^2}{z} = \lim_{z \to 0} \frac{\mathrm{Re}z}{z} \cdot \mathrm{Re}z = 0,$$

所以 $f(z)$ 在 $z = 0$ 点可导,且 $f'(0) = 0$.

当 $\mathrm{Re}z_0 \neq 0$ 时,设 $z_0 = x_0 + \mathrm{i}y_0$,先取 $\Delta z = \Delta x = x - x_0$,这时

$$\lim_{\Delta z \to 0} \frac{f(z_0 + \Delta z) - f(z_0)}{\Delta z}$$

$$= \lim_{\Delta x \to 0} \frac{[x_0 + \Delta x]^2 - x_0^2}{\Delta x} = 2x_0 \neq 0;$$

再取 $\Delta z = \mathrm{i}\Delta y = \mathrm{i}(y - y_0)$,这时

$$\lim_{\Delta z \to 0} \frac{f(z_0 + \Delta z) - f(z_0)}{\Delta z} = \lim_{\Delta y \to 0} \frac{x_0^2 - x_0^2}{\mathrm{i}\Delta y} = 0.$$

所以除虚轴上点外函数 $f(z)$ 不可导, 故 $z=0$ 不是解析点.

§2 可导的充要条件

复函数 $f(z)=u(z)+iv(z)$ 在区域 D 内连续, 其充要条件是实部 $u(z)$ 和虚部 $v(z)$ 在 D 内连续, 所以 D 内复连续函数不可能蕴含比实连续函数更多的性质. 从例 1 可以看出, 复函数 $f(z)$ 在区域 D 内可微不等价于实部和虚部在 D 内可微, 所以复函数在区域 D 内可微有可能蕴含着比实可微更好的性质. 由实部和虚部可微外, 应再附加什么条件使 $f(z)$ 可微呢? 下面定理就回答这问题.

定理 1 设 $f(z)=u(z)+iv(z)$ 在区域 D 内定义, 则 $f(z)$ 在 $z_0 \in D$ 点可微的充要条件为: $u(z), v(z)$ 在 z_0 点可微, 且在该点偏导数满足 **Cauchy-Riemann 方程**(简称 C-R 方程):

$$\begin{cases} \dfrac{\partial u(z_0)}{\partial x} = \dfrac{\partial v(z_0)}{\partial y}, \\ \dfrac{\partial u(z_0)}{\partial y} = -\dfrac{\partial v(z_0)}{\partial x}. \end{cases} \quad (z = x + iy) \tag{1}$$

注意记号 $u(z)$ 与 $u(x,y)$ 意义一样.

证明 由 $f(z)$ 在 z_0 点可微, 令 $\Delta f = f(z) - f(z_0)$, $\Delta u = u(z) - u(z_0)$, $\Delta v = v(z) - v(z_0)$, 则

$$\Delta f = \Delta u + i\Delta v = f'(z_0)\Delta z + \rho(\Delta z), \tag{2}$$

其中 $\rho(\Delta z)$ 满足

$$\lim_{\Delta z \to 0} \frac{\rho(\Delta z)}{\Delta z} = 0. \tag{3}$$

再令 $f'(z_0) = a + ib$, $\Delta z = \Delta x + i\Delta y$, $\rho(\Delta z) = \varepsilon_1(\Delta z) + i\varepsilon_2(\Delta z)$, 将其代入(2)式, 并取实部和虚部得

$$\begin{cases} \Delta u = a\Delta x - b\Delta y + \varepsilon_1(\Delta z), \\ \Delta v = b\Delta x + a\Delta y + \varepsilon_2(\Delta z), \end{cases} \quad |\Delta z| = \sqrt{\Delta x^2 + \Delta y^2}. \tag{4}$$

由(3)知

$$\left|\frac{\varepsilon_i(\Delta z)}{\Delta z}\right| \leqslant \left|\frac{\rho(\Delta z)}{\Delta z}\right| \to 0 \quad (\Delta z \to 0) \quad (i = 1, 2).$$

所以(4)式表明 $u(z), v(z)$ 在 z_0 点可微,且

$$\begin{cases} \dfrac{\partial u(z_0)}{\partial x} = a = \dfrac{\partial v(z_0)}{\partial y}, \\ \dfrac{\partial u(z_0)}{\partial y} = -b = -\dfrac{\partial v(z_0)}{\partial x}. \end{cases}$$

反之,若 $u(z), v(z)$ 在 z_0 点可微,且偏导数满足 C-R 方程,则(4)式成立,因此有

$$\Delta f = \Delta u + \mathrm{i}\Delta v = (a\Delta x - b\Delta y) + \mathrm{i}(b\Delta x + a\Delta y)$$
$$+ \varepsilon_1(\Delta z) + \mathrm{i}\varepsilon_2(\Delta z)$$
$$= (a + \mathrm{i}b)\Delta z + \rho(\Delta z),$$

其中 $\Delta z = \Delta x + \mathrm{i}\Delta y, \rho(\Delta z) = \varepsilon_1(\Delta z) + \mathrm{i}\varepsilon_2(\Delta z)$. 由

$$\left|\frac{\rho(\Delta z)}{\Delta z}\right| \leqslant \frac{|\varepsilon_1(\Delta z)| + |\varepsilon_2(\Delta z)|}{|\Delta z|} \to 0 \quad (\Delta z \to 0),$$

说明函数 $f(z)$ 在 z_0 点可微,且

$$f'(z_0) = a + \mathrm{i}b = \frac{\partial u(z_0)}{\partial x} + \mathrm{i}\frac{\partial v(z_0)}{\partial x} = \frac{\partial f(z_0)}{\partial x}, \quad (5)$$

或

$$f'(z_0) = a + \mathrm{i}b = \frac{\partial v(z_0)}{\partial y} - \mathrm{i}\frac{\partial u(z_0)}{\partial y} = -\mathrm{i}\frac{\partial f(z_0)}{\partial y}. \quad (6)$$

证毕.

由定理 1 可得函数 $f(z)$ 在区域 D 内解析的充要条件为:实部 $u(z)$ 和虚部 $v(z)$ 在 D 内可微,且一阶偏导数在 D 内满足 C-R 方程. 正是 $u(z), v(z)$ 不是孤立地可微,而是通过 C-R 方程相联系,使解析函数具有极好的性质. 下章我们要证明 D 内解析函数一定无穷多次可导,即有下面定理.

定理 2 若 $f(z)$ 在区域 D 内解析,则 $f(z)$ 在 D 内有各阶导数.

在承认这一定理的基础上,我们引出几个推论. 由(5)和(6)

式,在 D 内

$$f'(z) = \frac{\partial u(z)}{\partial x} + \mathrm{i}\frac{\partial v(z)}{\partial x} = \frac{\partial v(z)}{\partial y} - \mathrm{i}\frac{\partial u(z)}{\partial y},$$

因 $f''(z)$ 存在,所以 $f'(z)$ 的实部和虚部在区域 D 内连续,即得 u, $v \in C^1(D)$(记号表示具有一阶连续偏导数). 把刚才所得结论用到解析函数 $f'(z)$ 上,因 $(f')''$ 存在,所以 f' 的实部和虚部属于 $C^1(D)$,即得 $u, v \in C^2(D)$.

推论 1 函数 $f(z)$ 在区域 D 内解析的充要条件为:$u(z) = \mathrm{Re} f(z)$ 和 $v(z) = \mathrm{Im} f(z)$ 在 D 内有一阶连续偏导数,且满足 C-R 方程.

推论 2 函数 $f(z) = u(z) + \mathrm{i} v(z)$ 在区域 D 内解析,则 $u(z)$, $v(z)$ 为 D 内调和函数.

证明 由定理 2 知 $u, v \in C^2(D)$. 再由 C-R 方程可得

$$\frac{\partial^2 u}{\partial x^2} = \frac{\partial^2 v}{\partial x \partial y} = -\frac{\partial^2 u}{\partial y^2},$$

推出 u 满足 Laplace 方程:

$$\Delta u = \frac{\partial^2 u}{\partial x^2} + \frac{\partial^2 u}{\partial y^2} = 0,$$

所以 $u(z)$ 为 D 内调和函数. 同理可证 $v(z)$ 在 D 内调和. 证毕.

若两调和函数 $u(z), v(z)$,满足 C-R 方程:

$$\frac{\partial u}{\partial x} = \frac{\partial v}{\partial y}, \quad \frac{\partial u}{\partial y} = -\frac{\partial v}{\partial x},$$

则称 v 是 u 的**共轭调和函数**,$-u$ 是 v 的共轭调和函数.

推论 3 若区域 D 为单连通,$u(z)$ 为 D 内调和函数,则一定存在共轭调和函数 $v(z)$,因而 $f(z) = u(z) + \mathrm{i} v(z)$ 在 D 内解析.

证明 任取 $z_0 \in D$,$\forall z \in D$,考虑曲线积分:

$$\int_{z_0}^{z} -\frac{\partial u}{\partial y}\mathrm{d}x + \frac{\partial u}{\partial x}\mathrm{d}y.$$

因 $\dfrac{\partial}{\partial x}\left(\dfrac{\partial u}{\partial x}\right) = \dfrac{\partial}{\partial y}\left(-\dfrac{\partial u}{\partial y}\right)$ 与 D 是单连通,所以曲线积分与路径无

关.而线积分与路径无关时,被积表达式一定是某一函数 $v(z)$ 的全微分,即存在函数 $v(z)$,使

$$\mathrm{d}v = -\frac{\partial u}{\partial y}\mathrm{d}x + \frac{\partial u}{\partial x}\mathrm{d}y,$$

或

$$\frac{\partial v}{\partial x} = -\frac{\partial u}{\partial y}, \quad \frac{\partial v}{\partial y} = \frac{\partial u}{\partial x}.$$

上式表明 $v(z)$ 是 $u(z)$ 的共轭调和函数,根据推论 1 知 $f(z)$ 在 D 内解析.

§3 导数的运算

由导数定义容易推出导数的四则运算成立.设 $f(z),g(z)$ 在区域 D 内解析,则 $f(z) \pm g(z)$,$f(z) \cdot g(z)$ 也在 D 内解析,且

$$(f(z) \pm g(z))' = f'(z) \pm g'(z);$$
$$(f(z)g(z))' = f'(z)g(z) + f(z)g'(z).$$

若对于 D 内每一点有 $g(z) \neq 0$,则 $f(z)/g(z)$ 在 D 内解析,且

$$\left(\frac{f(z)}{g(z)}\right)' = \frac{f'(z)g(z) - f(z)g'(z)}{g^2(z)}.$$

由此可知多项式

$$P(z) = a_0 z^n + a_1 z^{n-1} + \cdots + a_{n-1}z + a_n$$

在 $\mathbb{C}$ 上解析,且

$$P'(z) = a_0 n z^{n-1} + a_1(n-1)z^{n-2} + \cdots + a_{n-1}.$$

设 $P(z),Q(z)$ 为两个多项式,则有理函数 $R(z) = P(z)/Q(z)$ 在 $\mathbb{C}$ 中除去方程 $Q(z) = 0$ 的根外是解析的.

证复合函数求导公式前,注意微分定义中的余项 $\rho(\Delta z)$,$\lim\limits_{\Delta z \to 0} \dfrac{\rho(\Delta z)}{\Delta z} = 0$,也可写成 $\varepsilon(\Delta z)\Delta z$,其中 $\varepsilon(\Delta z)$ 满足

$$\lim_{\Delta z \to 0} \varepsilon(\Delta z) = 0.$$

定理 3　若函数 $\zeta=f(z)$ 在区域 D 内解析,函数 $g(\zeta)$ 在区域 G 内解析,且 $f(D)\subset G$,则函数 $\varphi(z)=g[f(z)]$ 在区域 D 内解析,且

$$\varphi'(z)=g'[f(z)]\cdot f'(z). \tag{7}$$

证明　$\forall\,z_0\in D$,由条件 $\zeta_0=f(z_0)\in G$,$g(\zeta)$ 在 ζ_0 点可微,所以有

$$g(\zeta)-g(\zeta_0)=g'(\zeta_0)(\zeta-\zeta_0)+\varepsilon(\Delta\zeta)\Delta\zeta,$$

这里 $\Delta\zeta=\zeta-\zeta_0$,$\lim\limits_{\Delta\zeta\to0}\varepsilon(\Delta\zeta)=0$. 补充定义 $\varepsilon(0)=0$,则上式当 $\zeta=\zeta_0$ 时也成立. 故可用 $\zeta=f(z)$,$\zeta_0=f(z_0)$ 代入得

$$\varphi(z)-\varphi(z_0)=g'[f(z_0)](f(z)-f(z_0))+\varepsilon(\Delta f)\cdot\Delta f.$$

再除以 Δz,得

$$\frac{\varphi(z)-\varphi(z_0)}{\Delta z}=g'[f(z_0)]\frac{f(z)-f(z_0)}{\Delta z}+\varepsilon(\Delta f)\frac{\Delta f}{\Delta z}.$$

当 $\Delta z\to0$ 时,有 $\Delta f\to0$,进而有 $\varepsilon(\Delta f)\to0$. 所以当 $\Delta z\to0$ 时,上式右端趋于 $g'[f(z_0)]f'(z_0)$,故上式左端极限存在,且

$$\varphi'(z_0)=g'[f(z_0)]f'(z_0).$$

由 z_0 的任意性知(7)式成立. 证毕.

定理 4　设 $w=f(z)$ 在区域 D 内单叶解析,且 $f'(z)\neq0$,则有(1) $G=f(D)$ 为区域;(2) 反函数 $z=g(w)$ 在区域 G 内解析,且

$$g'(w)=\frac{1}{f'[g(w)]}.$$

证明　我们把映射 $f\colon D\to G$ 看成

$$\begin{cases}u=u(x,y),\\ v=v(x,y),\end{cases}$$

自 $D\subset\mathbb{R}^2$ 到 $G\subset\mathbb{R}^2$ 的变换. 由定理 2 知 $u,v\in C^1(D)$,且变换的 Jacobi 行列式为

$$\begin{vmatrix}\dfrac{\partial u}{\partial x}&\dfrac{\partial u}{\partial y}\\[2mm]\dfrac{\partial v}{\partial x}&\dfrac{\partial v}{\partial y}\end{vmatrix}=\left(\frac{\partial u}{\partial x}\right)^2+\left(\frac{\partial v}{\partial x}\right)^2=|f'(z)|^2>0.$$

根据分析中反函数存在定理,知 $G=f(D)$ 为区域,且反函数 $x=x(u,v),y=y(u,v)\in C^1(G)$,即 $z=g(w)$ 在 G 内有一阶连续偏导数,特别 $g(w)$ 在 G 内连续.

设 $w_0\in G$, $z_0=g(w_0)\in D$,由

$$\frac{g(w)-g(w_0)}{w-w_0}=\frac{g(w)-g(w_0)}{f[g(w)]-f[g(w_0)]}$$

$$=\frac{1}{\dfrac{f[g(w)]-f[g(w_0)]}{g(w)-g(w_0)}}.$$

当 $w\rightarrow w_0$ 时,有 $g(w)\rightarrow g(w_0)$,因此上式右端趋于 $\dfrac{1}{f'[g(w_0)]}$,所以上式左端极限存在,且

$$g'(w_0)=\frac{1}{f'[g(w_0)]}.$$

证毕.

以后我们要证明单叶解析函数的导数不为零,所以定理 4 中条件 $f'(z)\neq0$ 是多余的.

我们来讨论多项式零点与其导数零点间的关系.先承认 n 次多项式必有 n 个零点(几重零点算几个).设 n 次多项式 $P(z)$ 的零点为 $a_k(k=1,2,\cdots,n)$,包含这 n 个点的最小凸集记做 D,则 $P'(z)$ 的零点一定属于 D.为了简单起见,我们以三次多项式为例加以证明.

例 2 设 $P(z)=(z-a_1)(z-a_2)(z-a_3)$,其中 a_1,a_2,a_3 不在一直线上,D 表示以 a_1,a_2,a_3 为顶点的三角形,则 $P'(z)$ 的零点属于 D.

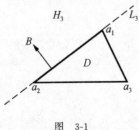

图 3-1

证明 过 a_1,a_2 两点的直线记做 L_3,它把 $\mathbb{C}$ 分成两个半平面,记不含 a_3 的半平面为 H_3(图 3-1). 类似有直线 L_1,L_2 与半平面 H_1,H_2.

只要证 $P'(z)$ 的零点不属于 $H_k(k=1,2,3)$，则零点必属于 $D=\mathbb{C}\backslash\{H_1\bigcup H_2\bigcup H_3\}$.

由求导公式得

$$\frac{P'(z)}{P(z)} = \sum_{k=1}^{3} \frac{1}{z-a_k}.$$

设 B 为复数，它对应的向量垂直于 L_3，且指向 H_3 半平面. $\forall\, z\in H_3$，有

$$\mathrm{Re}\,\frac{BP'(z)}{P(z)} = \sum_{k=1}^{3}\mathrm{Re}\,\frac{B}{z-a_k} = \sum_{k=1}^{3}\frac{\mathrm{Re}B(\bar{z}-\bar{a}_k)}{|z-a_k|^2}.$$

从几何上可以看出，向量 B 与向量 $z-a_k$ 的内积大于零，所以 $\forall\, z\in H_3$ 时，

$$\mathrm{Re}\,\frac{BP'(z)}{P(z)} > 0.$$

这说明 $P'(z)$ 在 H_3 上无零点. 同理可证 $P'(z)$ 在 H_1,H_2 上无零点，故 $P'(z)$ 的零点位于三角形 D 内.

上面例子顺便也告诉我们，在复变函数里没有相应的微分中值定理和积分中值定理. 如果有微分中值定理，由 $P(z)$ 在 a_1,a_2 为零，可得 $P'(z)$ 在连接 a_1,a_2 的线段上某一点为零，这样 $P'(z)$ 就有三个零点与 $P'(z)$ 为二次多项式矛盾.

§4 导数的几何意义与函数的实可微

1. 导数的几何意义

设 $f(z)$ 在区域 D 内解析，$z_0\in D$，$f'(z_0)\neq0$，则

$$f(z) - f(z_0) = f'(z_0)(z-z_0) + \rho(z-z_0),$$

其中 $\rho(z-z_0)$ 为高阶无穷小. 当我们在 z_0 邻域考查时，略去高阶无穷小项，得

$$f(z) - f(z_0) \approx f'(z_0)(z-z_0).$$

这表明在 z_0 无穷小邻域, $f(z)$ 可以近似看做线性变换, 也就是说把 z_0 与 $f(z_0)$ 取作平面的原点, 则 $f(z)$ 近似看做先作角度为

$$\mathrm{Arg}\, f'(z_0)$$

(通常取主值)的旋转, 再作伸长度为

$$|f'(z_0)|$$

的相似变换. 所以导数的模 $|f'(z_0)|$ 表示映射 $f(z)$ 在 z_0 点的伸长度, 它将 z 平面上充分小的圆周 $|z-z_0|=r$ 近似地映为 w 平面上充分小圆周 $|w-f(z_0)|=|f'(z_0)|r$.

为了使辐角 $\mathrm{Arg}\, f'(z_0)$ 在变换中作用看得更清楚, 我们考虑 D 内过 z_0 的一条光滑曲线 $\gamma(t): 0 \leqslant t \leqslant 1, \gamma(0)=z_0, \gamma(t)$ 在点 z_0 的切线与实轴正向的夹角为 $\mathrm{Arg}\, \gamma'(0)$. 映射 $f(z)$ 把 $\gamma(t)$ 映为过点 $w_0=f(z_0)$ 的光滑曲线 $\sigma(t)=f[\gamma(t)], \sigma'(t)=f'[\gamma(t)]\gamma'(t)$, 特别有 $\sigma'(0)=f'(z_0)\gamma'(0)$. 所以像曲线 $\sigma(t)$ 在点 w_0 的切线与实轴正向的夹角为:

$$\mathrm{Arg}\, \sigma'(0) = \mathrm{Arg}\, f'(z_0) + \mathrm{Arg}\, \gamma'(0), \tag{8}$$

这里 $\mathrm{Arg}\, f'(z_0), \mathrm{Arg}\, \gamma'(0)$ 的值已取定, 比如取辐角的主值, 则 $\mathrm{Arg}\, \sigma'(0)$ 的值, 由(8)式而定. (8)式表示曲线 $\sigma(t)$ 在 w_0 点的切向量可以由 $\gamma(t)$ 在 z_0 点的切向量转过角度 $\mathrm{Arg}\, f'(z_0)$ 得到.

若考虑过 z_0 点的任意两条光滑曲线 $\gamma_1(t), \gamma_2(t)(0 \leqslant t \leqslant 1)$, $\gamma_1(0)=\gamma_2(0)=z_0$. 它们在 $f(z)$ 映射下的像为过 $w_0=f(z_0)$ 的两条光滑曲线(图 3-2)$\sigma_1(t), \sigma_2(t)$. 由(8)式得

$$\mathrm{Arg}\, \sigma_i'(0) = \mathrm{Arg}\, f'(z_0) + \mathrm{Arg}\, \gamma_i'(0) \quad (i=1,2).$$

于是有

$$\mathrm{Arg}\, \sigma_2'(0) - \mathrm{Arg}\, \sigma_1'(0) = \mathrm{Arg}\, \gamma_2'(0) - \mathrm{Arg}\, \gamma_1'(0).$$

如果我们定义两曲线在交点的夹角, 即为该点两切线的夹角. 上式表示曲线 γ_1, γ_2 在 z_0 点的夹角的大小和旋转方向, 与像曲线 σ_1, σ_2 在 $f(z_0)$ 点的夹角大小和旋转方向都保持不变. 这时, 我们称映射 $f(z)$ 在 z_0 点是**保角的**, 或称 $f(z)$ 在 z_0 点是**第一类保角的**. 如果只

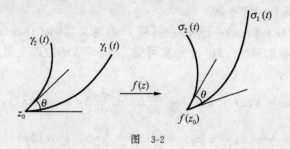

图 3-2

保持两曲线的夹角的大小不变,而旋转方向相反,则称映射 $f(z)$ 在 z_0 点是**第二类保角的**. 例如 $f(z)=\bar{z}$ 在 $\mathbb{C}$ 上每点是第二类保角的. 由上面讨论可得下面定理.

定理 5 若 $f(z)$ 在区域 D 内解析,则在 $f'(z)\neq 0$ 的点处,映射 $f(z)$ 是保角的.

导数等于零的点,映射一定是不保角的. 如 $f(z)=z^2$ 在 $z=0$ 点不保角. 考查自 $z=0$ 点出发的光滑曲线 $\gamma(t)$,像曲线为 $\sigma(t)=[\gamma(t)]^2$. 因为

$$\sigma'(t) = 2\gamma(t)\gamma'(t) \quad (t>0),$$

所以

$$
\begin{aligned}
\lim_{t\to 0}\mathrm{Arg}\sigma'(t) &= \lim_{t\to 0}\big[\mathrm{Arg}\gamma(t) + \mathrm{Arg}\gamma'(t)\big] \\
&= \lim_{t\to 0}\Big[\mathrm{Arg}\frac{\gamma(t)}{t} + \mathrm{Arg}\gamma'(t)\Big] \\
&= 2\mathrm{Arg}\gamma'(0).
\end{aligned}
$$

规定

$$\mathrm{Arg}\sigma'(0) = \lim_{t\to 0}\mathrm{Arg}\sigma'(t) = 2\,\mathrm{Arg}\gamma'(0),$$

于是有

$$\mathrm{Arg}\sigma_2'(0) - \mathrm{Arg}\sigma_1'(0) = 2\big[\mathrm{Arg}\,\gamma_2'(0) - \mathrm{Arg}\,\gamma_1'(0)\big].$$

这说明两像曲线在 $w=0$ 点的夹角是原曲线在 $z=0$ 点的夹角放大一倍.

2. 函数的实可微

设 $f(z) = u(z) + iv(z)$ 在区域 D 内定义,若 $u(z), v(z)$ 在 z_0 点可微. 我们称 $f(z)$ 在 z_0 点**实可微**. 下面来求函数改变量的线性主部. 因为

$$\Delta u = u(z) - u(z_0) = \frac{\partial u}{\partial x}\Delta x + \frac{\partial u}{\partial y}\Delta y + o(|\Delta z|),$$

$$\Delta v = v(z) - v(z_0) = \frac{\partial v}{\partial x}\Delta x + \frac{\partial v}{\partial y}\Delta y + o(|\Delta z|).$$

所以

$$\Delta f = f(z) - f(z_0) = \frac{\partial f}{\partial x}\Delta x + \frac{\partial f}{\partial y}\Delta y + o(|\Delta z|).$$

因为 $\Delta x = \dfrac{\Delta z + \overline{\Delta z}}{2}, \Delta y = \dfrac{\Delta z - \overline{\Delta z}}{2i}$. 所以上式可写为:

$$\Delta f = \frac{1}{2}\left(\frac{\partial f}{\partial x} - i\frac{\partial f}{\partial y}\right)\Delta z + \frac{1}{2}\left(\frac{\partial f}{\partial x} + i\frac{\partial f}{\partial y}\right)\overline{\Delta z} + o(|\Delta z|).$$

引入形式符号

$$\frac{\partial}{\partial z} = \frac{1}{2}\left(\frac{\partial}{\partial x} - i\frac{\partial}{\partial y}\right), \quad \frac{\partial}{\partial \bar{z}} = \frac{1}{2}\left(\frac{\partial}{\partial x} + i\frac{\partial}{\partial y}\right),$$

则得

$$\Delta f = \frac{\partial f}{\partial z}\Delta z + \frac{\partial f}{\partial \bar{z}}\overline{\Delta z} + o(|\Delta z|). \tag{9}$$

定理 6 设 $f(z) = u(z) + iv(z)$ 在区域 D 内定义,则 $f(z)$ 在 D 内解析的充要条件为: $u(z), v(z)$ 在 D 内可微,且 $\dfrac{\partial f}{\partial \bar{z}} \equiv 0$.

证明 由 $f(z)$ 实可微与 $\dfrac{\partial f}{\partial \bar{z}} \equiv 0$,从而(9)式变为:

$$\Delta f = \frac{\partial f}{\partial z}\Delta z + o(|\Delta z|).$$

根据可微定义知 $f(z)$ 在 D 内可微,且 $f'(z) = \dfrac{\partial f}{\partial z}$.

反之,$f(z)$ 可微,则

$$\Delta f = f'(z)\Delta z + o(|\Delta z|). \tag{10}$$

因为可微必实可微,及实可微的微分形式的唯一性,比较(9)与

(10)式得

$$f'(z) = \frac{\partial f}{\partial z}, \quad \frac{\partial f}{\partial \bar{z}} \equiv 0.$$

证毕.

例3 设 $f(z)=(\mathrm{Re}z)^2$,求证 $\mathrm{Re}z\neq0$ 时,$f(z)$ 不可导.

证明 因为 $f(z)=\left(\dfrac{z+\bar{z}}{2}\right)^2, \dfrac{\partial f}{\partial \bar{z}}=\dfrac{z+\bar{z}}{2}=\mathrm{Re}z$,所以 $\mathrm{Re}z\neq0$ 时,$\dfrac{\partial f}{\partial \bar{z}}\neq0$,故 $f(z)$ 不可导.

注意 $\dfrac{\partial f}{\partial \bar{z}}=0$ 即为 C-R 方程,验证满足 C-R 方程变为验证 $\dfrac{\partial f}{\partial \bar{z}}=0$,而后者验证起来更方便.

采用形式符号我们有

$$\Delta = \frac{\partial^2}{\partial x^2} + \frac{\partial^2}{\partial y^2} = 4\frac{\partial^2}{\partial z \partial \bar{z}}.$$

例4 求证 $u(z)=\log|z|$ 在 $\mathbb{C}\backslash\{0\}$ 上调和.

证明 因为 $u(z)=\dfrac{1}{2}\log|z|^2=\dfrac{1}{2}\log z\bar{z}$,所以

$$\frac{\partial u}{\partial \bar{z}} = \frac{z}{2z\bar{z}} = \frac{1}{2\bar{z}}, \quad \frac{\partial^2 u}{\partial z \partial \bar{z}} = 0.$$

即 $u(z)$ 在 $\mathbb{C}\backslash\{0\}$ 上满足 **Laplace 方程**. 故 $u(z)=\log|z|$ 在 $\mathbb{C}\backslash\{0\}$ 上调和.

§5 指 数 函 数

这节起我们讨论常用的初等函数及其所构成的映射. 设 $z=x+\mathrm{i}y$,**指数函数** e^z 的定义为:

$$\mathrm{e}^z = \mathrm{e}^x(\cos y + \mathrm{i}\sin y).$$

由此可得指数函数的如下性质:

(1) 指数函数不取零值:$\mathrm{e}^z\neq0$. 事实上 $|\mathrm{e}^z|=\mathrm{e}^x>0$;

(2) 对任意的 z_1,z_2,有

$$e^{z_1} \cdot e^{z_2} = e^{z_1+z_2}.$$

事实上由 $z_1 = x_1 + iy_1, z_2 = x_2 + iy_2$，可得

$$e^{z_1} \cdot e^{z_2} = e^{x_1}(\cos y_1 + i\sin y_1) \cdot e^{x_2}(\cos y_2 + i\sin y_2)$$
$$= e^{x_1+x_2}[\cos(y_1 + y_2) + i\sin(y_1 + y_2)]$$
$$= e^{z_1+z_2};$$

（3）e^z 是以 $2\pi i$ 为周期的周期函数.

因为 $e^{2\pi i} = 1$，所以由（2）得

$$e^{z+2\pi i} = e^z \cdot e^{2\pi i} = e^z;$$

（4）e^z 在 $\mathbb{C}$ 上解析，且 $(e^z)' = e^z$.

由定义，e^z 的实部和虚部为：

$$u(x,y) = e^x \cos y, \quad v(x,y) = e^x \sin y.$$

求一阶偏导数得

$$u_x = v_y = e^x \cos y, \quad u_y = -v_x = -e^x \sin y.$$

可见一阶偏导数在 $\mathbb{C}$ 上连续，且满足 C-R 方程，所以 e^z 在 $\mathbb{C}$ 上解析，且

$$(e^z)' = u_x + iv_x = e^x \cos y + ie^x \sin y = e^z.$$

（5）e^z 的单叶域.

若函数在区域 D 内是单叶的，则称 D 为函数的单叶域. 我们来求 e^z 的单叶域. 设 $e^{z_1} = e^{z_2}$，由性质（2）得 $e^{z_1-z_2} = 1$，再由性质（3）得

$$z_1 - z_2 = 2k\pi i, \quad k \in \mathbb{Z}.$$

所以区域 D 中任意两点之差不为 $2k\pi i$ 时（$k \neq 0$），由 $e^{z_1} = e^{z_2}$，推出 $z_1 = z_2$，即区域 D 为 e^z 的单叶域. 例如我们可取平行于实轴的带域 D_k：

$$2k\pi < y < 2(k+1)\pi \quad (k = 0, \pm 1, \pm 2, \cdots)$$

作为 e^z 的单叶域.

我们来看 e^z 把这些单叶域映为什么样区域. 由于 e^z 的周期性，只需考查带域 D_0：

$$0 < y < 2\pi.$$

设 $z = x + iy(0 < y < 2\pi)$，令 $w = e^z = \rho e^{i\varphi}$，则

$$\rho = e^x, \quad \varphi = y.$$

可见映射 e^z 把直线 $y = y_0(0 < y_0 < 2\pi)$ 映为射线 $\varphi = y_0$；把线段 $x = x_0(0 < y < 2\pi)$ 映为去掉 $w = e^{x_0}$ 点的圆周 $|w| = \rho = e^{x_0}$，因此它把带域 D_0 映为全平面除去正实轴：$\mathbb{C} \setminus [0, +\infty)$（图 3-3）.

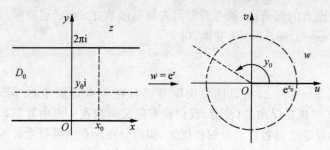

图　3-3

同理映射 e^z 把带域 $0 < y < \pi$ 映为上半平面；把带域 $-\pi < y < \pi$ 映为 $\mathbb{C} \setminus (-\infty, 0]$；一般来说 e^z 把宽为 $h(0 < h \leqslant 2\pi)$ 的水平带域映为张角为 h 的角域.

除水平带域作为 e^z 的单叶域外，当然也可取其他的区域为单叶域，如直线 $y = x \pm \pi$ 围成的区域也是 e^z 的单叶域.

§6　儒可夫斯基函数

称函数

$$w = f(z) = \frac{1}{2}\left(z + \frac{1}{z}\right) \tag{11}$$

为**儒可夫斯基函数**，它在 $\mathbb{C} \setminus \{0\}$ 上解析，把 $z = 0 \mapsto w = \infty$，把 $z = \infty \mapsto w = \infty$，所以我们将它看成 $\overline{\mathbb{C}}$ 到 $\overline{\mathbb{C}}$ 的映射. 由

$$f'(z) = \frac{1}{2}\left(1 - \frac{1}{z^2}\right),$$

当 $z \neq \pm 1$ 时,由 $f'(z) \neq 0$,所以映射是保角的. 至于∞**点保角性**,先要定义两曲线在∞点的夹角. 设有两条过无穷远点的光滑曲线 γ_1 和 γ_2,经 $\tilde{z} = \dfrac{1}{z}$ 变换后,γ_i 映为过原点的光滑曲线 $\tilde{\gamma}_i (i=1,2)$,定义 $\tilde{\gamma}_1$ 与 $\tilde{\gamma}_2$ 在原点的夹角的大小和定向,即为 γ_1 与 γ_2 在无穷远点的夹角的大小和定向. 所以讨论无穷远点的保角性时,若 $z = \infty$,作 $\tilde{z} = 1/z$ 的变换,若 $w = \infty$,作 $\tilde{w} = 1/w$ 的变换,从而转化为讨论原点的保角性. 如考查儒可夫斯基函数在 $z = \infty$ 点的保角性,先作 $\tilde{w} = 1/w, \tilde{z} = 1/z$ 变换,得

$$\tilde{w} = \frac{2\tilde{z}}{1 + \tilde{z}^2},$$

因为 $\tilde{w}'(0) = 2$,所以儒可夫斯基函数在∞点是保角的. 同理在 $z = 0$ 点也是保角的(注意,我们没有定义函数在∞点的导数,今后我们要定义函数在∞点解析概念,和微分在∞点全纯概念).

下面我们来求儒可夫斯基函数的单叶域. 设 z_1, z_2 使得

$$\frac{1}{2}\left(z_1 + \frac{1}{z_1}\right) = \frac{1}{2}\left(z_2 + \frac{1}{z_2}\right),$$

就有

$$(z_1 - z_2)\left(1 - \frac{1}{z_1 z_2}\right) = 0,$$

推得

$$z_1 = z_2 \quad \text{或} \quad z_1 z_2 = 1.$$

所以只要 D 内任意两点 z_1, z_2 不满足条件 $z_1 z_2 = 1$,则区域 D 为函数的单叶域. 例如我们可以取单位圆作为单叶域,也可以取单位圆外部(包含∞)为单叶域,或取上半平面或取下半平面均为函数的单叶域.

我们来考查 $w = f(z)$ 把单叶域映为什么样区域. 为此设

$$z = r e^{i\theta}, \quad w = u + iv.$$

代入(11)式得

$$u = \frac{1}{2}\left(r + \frac{1}{r}\right)\cos\theta, \quad v = \frac{1}{2}\left(r - \frac{1}{r}\right)\sin\theta. \tag{12}$$

因此 z 平面上每个圆周 $|z|=r_0\neq 0$ 都映为 w 平面上一椭圆：

$$u = \frac{1}{2}\left(r_0 + \frac{1}{r_0}\right)\cos\theta,$$

$$v = \frac{1}{2}\left(r_0 - \frac{1}{r_0}\right)\sin\theta,$$

其半轴为 $a = \frac{1}{2}\left(r_0 + \frac{1}{r_0}\right)$，$b = \frac{1}{2}\left|r_0 - \frac{1}{r_0}\right|$．并且当 $0<r_0<1$ 时，上半圆周变为下半椭圆，下半圆周变为上半椭圆；当 $1<r_0<+\infty$ 时，上半圆周变为上半椭圆，下半圆周变为下半椭圆．对不同的 r_0，$c=\sqrt{a^2-b^2}=1$，所以 $z=\pm 1$ 为所有椭圆的公共焦点．当 $r_0\to 1$ 时，$a\to 1$，$b\to 0$，椭圆压缩成实轴上线段 $[-1,1]$；当 $r_0\to 0$ 或 $r_0\to+\infty$ 时，$a,b\to+\infty$，椭圆渐渐扩张成圆周（图 3-4）．

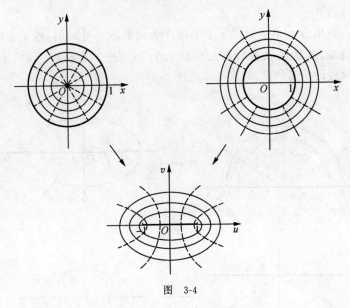

图　3-4

函数把 z 平面上的射线 $\arg z=\theta_0$，映为 w 平面上双曲线

$$u = \frac{1}{2}\left(r + \frac{1}{r}\right)\cos\theta_0,$$

$$v = \frac{1}{2}\left(r - \frac{1}{r}\right)\sin\theta_0,$$

或

$$\frac{u^2}{\cos^2\theta_0} - \frac{v^2}{\sin^2\theta_0} = 1.$$

当 $\theta_0 = 0, 2\pi$ 时,对应的是线段 $\{u \geqslant 1, v = 0\}$;当 $\theta_0 = \pi$ 时,对应的是线段 $\{u \leqslant -1, v = 0\}$;当 $\theta_0 = \pi/2, 3\pi/2$ 时,对应的是虚轴.除此之外,对不同的 θ_0,它们对应的双曲线是共焦的,焦点为 ± 1 (图 3-4).

总之,函数把单位圆内部映为 $\overline{\mathbb{C}} \setminus [-1, 1]$,上半圆映为下半平面,下半圆映为上半平面.把单位圆外部也映为 $\overline{\mathbb{C}} \setminus [-1, 1]$,我们把映射过程设想成上下一起挤压,圆周 $|z| = 1$ 被挤压成线段 $[-1, 1]$.

如果取上半平面或下半平面作为函数的单叶域时,根据上面的讨论,其像区域为 $\mathbb{C}$ 除去实轴上 $1 \leqslant u < +\infty$ 和 $-\infty < u \leqslant -1$ 的两线段所得的区域(图 3-5 与图 3-6).

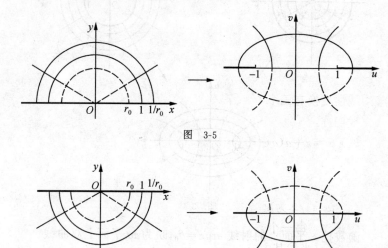

图 3-5

图 3-6

§7 分式线性变换

我们称函数

$$w = f(z) = \frac{az+b}{cz+d} \quad (ad - bc \neq 0)$$

为**分式线性变换**,也称为 **Möbius 变换**. $c = 0$ 时,函数在 $\mathbb{C}$ 上解析,$f(\infty) = \infty$;$c \neq 0$ 时,函数在 $\mathbb{C} \setminus \{-d/c\}$ 上解析,$f(\infty) = \dfrac{a}{c}$,$f\left(-\dfrac{d}{c}\right) = \infty$. 所以 $f(z)$ 可以看成 $\overline{\mathbb{C}}$ 到 $\overline{\mathbb{C}}$ 上的映射. 不难证明它在 $\overline{\mathbb{C}}$ 上是保角映射,函数

$$f^{-1}(z) = \frac{dz - b}{-cz + a}$$

满足 $f(f^{-1}(z)) = f^{-1}(f(z)) = z$,即 f^{-1} 是 f 的逆变换,这也说明 f 是 $\overline{\mathbb{C}}$ 到 $\overline{\mathbb{C}}$ 上的单叶变换. 两个分式线性变换的复合也是分式线性变换. 因此,分式线性变换的集合在复合运算下构成一个群.

我们称满足 $f(z) = z$ 的点 z 为分式线性变换的不动点,不动点 z 满足方程

$$cz^2 + (d - a)z - b = 0.$$

因此,不为恒等变换的分式线性变换至多只有两个不动点. 如果一分式线性变换有三个不动点,则必为恒等变换.

我们称

(1) $w = z + a(a \in \mathbb{C})$ 为平移变换;

(2) $w = e^{i\theta}z(\theta \in \mathbb{R})$ 为旋转变换;

(3) $w = rz(r > 0)$ 为伸缩变换;

(4) $w = 1/z$ 为反演变换.

定理 7　每一个分式线性变换一定是平移、旋转、伸缩、反演变换的复合(当然其中有的变换可以不出现).

证明　由

$$f(z) = \frac{az+b}{cz+d} = \frac{bc-ad}{c^2\left(z+\dfrac{d}{c}\right)} + \frac{a}{c} \quad (c \neq 0),$$

即可看出 $f(z)$ 是上述简单变换的复合. 证毕.

定理 8　分式线性变换把圆周变为圆周.

证明　显然,平移、旋转、伸缩变换把圆周变为圆周(这里把直线统一称为圆周),所以只要证反演变换把圆周变为圆周即成. 设给定一圆周,由第一章定理 3,其方程总可写成

$$Az\bar{z} + \bar{B}z + B\bar{z} + C = 0,$$

$A, C \in \mathbb{R}, B \in \mathbb{C}, |B|^2 - AC > 0$. 作 $w = 1/z$ 变换,上述方程变为方程

$$A + \bar{B}\bar{w} + Bw + Cw\bar{w} = 0,$$

系数满足 $C, A \in \mathbb{R}, \bar{B} \in \mathbb{C}, |\bar{B}|^2 - CA > 0$,再由第一章定理 3 知方程表示一圆周. 证毕.

定理 9　设分式线性变换把圆周 Γ_1 变为圆周 Γ_2,则它把关于 Γ_1 的一对对称点映为关于 Γ_2 的一对对称点.

证明　对平移、旋转、伸缩变换定理显然成立,所以只要对反演变换证明定理即成. 设 Γ_1 的方程为:

$$Az\bar{z} + \bar{B}z + B\bar{z} + C = 0,$$

$A, C \in \mathbb{R}, B \in \mathbb{C}, |B|^2 - AC > 0$. z_1, z_2 为关于 Γ_1 的对称点,由第一章定理 4 知

$$Az_1\bar{z}_2 + \bar{B}z_1 + B\bar{z}_2 + C = 0. \tag{13}$$

反演变换把 Γ_1 变为 Γ_2: $A + \bar{B}\bar{w} + Bw + Cw\bar{w} = 0$,把 z_i 变为 $w_i = \dfrac{1}{z_i}(i=1,2)$,将其代入(13)式得

$$A \frac{1}{w_1} \frac{1}{\overline{w}_2} + \bar{B} \frac{1}{w_1} + B \frac{1}{\overline{w}_2} + C = 0,$$

化简得

$$A + \bar{B}\overline{w}_2 + Bw_1 + Cw_1\overline{w}_2 = 0.$$

再由第一章定理 4 知 w_1, w_2 关于 Γ_2 对称,证毕.

设给定圆周 Γ,在 Γ 上任取三点 z_1, z_2, z_3,我们用三点的顺序

(z_1, z_2, z_3)来定义 Γ 的定向.

定理 10 在 z 平面上给定圆周 Γ_1,其定向表示为 (z_1, z_2, z_3),在 w 平面上给定圆周 Γ_2,其定向表示为 (w_1, w_2, w_3). 则存在唯一的分式线性变换 $w = f(z)$,满足 $w_i = f(z_i)(i = 1, 2, 3)$.

证明 令

$$\frac{w - w_2}{w - w_3} : \frac{w_1 - w_2}{w_1 - w_3} = \frac{z - z_2}{z - z_3} : \frac{z_1 - z_2}{z_1 - z_3},$$

解之得 $w = f(z)$,显然 $f(z)$ 为分式线性变换,且满足 $w_i = f(z_i)$ $(i = 1, 2, 3)$. 假如另有一分式线性变换 $w = g(z)$,也满足 $w_i = g(z_i)(i = 1, 2, 3)$,则分式线性变换 $f[g^{-1}(w)]$ 有三个不动点 w_1, w_2, w_3,因此它只能是恒等变换,即 $f[g^{-1}(w)] \equiv w$,故 $f(z) \equiv g(z)$. 证毕.

我们把圆周的内部和外部,或直线的一侧和另一侧统称为圆域. 则任意给定两个圆域,一定存在分式线性变换把一个映为另一个. 事实上设给定圆域 D_1, D_2,其边界为圆周 Γ_1, Γ_2. 在 Γ_1 上取三点 z_1, z_2, z_3,使 Γ_1 的定向 (z_1, z_2, z_3) 为圆域 D_1 边界的正定向,同样取 Γ_2 上三点 w_1, w_2, w_3,使 Γ_2 的定向 (w_1, w_2, w_3) 为圆域 D_2 边界的正定向. 则由定理 10,存在分式线性变换 f,把 Γ_1 映为 Γ_2,故 f 把 Γ_1 的左侧区域 D_1 映为 Γ_2 的左侧区域 D_2. 注意,由于符合定向的 z_1, z_2, z_3 和 w_1, w_2, w_3 可以任意取,所以把 D_1 映为 D_2 的分式线性变换有无穷多个.

具体求分式线性变换 $f: D_1 \rightarrow D_2$ 时,常用定理 9 和其他办法,很少用定理 10. 我们通过例子加以说明.

例 5 求把右半平面 $\text{Re} z > 0$ 映为单位圆 $|w| < 1$ 的分式线性变换.

解 由定理 9,使所求分式线性变换把关于虚轴对称点 $z = 1$ 和 $z = -1$,映为关于单位圆周的对称点 $w = 0$ 和 $w = \infty$. 这种分式线性变换形式为:

$$w = K \frac{z - 1}{z + 1} \quad (K \text{ 为复数}).$$

注意虚轴上的点到 1 与 −1 的距离相等以及函数把虚轴映为单位圆周 $|w|=1$,可推出 $|K|=1$. 故所求的分式线性变换为:

$$w = e^{i\theta} \frac{z-1}{z+1} \quad (\theta \in \mathbb{R}). \tag{14}$$

应用时通常取 $\theta=0$ 那个变换,这时反函数 $w=\dfrac{1+z}{1-z}$ 把单位圆 $|z|<1$ 映为右半平面 $\mathrm{Re}\,w>0$.

例 6 求把上半平面 $\mathrm{Im}\,z>0$ 映为单位圆 $|w|<1$ 的分式线性变换.

解 可以利用上例的结果,将 (14) 中 z 用 $-iz$ 代入即得. 也可以用上例的方法,得到所求的分式线性变换为

$$w = e^{i\theta} \frac{z-i}{z+i} \quad (\theta \in \mathbb{R}).$$

应用中通常取 $\theta=0$,这时反函数 $w=i\dfrac{1+z}{1-z}$ 把 $|z|<1$ 映为 $\mathrm{Im}\,w>0$.

例 7 求把单位圆 $|z|<1$ 映为单位圆 $|w|<1$ 的所有分式线性变换.

解 设分式线性变换把 $z=a(|a|<1)$ 映为 $w=0$,则把 $\dfrac{1}{a}$ 映为 ∞. 这种分式线性变换有形式:

$$w = K_1 \frac{z-a}{z-\dfrac{1}{\bar{a}}} = K \frac{z-a}{1-\bar{a}z} \quad (K = -\bar{a}K_1 \in \mathbb{C}).$$

当 $z=e^{i\varphi}$ 时,$\left| \dfrac{z-a}{1-\bar{a}z} \right| = \left| \dfrac{e^{i\varphi}-a}{e^{-i\varphi}-\bar{a}} \right| = 1$,推得 $|K|=1$. 故所求的分式线性变换为

$$w = e^{i\theta} \frac{z-a}{1-\bar{a}z} \quad (0 \leqslant \theta < 2\pi, |a|<1).$$

例 8 求把上半平面 $\mathrm{Im}\,z>0$ 映为上半平面 $\mathrm{Im}\,w>0$ 的所有分式线性变换.

解 所求分式线性变换把实轴上三点映为实轴上三点,由定

理 10 的证明可以看出分式线性变换的系数为实数,即

$$w = \frac{az + b}{cz + d}, \quad a,b,c,d \in \mathbb{R}. \tag{15}$$

反之,实系数的分式线性变换一定把实轴变为实轴. 由

$$w' = \frac{ad - bc}{(cz + d)^2},$$

所以当 $ad - bc > 0$ 时,z 在实轴上由 $-\infty$ 趋向 $+\infty$ 时,w 也由 $-\infty$ 趋向 $+\infty$,根据解析函数的保角性,这时分式线性变换把上半平面映为上半平面.

或由

$$\mathrm{Im}\, w = \frac{w - \bar{w}}{2\mathrm{i}} = \frac{1}{2\mathrm{i}} \left[\frac{az + b}{cz + d} - \frac{a\bar{z} + b}{c\bar{z} + d} \right]$$

$$= \frac{ad - bc}{|cz + d|^2} \mathrm{Im}\, z,$$

也可得出 $ad - bc > 0$ 时,(15)式的函数把上半平面映为上半平面.

故所求的分式线性变换为

$$w = \frac{az + b}{cz + d}, \quad a,b,c,d \in \mathbb{R}, \; ad - bc > 0.$$

分式线性变换除有上述不变性质外,还有一个不变量.

定义 3　给定四个不同的有序点 z_1, z_2, z_3, z_4. 称比值

$$\frac{z_1 - z_3}{z_1 - z_4} : \frac{z_2 - z_3}{z_2 - z_4}$$

为四点的**交比**,记做

$$(z_1, z_2, z_3, z_4) = \frac{z_1 - z_3}{z_1 - z_4} : \frac{z_2 - z_3}{z_2 - z_4}.$$

若上式中有一点 $z_k = \infty$,则上式理解成 $z_k \to \infty$ 的极限. 例如交比

$$(\infty, z_2, z_3, z_4) = \frac{z_2 - z_4}{z_2 - z_3}.$$

形式上把含有 z_1 的分子、分母换成 1 即得.

性质 1　交比在分式线性变换 f 作用下不变,即

$$(z_1, z_2, z_3, z_4) = (f(z_1), f(z_2), f(z_3), f(z_4)).$$

事实上,经平移、旋转和伸缩变换,显然交比不变.经反演变换,容易验证下式

$$(z_1, z_2, z_3, z_4) = \left(\frac{1}{z_1}, \frac{1}{z_2}, \frac{1}{z_3}, \frac{1}{z_4} \right)$$

成立.所以交比在分式线性变换作用下不变.

性质 2 四点共圆周的充要条件是其交比为实数.

事实上,记由三点 z_2, z_3, z_4 所确定的圆周为 K,则存在分式线性变换 f,把 K 映为实轴.由定理 8 知,$z_1 \in K$ 的充要条件为 $f(z_1)$ 是实数,而 $f(z_1)$ 是实数的充要条件为交比$(f(z_1), f(z_2), f(z_3), f(z_4))$是实数.再由性质 $1, z_1 \in K$ 的充要条件为交比(z_1, z_2, z_3, z_4)是实数.

§8 三 角 函 数

当 x 是实数时,由 Euler 公式

$$e^{ix} = \cos x + i \sin x, \quad e^{-ix} = \cos x - i \sin x,$$

可得

$$\sin x = \frac{e^{ix} - e^{-ix}}{2i}, \quad \cos x = \frac{e^{ix} + e^{-ix}}{2}.$$

当 z 是复数时,我们定义

$$\sin z = \frac{e^{iz} - e^{-iz}}{2i}, \quad \cos z = \frac{e^{iz} + e^{-iz}}{2}.$$

这样定义的**正弦函数**和**余弦函数**,当 $z = x$ 时与数学分析中的正弦函数和余弦函数是一致的.它俩具有下列性质:

(1) $\sin z, \cos z$ 在 $\mathbb{C}$ 上解析,且

$$(\sin z)' = \cos z, \quad (\cos z)' = -\sin z;$$

(2) $\sin z, \cos z$ 以 2π 为周期,即

$$\sin(z + 2\pi) = \sin z, \quad \cos(z + 2\pi) = \cos z;$$

（3）$\sin z$ 是奇函数，$\cos z$ 是偶函数，即
$$\sin(-z) = -\sin z, \quad \cos(-z) = \cos z;$$

（4）"和角"公式成立，即
$$\sin(z_1 + z_2) = \sin z_1 \cos z_2 + \cos z_1 \sin z_2,$$
$$\cos(z_1 + z_2) = \cos z_1 \cos z_2 - \sin z_1 \sin z_2;$$

（5）基本关系式成立，即
$$\sin^2 z + \cos^2 z = 1, \quad \sin\left(\frac{\pi}{2} - z\right) = \cos z;$$

（6）$|\sin z|$ 和 $|\cos z|$ 在 $\mathbb{C}$ 上无界.

事实上，取 $z = \mathrm{i}y$，由定义即可看出函数的模无界.

为了后面需要我们来推函数模的公式. 设 $z = x + \mathrm{i}y$，由（4）得
$$|\sin z|^2 = |\sin x \cos(\mathrm{i}y) + \sin(\mathrm{i}y)\cos x|^2,$$
因为
$$\cos(\mathrm{i}y) = \mathrm{ch}\, y, \quad \sin(\mathrm{i}y) = \mathrm{i}\,\mathrm{sh}\, y,$$
所以
$$\begin{aligned}
|\sin z|^2 &= \sin^2 x\, \mathrm{ch}^2 y + \cos^2 x\, \mathrm{sh}^2 y \\
&= \sin^2 x\, \mathrm{ch}^2 y + (1 - \sin^2 x)\,\mathrm{sh}^2 y \\
&= \mathrm{sh}^2 y + \sin^2 x(\mathrm{ch}^2 y - \mathrm{sh}^2 y) \\
&= \mathrm{sh}^2 y + \sin^2 x.
\end{aligned}$$
同理可得
$$|\cos z|^2 = \mathrm{ch}^2 y - \sin^2 x.$$

（7）$\sin z$ 仅在 $z = k\pi$ 处为零，$\cos z$ 仅在 $z = \dfrac{\pi}{2} + k\pi$ 处为零 $(k \in \mathbb{Z})$.

事实上，由性质（6）知 $|\sin z| = 0$，必有 $\mathrm{sh}^2 y = 0$，$\sin^2 x = 0$，即得 $y = 0$，$x = k\pi (k \in \mathbb{Z})$. 又 $\cos z = \sin\left(\dfrac{\pi}{2} - z\right)$，所以由 $\cos z = 0$ 得 $\dfrac{\pi}{2} - z = k\pi$ 或 $z = \dfrac{\pi}{2} + k\pi (k \in \mathbb{Z})$.

（8）$\sin z$ 和 $\cos z$ 的单叶域.

先看余弦函数

$$w = \cos z = \frac{e^{iz} + e^{-iz}}{2},$$

它可以看做是下面三个函数的复合函数：

$$z' = iz, \quad \zeta = e^{z'}, \quad w = \frac{1}{2}\left(\zeta + \frac{1}{\zeta}\right).$$

$z' = iz$ 把带域 $0 < \mathrm{Re}z < \pi$ 单叶地映为带域 $0 < \mathrm{Im}z' < \pi$；$\zeta = e^{z'}$ 把后一带域单叶地映为上半平面 $\mathrm{Im}\zeta > 0$；最后 $w = \frac{1}{2}\left(\zeta + \frac{1}{\zeta}\right)$ 把上半平面单叶地映为 $\mathbb{C}$ 除去实轴上 $-\infty < u \leqslant -1$ 和 $1 \leqslant u < +\infty$ 的区域. 故带域 $0 < \mathrm{Re}z < \pi$ 是 $\cos z$ 的单叶域，映射 $w = \cos z$ 把此带域映为域 $G = \mathbb{C} \setminus \{(-\infty, -1] \cup [1, +\infty)\}$（图 3-7）.

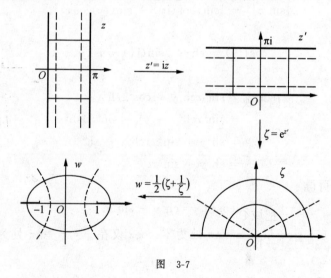

图　3-7

一般地带域 D_k：$k\pi < \mathrm{Re}z < (k+1)\pi(k \in \mathbb{Z})$ 为 $\cos z$ 的单叶域，函数把每一带域映为 $G = \mathbb{C} \setminus \{(-\infty, -1] \cup [1, +\infty)\}$. 当 k 为偶数时，D_k 的上半条带域映为 G 的下半平面，下半条带域映为 G 的上半平面，D_k 的左边界直线映为 G 的右边割口，D_k 的右边界

直线映为 G 的左边割口，这里上下左右正好颠倒. 当 k 为奇数时，D_k 与 G 的对应上、下、左、右正好一致.

利用性质(5)，$\sin z$ 的单叶域为 $\left(k-\dfrac{1}{2}\right)\pi<\mathrm{Re}z<\left(k+\dfrac{1}{2}\right)\pi(k\in\mathbb{Z})$，函数把每一带域映为区域 $G=\mathbb{C}\setminus\{(-\infty,-1]\cup[1,+\infty)\}$.

下面讨论**正切函数 $\tan z$** 和**余切函数 $\cot z$**，其定义为：

$$\tan z=\frac{\sin z}{\cos z},\quad \cot z=\frac{\cos z}{\sin z}.$$

正切函数在去掉 $z=\dfrac{\pi}{2}+k\pi(k\in\mathbb{Z})$ 的有穷平面上解析，余切函数在去掉 $z=k\pi(k\in\mathbb{Z})$ 的有穷平面上解析，其他性质读者不难自行列出.

我们来求 $\tan z$ 的单叶域. 因为

$$w=\tan z=\frac{\sin z}{\cos z}=-\mathrm{i}\,\frac{\mathrm{e}^{2\mathrm{i}z}-1}{\mathrm{e}^{2\mathrm{i}z}+1},$$

它可看成下面四个映射的复合：

$$z'=2\mathrm{i}z,\quad \zeta=\mathrm{e}^{z'},\quad \zeta'=\frac{\zeta-1}{\zeta+1},\quad w=-\mathrm{i}\zeta'.$$

变换 $z'=2\mathrm{i}z$ 把带域 $0<\mathrm{Re}z<\pi$ 单叶地映为带域 $0<\mathrm{Im}\,z'<2\pi$；函数 $\zeta=\mathrm{e}^{z'}$ 把后一带域单叶地映为 $\mathbb{C}\setminus[0,+\infty)=\overline{\mathbb{C}}\setminus[0,+\infty]$；函数 $\zeta'=\dfrac{\zeta-1}{\zeta+1}$ 把域 $\overline{\mathbb{C}}\setminus[0,+\infty]$ 单叶地映为 $\overline{\mathbb{C}}\setminus[-1,1]$；函数 $w=-\mathrm{i}\zeta'$ 把 $\overline{\mathbb{C}}\setminus[-1,1]$ 单叶地映为 $\overline{\mathbb{C}}\setminus[-\mathrm{i},\mathrm{i}]$. 总之，函数 $w=\tan z$ 把带域 $0<\mathrm{Re}z<\pi$ 单叶地映为 $\overline{\mathbb{C}}\setminus[-\mathrm{i},\mathrm{i}]$(图 3-8)，把 $z=\pi/2 \mapsto \infty$.

一般地带域 D_k：$k\pi<\mathrm{Re}z<(k+1)\pi(k\in\mathbb{Z})$ 为 $\tan z$ 的单叶域，函数把带域 D_k 映为域 $G=\overline{\mathbb{C}}\setminus[-\mathrm{i},\mathrm{i}]$. 把 D_k 的左边界直线映为 G 割口 $[-\mathrm{i},\mathrm{i}]$ 的右边沿，把 D_k 的右边界直线映为割口 $[-\mathrm{i},\mathrm{i}]$ 的左边沿.

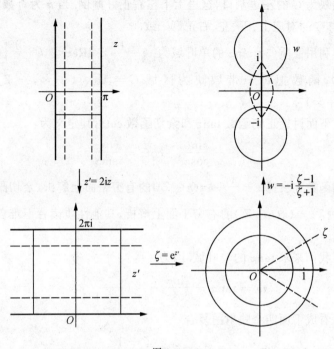

图 3-8

如果取带域 $0<\mathrm{Re}z<\dfrac{\pi}{2}$ 为单叶域,变换 $z'=2\mathrm{i}z$ 把带域映为带域 $0<\mathrm{Im}z'<\pi$;函数 $\zeta=\mathrm{e}^{z'}$ 把后一带域映为上半平面 $\mathrm{Im}\zeta>0$;分式线性变换 $\zeta'=\dfrac{\zeta-1}{\zeta+1}$ 把上半平面映为上半平面;旋转变换 $w=-\mathrm{i}\zeta'$ 把上半平面映为右半平面 $\mathrm{Re}w>0$. 最后函数 $w=\tan z$ 把带域 $0<\mathrm{Re}<\dfrac{\pi}{2}$ 单叶地映为右半平面 $\mathrm{Re}w>0$.

又如取带域 $-\pi/4<\mathrm{Re}z<\pi/4$,函数 $w=\tan z$ 把此带域单叶地映为单位圆 $|w|<1$.

由 $\cot z=\tan\left(\dfrac{\pi}{2}-z\right)$. 所以其单叶域为 $-\dfrac{\pi}{2}<\mathrm{Re}z<\dfrac{\pi}{2}$,函数 $w=\cot z$ 把此带域单叶地映为 $G=\overline{\mathbb{C}}\setminus[-\mathrm{i},\mathrm{i}]$.

§9 对 数 函 数

对数函数是指数函数的反函数. 对于 $z \neq 0$, 满足方程 $e^w = z$ 的复数 w 称为 z 的**对数**, 记做 $\mathrm{Log}z$. 由于指数函数的周期性, $\mathrm{Log}z$ 是无穷多值函数. 若令 $z = re^{i\theta}, w = u + iv$, 那么由

$$e^{u+iv} = re^{i\theta},$$

得 $u = \log r, v = \theta + 2k\pi, k \in \mathbb{Z}$. 所以

$$w = \log r + (\theta + 2k\pi)i, \quad k \in \mathbb{Z}$$

或

$$w = \mathrm{Log}z = \log|z| + i\mathrm{Arg}z.$$

对数函数的多值性, 是由于 z 的辐角多值性. 它的实部为单值函数, 虚部为多值函数.

定义 4 设 D 为 $\mathbb{C}$ 中区域, $0 \bar{\in} D$. 若存在 D 内连续函数 $f(z)$, 在 D 内满足

$$z = e^{f(z)},$$

则称 $f(z)$ 是 $\mathrm{Log}z$ 在 D 内的单值分支.

定理 11 若 D 为单连通区域, $0 \bar{\in} D \subset \mathbb{C}$, 则 $\mathrm{Log}z$ 在 D 内存在单值解析分支.

证明 由例 4 知实部 $\log|z|$ 为 D 内调和函数, 再由推论 3, $\log|z|$ 在 D 内有共轭调和函数 $v(z)$, $\log|z| + iv(z)$ 为 D 内解析函数, 取实数 α, 使在 $z_0 \in D$ 点有 $v(z_0) + \alpha = \arg z_0$. 则令

$$f(z) = \log|z| + i(v(z) + \alpha),$$

它在 D 内解析, 满足

$$z \equiv e^{f(z)}, \quad \forall z \in D.$$

事实上解析函数 $e^{f(z)}$ 的模 $|e^{f(z)}| = e^{\log|z|} = |z|$, 因此 z 与 $e^{f(z)}$ 在 D 内相差一常数因子, 又在 z_0 点等式成立, 所以在 D 内恒等. 根据定义 $f(z)$ 即为 $\mathrm{Log}z$ 在 D 内的单值解析分支. 证毕.

若 $f(z)$ 是 $\mathrm{Log}z$ 在 D 内的单值解析分支, 则 $f(z) + 2k\pi i(k \in$

$\mathbb{Z}$)也是 Log$z$ 在 D 内的单值解析分支. 反之 Log$z$ 在 D 内的单值解析分支一定可以表示成 $f(z)+2k\pi\mathrm{i}$ 的形式. 事实上设 $g(z)$ 为另一解析分支, 即 $z\equiv\mathrm{e}^{g(z)}$, 可得 $\mathrm{e}^{g(z)-f(z)}\equiv1$, 推出

$$g(z) - f(z) = 2k(z)\pi\mathrm{i},$$

其中 $k(z)$ 为 D 内取整数值的连续函数, 所以 $k(z)$ 为一常数.

由 $z\equiv\mathrm{e}^{f(z)}$, 我们还可得到单值解析分支 $f(z)$ 在 D 内单叶. 利用复合函数求导得 $1\equiv\mathrm{e}^{f(z)}\cdot f'(z)$, 所以 $f'(z)=1/z$. 因每点 $z\neq0$ 的邻域为单连通区域, 邻域上 Log$z$ 的任意两个单值分支相差为一常数, 由此得出

$$(\mathrm{Log}z)' = 1/z \quad (z \neq 0).$$

若取 $D=\mathbb{C}\setminus[0,+\infty)$, 这时取 Log$z$ 的单值解析分支为

$$w_0(z) = \mathrm{log}z = \log|z| + \mathrm{i}\,\mathrm{arg}z \quad (0 < \mathrm{arg}z < 2\pi),$$

称为 Log$z$ 的主值(支).

$$w_k(z) = \log|z| + \mathrm{i}(\mathrm{arg}z + 2k\pi), \quad k \in \mathbb{Z}$$

给出 Log$z$ 的所有单值分支.

若取 $D=\mathbb{C}\setminus(-\infty,0]$, 这时取 Log$z$ 的单值解析分支为

$$w_0(z) = \mathrm{log}z = \log|z| + \mathrm{i}\,\mathrm{arg}z \quad (-\pi < \mathrm{arg}z < \pi),$$

也称为 Log$z$ 的主值. $w_k(z)=\log|z|+\mathrm{i}(\mathrm{arg}z+2k\pi)(k\in\mathbb{Z})$ 给出 D 内所有单值解析分支.

多值函数的单值域和确定单值分支, 也可用如下方法, 为此先要引入分支点的概念. 设多值函数 $F(z)$ 在 a 点的空心邻域上定义, 环绕 a 作一简单闭路 C, 取定一点 $z_0\in C$ 和多值函数 $F(z)$ 在 z_0 的值. 让动点 z 从 z_0 出发沿 C 绕行, 同时使 $F(z)$ 的值连续地变化. 当 z 绕行一圈回到 z_0 时, 若函数 $F(z)$ 不回到出发时的值, 则称 a 为 $F(z)$ 的一个**分支点**. 若动点 z 不管绕 C 多少圈, $F(z)$ 总不回到原来的值, 则称 a 是 $F(z)$ 的一个对数分支点; 若动点 z 绕行 n 圈后, $F(z)$ 回到原来的值, 则称 a 为一个代数分支点. 将复平面沿连接分支点的曲线(可以是一条或几条)切开, 得到区域 D(可以是

单连通域也可是多连通域),只要动点 z 沿 D 内任一简单闭路绕行一周时,函数 $F(z)$ 总是回到出发时的值,则 D 即为多值函数 $F(z)$ 的一个单值域. 取定多值函数 $F(z)$ 在一点 $z_0 \in D$ 的值,即取定它在 D 内的一个单值分支.

例如多值函数 $\mathrm{Log}z$ 在 $z=0$ 的空心邻域内定义,动点沿环绕 $z=0$ 的充分小闭路一圈时,函数虚部增加 2π,绕行 n 圈时,虚部增加 $2n\pi$,所以 $z=0$ 是一对数分支点. 同理 $z=\infty$ 也是 $\mathrm{Log}z$ 的对数分支点,其他点都不是分支点,用一曲线或直线段连接这两分支点,记此曲线为 γ,则 $D = \overline{\mathbb{C}} \setminus \{\gamma\}$ 即为 $\mathrm{Log}z$ 的单值域. 取定 $\mathrm{Log}z$ 在 $z_0 \in D$ 的值,即得 $\mathrm{Log}z$ 的一个单值分支,这时没有主值概念.

对多值函数取单值域,这是对一完整函数取一片断进行讨论. 能不能将其整体单值化呢?为此我们要构造 Riemann 曲面 S,使多值函数在 S 上是单值解析函数. 下面我们构造 $\mathrm{Log}z$ 的 Riemann 曲面.

先看反函数 $z = e^w$,它的单叶域为

$$D_k: 2k\pi < \mathrm{Im}w < 2(k+1)\pi, \quad k = 0, \pm 1, \pm 2, \cdots$$

函数 $z = e^w$ 把每个单叶域 D_k 映为沿正实轴割开的区域 $G = \mathbb{C} \setminus [0, +\infty)$. 为了构造黎曼面,我们把 D_k 映过去的区域记为 $G_k, k \in \mathbb{Z}$. 我们设想把无穷多张沿正实轴切开的复平面 G_k 水平叠放在一起,编号顺序与 D_k 编号保持对应,如果我们沿正实轴方向看去,所看到的 G_k 为一有切口的直线(图 3-9). 函数 $z = e^w$ 把 D_0 的下边直线 $y=0$ 映为 G_0 的切口上边沿,D_0 的上边直线 $y = 2\pi$ 映为 G_0 切口的下边沿;函数把 D_1 的下边直线 $y = 2\pi$ 映为 G_1 切口的上边沿. 当我们把 D_0, D_1 的公共边粘合在一起时,相应的把 G_0 的切口下边沿与 G_1 的切口上边沿粘合在一起. 这里把所有 D_k, D_{k+1} 公共边粘合在一起得到复平面 w,那里相应的把所有 G_k 的切口下边沿与 G_{k+1} 切口上边沿粘合在一起,得到黎曼面 S. 注意切口理解为闭区间 $[0, +\infty]$,而把切口两边沿粘合时,理解为开区间 $(0, +\infty)$ 粘合. 这样,函数 $z = e^w$ 把 $\mathbb{C}$ 单叶地映为曲面 S,所以函数 $w = \mathrm{Log}z$

把 S 单叶地映为 $\mathbb{C}$. 还要注意我们的黎曼面构造似乎依赖 G_k, 但实质上与单值域 G_k 无关, $\mathrm{Log}z$ 的黎曼面只依赖于 $\mathrm{Log}z$.

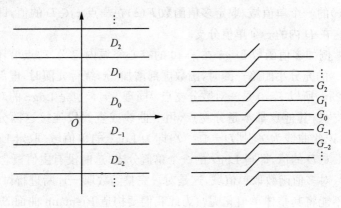

图 3-9

§10 幂 函 数

幂函数 $w=z^{\alpha}$ 的定义为

$$w = \mathrm{e}^{\alpha \mathrm{Log}z},$$

其中 α 为复数. 它是 $\mathbb{C} \setminus \{0\}$ 上的多值函数, 由定义可得如下性质:

(1) 若 D 为单连通, $0 \overline{\in} D$, 则幂函数在 D 内可取出单值解析分支. 当 $D = \mathbb{C} \setminus [0, +\infty)$ 或 $D = \mathbb{C} \setminus (-\infty, 0]$ 时, 可以定义幂函数取主值的单值解析分支. 但现在函数在 D 内可以不单叶. 例如 D 为右半平面: $\mathrm{Re}z > 0$, 则幂函数 $w = z^{\mathrm{i}} = \mathrm{e}^{\mathrm{i}\log z}$ 在 D 内不单叶. 因 $\zeta = \log z$ 主值把 $\mathrm{Re}z > 0$ 单叶地映为带域 $-\pi/2 < \mathrm{Im}\zeta < \pi/2$, 而函数 $w = \mathrm{e}^{\mathrm{i}\zeta}$ 在此带域内不单叶, 所以复合函数 $w = z^{\mathrm{i}}$ 在 D 内不单叶.

(2) $(z^{\alpha})' = \alpha z^{\alpha-1}, z \in D$. 这里等式两边的 z^{α} 理解成 D 上取定的同一单值分支.

(3) 当 α 是实数时, 若 $\alpha < 0$, $w = z^{\alpha}$ 可以看成 $\zeta = z^{-\alpha}$, 与 $w = 1/\zeta$ 的函数复合而成, 所以只需讨论 $\alpha > 0$ 情形.

当 $0<\alpha<1$ 时,$w=z^{\alpha}$ 在角域 D:$0<\arg z<2\pi$ 上不仅单值而且单叶,把 D 映射为角域 $0<\arg w<2\alpha\pi$;当 $\alpha>1$ 时,$w=z^{\alpha}$ 在角域 D:$0<\arg z<2\pi/\alpha$ 内单叶,把 D 映为角域 $0<\arg w<2\pi$.

α 为实数时,有

$$|z^{\alpha}| = |\mathrm{e}^{\alpha\log z}| = \mathrm{e}^{\alpha\log|z|} = |z|^{\alpha}.$$

(4) 当 α 为正有理数时,无妨设 $\alpha=p/q,0<p<q$. 则

$$w = z^{p/q} = r^{p/q}(\mathrm{e}^{\mathrm{i}(\theta+2k\pi)})^{p/q}, \quad k \in \mathbb{Z}$$

($0<\theta<2\pi$). 函数在 $D=\mathbb{C}\setminus[0,+\infty]$ 内有 q 个单值分支,对应于 $k=0,1,\cdots,q-1$.

(5) 对多值函数 $w=z^{\alpha}$ 构造黎曼面时,我们只讨论 $\alpha=1/n$:$w=z^{1/n},n\in\mathbb{N}$. 首先看反函数 $z=w^n$,它的单叶域是张角为 $2\pi/n$ 的角域:

$$D_k: \frac{2k\pi}{n} < \arg w < \frac{2(k+1)\pi}{n} \quad (k = 0,1,\cdots,n-1),$$

它把每个单叶域 D_k 映为沿正实轴割开的区域 $G=\mathbb{C}\setminus[0,+\infty)$. 为了构造黎曼面,我们把 D_k 的像区域记为 $G_k(k=0,1,\cdots,n-1)$. 把 n 张 G_k 水平叠放在一起,沿正实轴方向看去,其图像为带切口的 n 条直线. 函数 $z=w^n$ 把 D_0 的下边射线映为 G_0 切口的上边沿,把 D_0 的上边射线映为 G_0 切口的下边沿;把 D_1 的下边射线 $\arg w=\frac{2\pi}{n}$ 映为 G_1 切口的上边沿. 当我们把 D_0,D_1 的公共边 $\arg w=\frac{2\pi}{n}$ 粘合在一起时,相应地把 G_0 的切口下边沿与 G_1 切口的上边沿粘合在一起,依此把 $D_1,D_2,\cdots,D_{n-1}$ 的公共边都粘合在一起,相应地把 $G_1,G_2,\cdots,G_{n-1}$ 中前一切口的下边沿与后一切口上边沿粘合在一起. 当把 D_{n-1} 与 D_0 的公共边粘合起来时得复平面 $\mathbb{C}$,相应地把 G_{n-1} 切口的下边沿与 G_0 切口上边沿粘合起来(在三维空间里,最后一次粘合时会与前面粘好的平面相交,但我们想象可以不相交粘合起来,事实上在高维空间里是可以实现的). 这样我们构造出一黎曼面 S(图 3-10). 因为函数 $z=w^n$ 把原点映为原点,无穷远点

映为无穷远点,所以把 n 张平面 G_k 的 n 个原点粘合成一点,n 个无穷远点也粘合成一点,这就是最后的黎曼面 S. 函数 $z=w^n$ 把 $\overline{\mathbb{C}}$ 单叶地映为 S,所以 $w=z^{1/n}$ 把黎曼面 S 单叶地映为 $\overline{\mathbb{C}}$.

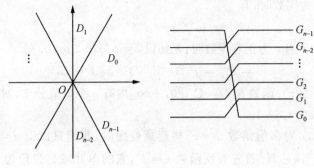

图 3-10

§11 儒可夫斯基函数的反函数与反三角函数

11.1 儒可夫斯基函数的反函数

儒可夫斯基函数 $w=\dfrac{1}{2}\left(z+\dfrac{1}{z}\right)$ 的反函数为

$$z = w + \sqrt{w^2 - 1},$$

习惯上我们把它写成:

$$w = z + \sqrt{z^2 - 1}.$$

由于 $\sqrt{z^2-1}$ 是双值函数,所以反函数也是一个双值函数. 它在什么样区域能取出单值分支呢?

先讨论分支点. 设 C 是只环绕 $z=1$ 的简单闭路,当点 z 沿 C 绕行一圈后,看 $\sqrt{z^2-1}$ 值的变化. 为此记

$$z - 1 = re^{i\theta}, \quad z + 1 = \rho e^{i\varphi},$$

当 z 沿 C 绕行一圈后,θ 的值增加 2π,φ, r, ρ 的值不变,因此 $\sqrt{z^2-1}$ 的值比出发时的值多一个因子 $e^{\pi i}=-1$,即与出发时值相

差一符号,所以 $z=1$ 为 $\sqrt{z^2-1}$ 的分支点,因而 $z=1$ 是反函数的分支点.同理 $z=-1$ 也是反函数的分支点(图 3-11).

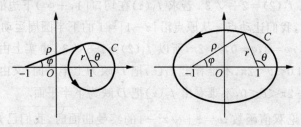

图　3-11

$z=\infty$ 是否是分支点呢?我们作一环绕 $z=\pm 1$ 的充分大闭路 C,当 z 沿 C 绕行一圈后,θ,φ 值都增加 2π,$\sqrt{z^2-1}$ 的值比出发时的值多一个因子 $e^{2\pi i}=1$,故 $z=\infty$ 不是 $\sqrt{z^2-1}$,也就不是反函数的分支点.总之,$z=\pm 1$ 是反函数分支点,其余点都不是分支点.把复平面从一个分支点到另一分支点切开,所得区域即为反函数的单值域.

如在 $D=\overline{\mathbb{C}}\setminus[-1,1]$ 上可取出反函数的两个单值分支 $f_1(z)$,$f_2(z)$,其中 $f_1(z)$ 为 $z=\sqrt{2}$ 时值为 $f_1(\sqrt{2})=\sqrt{2}+1$ 的那个分支,$f_2(z)$ 为 $z=\sqrt{2}$ 时,值为 $f_2(\sqrt{2})=\sqrt{2}-1$ 的那个分支.函数 $f_i(z)$ 在 D 内其余点的值也随之而定.如求 $f_1(-\sqrt{2})$.设动点 z 从 $z=\sqrt{2}$ 沿 $|z|=\sqrt{2}$ 上半圆周运动到点 $z=-\sqrt{2}$,由 $f_1(\sqrt{2})$ 的取法知开始时 $\theta=0$,$\varphi=0$,运行到 $z=-\sqrt{2}$ 点时,$\theta=\pi,\varphi=\pi,r\cdot\rho$ 的值不变,所以 $f_1(-\sqrt{2})=-\sqrt{2}-1$.事实上 $f_1(z)$ 把 D 单叶地映为单位圆的外部 $|w|>1$,$f_2(z)$ 把 D 单叶地映为单位圆内部 $|w|<1$.

又如在 $D=\mathbb{C}\setminus\{(-\infty,-1]\cup[1,+\infty)\}$ 上也可取出反函数的两个单值分支 $f_1(z)$,$f_2(z)$,其中 $f_1(z)$ 为 $f_1(0)=i$ 的那个分支($\varphi=0,\theta=\pi$),$f_2(z)$ 为 $f_2(0)=-i$($\varphi=0,\theta=-\pi$)的那个分支.比

如求 $f_1(z)$ 在切口 $[1,+\infty)$ 上边沿 $z=2$ 点的值,我们让动点 z 从原点沿 $|z-1|=1$ 的上半圆周运动到 $z=2$,这时 $r\rho=3,\varphi=0,\theta=0$,所以 $f_1(2)=2+\sqrt{3}$. 若求 $f_1(z)$ 在切口 $[1,+\infty)$ 下边沿 $z=2$ 点的值,我们让动点 z 从原点沿 $|z-1|=1$ 的下半圆周运动到 $z=2$,这时 $r\rho=3,\varphi=0,\theta=2\pi$,所以 $f_1(2)=2-\sqrt{3}$. 事实上由 $-\pi<\varphi<\pi$ 和 $0<\theta<2\pi$,不难看出 $f_1(z)$ 把 D 映为上半平面;又由 $-\pi<\varphi<\pi,-2\pi<\theta<0$,不难看出 $f_2(z)$ 把 D 映为下半平面.

讨论双值函数 $w=z+\sqrt{z^2-1}$ 的黎曼曲面时,我们已知儒可夫斯基函数 $z=\dfrac{1}{2}\left(w+\dfrac{1}{w}\right)$ 把上半平面 D_1 单叶地映为 $G_1=\overline{\mathbb{C}}\setminus\{[-\infty,-1]\cup[1,+\infty]\}$,把下半平面 D_2 单叶地映为 $G_2=\overline{\mathbb{C}}\setminus\{[-\infty,-1]\cup[1,+\infty]\}$,它把

$$D_1 \text{ 边界}\begin{cases}[0,1] \\ [1,+\infty]\end{cases} \text{映为 } G_1 \text{ 切口 } [1,+\infty]\begin{matrix}\text{的下边沿,}\\\text{的上边沿;}\end{matrix}$$

$$D_2 \text{ 边界}\begin{cases}[0,1] \\ [1,+\infty]\end{cases} \text{映为 } G_2 \text{ 切口 } [1,+\infty]\begin{matrix}\text{的上边沿,}\\\text{的下边沿.}\end{matrix}$$

把上面所有区间换成关于 y 轴对称区间,即得 D_j 负实轴边界映为 G_j 切口的对应关系. 当我们把 D_1 与 D_2 边界粘合成一复平面 $\overline{\mathbb{C}}$ 时,相应地把 G_1 与 G_2 的切口 $[1,+\infty]$ 和 $[-\infty,-1]$ 上、下边沿交岔粘合在一起,再把 G_1,G_2 的两个 $z=1$ 粘成一点,$z=-1$ 也粘成一点,这样得到的黎曼面 S 即为所求,也就是说反函数 $w=z+\sqrt{z^2-1}$ 把 S 单叶地映为 $\overline{\mathbb{C}}$. 注意它把 G_1 切口上边沿与 G_2 切口下边沿粘合所得无穷远点映为 w 平面上无穷远点,把 G_1 切口下边沿与 G_2 切口上边沿粘合所得无穷远点映为 w 平面上原点.

11.2 反三角函数

1. 余弦函数的反函数 $w=\operatorname{Arccos}z$

从方程

$$w = \cos z = \frac{e^{iz} + e^{-iz}}{2}$$

解出

$$e^{iz} = w + \sqrt{w^2 - 1},$$

得到

$$z = -i\mathrm{Log}(w + \sqrt{w^2 - 1}).$$

再把自变量与因变量记号互换,即得**反余弦函数**

$$w = \mathrm{Arccos}z = -i\mathrm{Log}(z + \sqrt{z^2 - 1}).$$

这是一无穷多值函数. 先求它的分支点. 设 C 是只环绕 $z=1$ 的简单闭路,当 z 沿 C 绕行一圈后,$\sqrt{z^2-1}$ 的值与出发时的值相差一符号,由两复数和的规则可以看出,$z+\sqrt{z^2-1}$ 的辐角与出发时的辐角是不同的,因此当我们让 z 沿 C 绕行一圈后,函数 $-i\mathrm{Log}(z+\sqrt{z^2-1})$ 的实部与出发时的实部是不同的,所以 $z=1$ 是反余弦函数的分支点. 同理 $z=-1$ 也是一个分支点. 现在来看 $z=\infty$,当 z 沿包含 $z=\pm 1$ 的简单闭路 C 绕行一圈后,$z+\sqrt{z^2-1}$ 的辐角得到增量 2π,因此 $-i\mathrm{Log}(z+\sqrt{z^2-1})$ 的实部得到增量 2π,所以 $z=\infty$ 也是分支点,此外无其他分支点. 于是区域 $G=\mathbb{C}\setminus\{(-\infty,-1]\cup[1,+\infty)\}$ 为 $\mathrm{Arccos}z$ 的单值域,再取 $z=0$ 的值为 $\pi/2$,即在 G 上取定一单值分支. 一般地 $z=0$ 的值为 $\frac{\pi}{2}+k\pi(k\in\mathbb{Z})$,可得 G 上的所有单值分支.

下面来构造 $\mathrm{Arccos}z$ 的黎曼曲面. 我们已知 $z=\cos w$ 的单叶域为 D_k:$k\pi<\mathrm{Re}w<(k+1)\pi(k\in\mathbb{Z})$,$\cos w$ 把每一个单叶域映为区域 G. 为了构造黎曼面,我们把 D_k 映过去的区域记为 $G_k(k\in\mathbb{Z})$. G_k 是沿 $(-\infty,-1]$,$[1,+\infty)$ 切开的复平面. 如果把实轴画成图 3-12 形状,则从正实轴方向看去,所看到的 G_k 为有两个切口的直线. 现把无穷多张

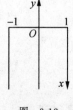

图 3-12

带切口复平面 G_k 水平叠放在一起. 函数 $z=\cos w$ 把 D_0 右边界直线映为 G_0 的切口 $(-\infty,-1]$, 直线的上半段映为切口的下边沿, 直线的下半段映为切口的上边沿, 又函数把 D_1 左边界直线映为 G_1 的切口 $(-\infty,-1]$, 直线的上半段映为切口的上边沿, 直线的下半段映为切口的下半沿. 所以把 D_0,D_1 的公共边界粘合在一起, 相应地把 G_0,G_1 的左切口 $(-\infty,-1]$ 上、下边沿交岔地粘合在一起, 且把 G_0,G_1 的 $z=-1$ 点粘合成一点. 当把所有 D_k 的公共边粘合得到复平面 w, 相应地当 k 为偶数时, 将 G_k,G_{k+1} 切口 $(-\infty,-1]$ 的上、下边沿交岔粘合, 且将两个 $z=-1$ 点粘合成一点; 当 k 为奇数时, 将 G_k,G_{k+1} 切口 $[1,+\infty)$ 的上、下边沿交岔粘合, 且将两个 $z=1$ 点粘合成一点, 这样得到曲面 S, 它就是反余弦函数的黎曼面(图 3-13), $w=\mathrm{Arccos}\,z$ 把 S 单叶地映为 $\mathbb{C}$.

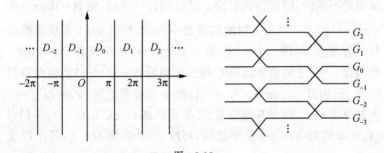

图 3-13

2. 正切函数的反函数 $w=\mathrm{Arctan}\,z$

从方程

$$w=\frac{\sin z}{\cos z}=\frac{\mathrm{e}^{\mathrm{i}z}-\mathrm{e}^{-\mathrm{i}z}}{\mathrm{i}(\mathrm{e}^{\mathrm{i}z}+\mathrm{e}^{-\mathrm{i}z})}=\frac{1}{\mathrm{i}}\frac{\mathrm{e}^{2\mathrm{i}z}-1}{\mathrm{e}^{2\mathrm{i}z}+1}$$

解出

$$\mathrm{e}^{2\mathrm{i}z}=\frac{1+\mathrm{i}w}{1-\mathrm{i}w}=\frac{\mathrm{i}-w}{\mathrm{i}+w},$$

于是得到

$$z = \frac{1}{2\mathrm{i}} \mathrm{Log}\left(\frac{\mathrm{i}-w}{\mathrm{i}+w}\right).$$

习惯上记**反正切函数**为

$$w = \mathrm{Arctan}z = \frac{1}{2\mathrm{i}} \mathrm{Log}\left(\frac{\mathrm{i}-z}{\mathrm{i}+z}\right).$$

这是一个无穷多值函数. 先求它的分支点. 设 C 是只环绕 $z=\mathrm{i}$ 的简单闭路, 当 z 沿 C 绕行一圈后, 函数 $\frac{\mathrm{i}-z}{\mathrm{i}+z}$ 的辐角得到增量 2π, 因此函数 $\mathrm{Arctan}z$ 的实部得到增量 π, 所以 $z=\mathrm{i}$ 为一分支点. 同理 $z=-\mathrm{i}$ 也是一个分支点. 考查 $z=\infty$, 设 C 是包含 $z=\pm\mathrm{i}$ 的简单闭路, 当 z 沿 C 绕行一圈后, $\frac{\mathrm{i}-z}{\mathrm{i}+z}$ 的辐角增加为零, 因此 $\mathrm{Arctan}z$ 的值不变, 所以 $z=\infty$ 不是分支点. 这样区域 $G=\overline{\mathbb{C}} \setminus [-\mathrm{i},\mathrm{i}]$ 为 $\mathrm{Arctan}z$ 的单值域, 再取定 $z=\infty$ 时的值为 $\frac{\pi}{2}+k\pi(k\in\mathbb{Z})$, 即得单值分支 $f_k(z)(k\in\mathbb{Z})$.

为了构造黎曼面, 先来看函数 $z=\tan w$, 它的单叶域为 D_k: $k\pi<\mathrm{Re}w<(k+1)\pi(k\in\mathbb{Z})$. 函数把 D_k 映为区域 $G_k=\overline{\mathbb{C}} \setminus [-\mathrm{i},\mathrm{i}]$, 把 D_k 的左边界直线映为 G_k 切口 $[-\mathrm{i},\mathrm{i}]$ 的右边沿, 把 D_k 的右边界直线映为 G_k 切口 $[-\mathrm{i},\mathrm{i}]$ 的左边沿, 当将 D_k 与 D_{k+1} 的公共边粘合在一起, 相应地把 G_k 切口的左边沿与 G_{k+1} 切口的右边沿粘合在一起, 于是得曲面 S. 如果从实轴剖开, 这曲面断层图像与图 3-9 是一样的. $w=\mathrm{Arctan}z$ 将 S 单叶地映为 $\mathbb{C}$.

习 题

1. 验证下列函数的可导性:

(1) $f(z)=|z|$;　　　　(2) $f(z)=\bar{z}$.

2. 验证函数 $f(z)=f(x+\mathrm{i}y)=\sqrt{|xy|}$ 在 $z=0$ 点满足 C-R 方程, $f(z)$ 在 $z=0$ 点可导吗?

3. 证明: 若函数 $f(z)$ 在区域 D 内解析, 并且 $f'(z)\equiv 0$, 则 $f(z)$ 在 D 内为常数.

4. 若函数 $f(z)$ 在区域 D 内解析，且满足下列条件之一：(1) $\mathrm{Re}f(z)$ 在 D 内为常数；(2) $\mathrm{Im}f(z)$ 在 D 内为常数；(3) $|f(z)|$ 在 D 内为常数. 则 $f(z)$ 在 D 内为常数.

5. 若函数 $f(z)=u(z)+iv(z)$ 在区域 D 内解析，且 $u(z)=v^2(z)$，则 $f(z)$ 在 D 内为常数.

6. 若 $f(z)$ 在上半平面内解析，证明：函数 $\overline{f(\bar{z})}$ 在下半平面内解析.

7. 设 $f(z)=\dfrac{1}{1+z^2}$，证明 $f^{(4n+3)}(1)=0$ $(n=0,1,2,\cdots)$.

8. 若 $f(z)=u(z)+iv(z)$ 是解析函数，且 $f'(z)\neq 0$，则曲线 $u(x,y)=C_1$ 与 $v(x,y)=C_2$ 正交，$C_1,C_2\in\mathbb{R}$.

9. 若函数 $f(z),g(z)$ 在点 z_0 解析，且 $f(z_0)=g(z_0)=0$，$g'(z_0)\neq 0$，则

$$\lim_{z\to z_0}\frac{f(z)}{g(z)}=\frac{f'(z_0)}{g'(z_0)}.$$

10. 设 $f(z)$ 在区域 D 内解析，且 $f(z)\neq 0$，求证：

(1) $4\dfrac{\partial^2}{\partial z\partial\bar{z}}|f(z)|^2=4|f'(z)|^2$；

(2) $4\dfrac{\partial^2}{\partial z\partial\bar{z}}|f(z)|=|f'(z)|^2/|f(z)|$；

(3) $4\dfrac{\partial^2}{\partial z\partial\bar{z}}|f(z)|^p=p^2|f(z)|^{p-2}|f'(z)|^2,p\in\mathbb{N}$.

11. 给定函数 $f(z)=u(z)+iv(z)$，若 $u(z),v(z)$ 在 z_0 点可微，利用

$$f(z)-f(z_0)=\frac{\partial f(z_0)}{\partial z}(z-z_0)+\frac{\partial f(z_0)}{\partial\bar{z}}(\bar{z}-\bar{z}_0)$$
$$+o(|z-z_0|)$$

证明：若

$$\lim_{z\to z_0}\left|\frac{f(z)-f(z_0)}{z-z_0}\right|$$

存在（即 f 在 z_0 点保形），则或 $f(z)$ 在 z_0 点可导或 $\overline{f(z)}$ 在 z_0 点可

导.

12. 在极坐标系下 $f(z)=u(r,\theta)+\mathrm{i}v(r,\theta)$, $z=r\mathrm{e}^{\mathrm{i}\theta}$, 则 C-R 方程为

$$u_r' = \frac{1}{r}v_\theta', \quad v_r' = -\frac{1}{r}u_\theta',$$

且
$$f'(z) = \frac{r}{z}(u_r' + \mathrm{i}v_r').$$

13. 设 $f(z)=R(r,\theta)\mathrm{e}^{\mathrm{i}\Phi(r,\theta)}$, $z=r\mathrm{e}^{\mathrm{i}\theta}$, 则 C-R 方程为

$$\frac{\partial R}{\partial r} = \frac{R}{r}\frac{\partial \Phi}{\partial \theta}, \quad \frac{\partial R}{\partial \theta} = -Rr\frac{\partial \Phi}{\partial r}$$

(提示：对 $\log f(z)$ 应用上一题).

14. 证明：函数 $\mathrm{e}^{\alpha z}(\alpha=a+\mathrm{i}b\neq0)$ 在带域 $-\frac{\pi}{2}<\mathrm{Im}z<\frac{\pi}{2}$ 上单叶的充要条件为：$a^2+b^2\leqslant2|a|$.

15. 证明：幂函数 $z^\alpha(\alpha=a+\mathrm{i}b)$ 在右半平面 $\mathrm{Re}z>0$ 内单叶的充要条件为：$a^2+b^2\leqslant2|a|$.

16. 设 γ 是过 $-1,1$ 的任意圆周, z_1,z_2 两点不在 γ 上, 且 $z_1\cdot z_2=1$. 证明：z_1,z_2 两点中一个在 γ 内部, 而另一个在 γ 的外部.

(此题说明过 $-1,1$ 的圆周内部或外部是儒可夫斯基函数的单叶域)

17. 求出圆 $|z|<R$ 到单位圆 $|w|<1$ 的分式线性变换.

18. 求把直线 $\mathrm{Re}z=a$(实数)的左半平面变为单位圆内部, 且把半平面上一点 z_0 变为原点的分式线性变换.

19. 证明：只有一个不动点 $z=\infty$ 的分式线性变换为 $w=z+b(b\neq0)$；有两个不动点 $z=0,\infty$ 的分式线性变换为 $w=az$ $(a\neq0)$.

20. 求分式线性变换 $w=\dfrac{z-a}{1-\bar{a}z}(|a|<1)$ 的不动点.

21. 证明：分式线性变换 $w=\dfrac{a-z}{1-\bar{a}z}(|a|<1)$ 若有不动点 $z_0(|z_0|<1)$, 则 $\dfrac{1}{\bar{z}_0}$ 也是不动点, 并求出函数在单位圆内的不动点.

22. 设 $w = \dfrac{z-a}{1-\bar{a}z}(|a|<1)$，证明：$\dfrac{|\mathrm{d}w|}{1-|w|^2} = \dfrac{|\mathrm{d}z|}{1-|z|^2}$.

23. 设 $w = \dfrac{az+b}{cz+d}, a,b,c,d \in \mathbb{R}, ad-bc>0$. 证明：$\dfrac{|\mathrm{d}w|}{\mathrm{Im}w} = \dfrac{|\mathrm{d}z|}{\mathrm{Im}z}$.

24. 设 $w = \dfrac{az+b}{cz+d}, ad-bc \neq 0, c \neq 0$. 证明：存在以 $-\dfrac{d}{c}$ 为圆心的圆周 C，它的像圆周与 C 有相同半径.

25. 设四点 z_1, z_2, z_3, z_4 顺序位于圆周 C 上，证其交比
$$(z_1, z_2, z_3, z_4) > 1.$$

26. 设 z_1, z_2 位于上半平面，证明：
$$\left| \frac{z_1 - z_2}{z_1 - \bar{z}_2} \right| = \frac{1}{\sqrt{(z_1, \bar{z}_1, \bar{z}_2, z_2)}}.$$

27. 设 $|a|>1$，且满足
$$(1/\bar{a}, 2, 1/2, a) = (0, 2, 1/2, \infty).$$
证明：存在单位圆到自身的分式线性变换，它以 $2, 1/2$ 为不动点，且把 a 映为 ∞.

28. 求出单位圆到自身的分式线性变换，使得 $2, 1/2$ 为不动点，点 $5/4$ 映为 ∞.

29. 求 i^i 的主值，并求 $|\mathrm{i}^\mathrm{i}|$ 与 $|\mathrm{i}|^\mathrm{i}$.

30. 求多值函数 $\mathrm{Log}(z-a)(z-b)(a \neq b)$ 的分支点与单值域.

31. 函数 $f(z) = \sqrt{z^2+a^2}$ 在 $\mathbb{C} \setminus [-ai, ai]$ 上能否取出单值解析分支，若能，它是奇函数还是偶函数.

32. 求下列多值函数的分支点与单值域，其中 a_1, a_2, a_3, a_4 两两不同.

(1) $f(z) = \sqrt{(z-a_1)(z-a_2)(z-a_3)}$；

(2) $f(z) = \sqrt{(z-a_1)(z-a_2)(z-a_3)(z-a_4)}$.

33. 设 a_1, a_2, a_3 两两不同. $f(z) = \sqrt[3]{(z-a_1)(z-a_2)(z-a_3)}$. 问

(1) $\mathbb{C}$ 平面除去三条不交线段 $[a_1, \infty), [a_2, \infty), [a_3, \infty)$ 后区域是否为单值域;

(2) $\mathbb{C}$ 平面除去不交线段 $[a_1, a_2], [a_3, \infty)$ 后区域是否为单值域;

(3) $\mathbb{C}$ 平面除去折线 $[a_1, a_2, a_3]$ 后区域是否为单值域.

34. 设 $f(z) = (1-z)^{-\alpha} z^{\alpha-1}$ ($0 < \alpha < 1$),求分支点和单值域.

35. 问函数 $\mathrm{Log}(1-z^2)$ 在 $\mathbb{C}$ 除去线段 $[-1, i], [1, i]$ 及射线 $x=0, y \geqslant 1$ 的域内是否可取出单值分支?若可以,取 $z=0$ 时, $f(0)=0$ 的那个分支,试求 $f(2)$ 与 $f(-2)$.

第四章 Cauchy 定理与 Cauchy 公式

这一章引进积分的概念,叙述并证明关于解析函数积分的 Cauchy 定理. Cauchy 定理是整个解析函数理论的基础. 此外,还将以 Cauchy 公式为工具证明解析函数任意次可导和其他重要性质.

§1 积 分

设 $\gamma:[\alpha,\beta]\to\mathbb{C}$ 为一条可求长曲线,其定向规定为参数增加的方向. 再设函数 $f(z)=u(x,y)+\mathrm{i}v(x,y)$ 定义在 γ 上. 沿 γ 的正向取分点 $a=z_0,z_1,\cdots,z_n=b$,这些分点把 γ 分成 n 个小段,第 k 段记做 $\gamma_k(k=1,2,\cdots,n)$. 在 γ_k 上任取一点 $\zeta_k=\xi_k+\mathrm{i}\eta_k$,作和数

$$S = \sum_{k=1}^{n} f(\zeta_k)(z_k - z_{k-1}).$$

如果当 $\lambda=\max\limits_{1\leqslant k\leqslant n} s_k$($s_k$ 是 γ_k 的弧长)趋于零时,不管分点 z_k 和 ζ_k 如何选取,和数 S 都趋于一极限值,那么这个极限值称为 $f(z)$ **沿定向曲线 γ 的积分**,记做

$$\int_{\gamma} f(z)\mathrm{d}z = \lim_{\lambda\to 0} \sum_{k=1}^{n} f(\zeta_k)(z_k - z_{k-1}). \tag{1}$$

这个积分的存在与计算可以归结为数学分析中第二型曲线积分的存在与计算. 事实上,设 $z_k=x_k+\mathrm{i}y_k$,$f(\zeta_k)=u(\xi_k,\eta_k)+\mathrm{i}v(\xi_k,\eta_k)$,则

$$S = \sum_{k=1}^{n} \{u(\xi_k,\eta_k)(x_k - x_{k-1}) - v(\xi_k,\eta_k)(y_k - y_{k-1})\}$$

$$+ \mathrm{i} \sum_{k=1}^{n} \{v(\xi_k, \eta_k)(x_k - x_{k-1})$$
$$+ u(\xi_k, \eta_k)(y_k - y_{k-1})\},$$

当 $\lambda \to 0$ 时,若 S 极限存在,则实部和虚部极限也存在,根据第二型曲线积分定义,有

$$\int_\gamma f(z)\mathrm{d}z = \int_\gamma u\mathrm{d}x - v\mathrm{d}y + \mathrm{i}\int_\gamma v\mathrm{d}x + u\mathrm{d}y.$$

当 γ 为可求长曲线,函数 u, v 在 γ 上连续时,第二型曲线积分存在(证明要用到斯蒂尔斯积分概念),所以若 γ 为可求长曲线,$f(z)$ 在 γ 上连续时,复积分(1)存在.

当 γ 为光滑或逐段光滑曲线 $\gamma(t) = x(t) + \mathrm{i}y(t)(\alpha \leqslant t \leqslant \beta)$,函数 u, v 在 γ 上连续时,数学分析中证明了第二型曲线积分的计算公式:

$$\int_\gamma u\mathrm{d}x - v\mathrm{d}y = \int_\alpha^\beta \{u[x(t), y(t)]x'(t) - v[x(t), y(t)]y'(t)\}\mathrm{d}t,$$

$$\int_\gamma v\mathrm{d}x + u\mathrm{d}y = \int_\alpha^\beta \{v[x(t), y(t)]x'(t) + u[x(t), y(t)]y'(t)\}\mathrm{d}t.$$

将上面第二式乘以 i 后两式相加,即得积分(1)的计算公式:

$$\int_\gamma f(z)\mathrm{d}z = \int_\alpha^\beta f[\gamma(t)]\gamma'(t)\mathrm{d}t. \tag{2}$$

公式(2)把 $f(z)$ 沿曲线 γ 的积分化为关于实参数 t 的定积分.

设 γ 是可求长曲线,$f(z), g(z)$ 在 γ 上连续,由积分定义可推出下列性质:

(1) $\displaystyle\int_{\gamma^{-1}} f(z)\mathrm{d}z = -\int_\gamma f(z)\mathrm{d}z$;

(2) $\displaystyle\int_\gamma [f(z) + g(z)]\mathrm{d}z = \int_\gamma f(z)\mathrm{d}z + \int_\gamma g(z)\mathrm{d}z$;

(3) $\displaystyle\int_\gamma af(z)\mathrm{d}z = a\int_\gamma f(z)\mathrm{d}z,\ a \in \mathbb{C}$;

(4) 如果 γ 由 γ_1 和 γ_2 组成,则

$$\int_\gamma f(z)\mathrm{d}z = \int_{\gamma_1} f(z)\mathrm{d}z + \int_{\gamma_2} f(z)\mathrm{d}z;$$

(5) $\left| \int_\gamma f(z)\mathrm{d}z \right| \leqslant \int_\gamma |f(z)|\,\mathrm{d}s \leqslant ML$, 其中 $M = \sup\limits_{z \in \gamma} |f(z)|$,

L 为 γ 的弧长.

我们只证(5). 由于

$$|S| \leqslant \sum_{k=1}^n |f(\zeta_k)|\,|z_k - z_{k-1}| \leqslant \sum_{k=1}^n |f(\zeta_k)|s_k,$$

令 $\lambda = \max\limits_{1 \leqslant k \leqslant n} s_k \to 0$, 即得

$$\left| \int_\gamma f(z)\mathrm{d}z \right| \leqslant \int_\gamma |f(z)|\,\mathrm{d}s.$$

又由于在 γ 上 $|f(z)| \leqslant M$, 所以

$$\int_\gamma |f(t)|\,\mathrm{d}s \leqslant ML.$$

当 γ 为光滑曲线时, $\mathrm{d}z = \gamma'(t)\mathrm{d}t$, $|\mathrm{d}z| = |\gamma'(t)|\mathrm{d}t = \mathrm{d}s$, 第一型曲线积分也可记成

$$\int_\gamma |f(z)|\,\mathrm{d}s = \int_\gamma |f(z)|\,|\mathrm{d}z|.$$

例 1 设 $\gamma(t)\,(\alpha \leqslant t \leqslant \beta)$ 是一条可求长曲线, 求 $\int_\gamma \mathrm{d}z$ 和 $\int_\gamma z\mathrm{d}z$.

解 按定义

$$\int_\gamma \mathrm{d}z = \lim_{\lambda \to 0} \sum_{k=1}^n (z_k - z_{k-1}) = z_n - z_0 = \gamma(\beta) - \gamma(\alpha).$$

同样

$$\int_\gamma z\mathrm{d}z = \lim_{\lambda \to 0} \sum_{k=1}^n z_k(z_k - z_{k-1}) = \lim_{\lambda \to 0} \sum_{k=1}^n z_{k-1}(z_k - z_{k-1}),$$

所以

$$\int_\gamma z\mathrm{d}z = \lim_{\lambda \to 0} \frac{1}{2} \sum_{k=1}^n (z_k + z_{k-1})(z_k - z_{k-1})$$

$$= \frac{1}{2}(z_n^2 - z_0^2)$$

$$= \frac{1}{2}[\gamma^2(\beta) - \gamma^2(\alpha)].$$

如果 $\gamma(t)$ 为光滑曲线，由计算公式(2)得：

$$\int_{\gamma} \mathrm{d}z = \int_{\alpha}^{\beta} \gamma'(t)\mathrm{d}t = \gamma(t)\Big|_{\alpha}^{\beta} = \gamma(\beta) - \gamma(\alpha).$$

$$\int_{\gamma} z\mathrm{d}z = \int_{\alpha}^{\beta} \gamma(t)\gamma'(t)\mathrm{d}t = \frac{1}{2}\gamma^2(t)\Big|_{\alpha}^{\beta} = \frac{1}{2}[\gamma^2(\beta) - \gamma^2(\alpha)].$$

例 2 计算积分 $\int_{\gamma} \dfrac{\mathrm{d}z}{z-a}$，其中 $\gamma(t) = a + R\mathrm{e}^{\mathrm{i}t}, 0 \leqslant t \leqslant 2\pi$，$a \in \mathbb{C}$.

解 因为 $f(z) = \dfrac{1}{z-a}, f[\gamma(t)] = \dfrac{1}{R\mathrm{e}^{\mathrm{i}t}}, \gamma'(t) = R\mathrm{i}\mathrm{e}^{\mathrm{i}t}$，所以

$$\int_{\gamma} \frac{\mathrm{d}z}{z-a} = \int_0^{2\pi} \frac{1}{R\mathrm{e}^{\mathrm{i}t}} R\mathrm{i}\mathrm{e}^{\mathrm{i}t}\mathrm{d}t = \int_0^{2\pi} \mathrm{i}\mathrm{d}t = 2\pi\mathrm{i}.$$

注意这个积分与积分路径的半径 R 的大小和圆心 a 的位置无关.

例 3 计算积分 $I = \int_{\gamma} \dfrac{\mathrm{d}z}{\bar{z}}$，其中 γ 是圆环 $\{z: 1 \leqslant |z| \leqslant 2\}$ 在第一象限部分的边界，方向取正定向(图 4-1).

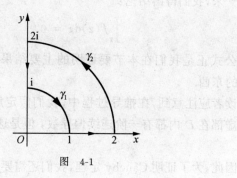

图 4-1

解 由计算公式(2)与例 1 得

$$I = \int_1^2 \frac{\mathrm{d}x}{x} + \int_2^1 \frac{\mathrm{i}\mathrm{d}y}{-\mathrm{i}y} + \int_{\gamma_1} \frac{z\mathrm{d}z}{|z|^2} + \int_{\gamma_2} \frac{z\mathrm{d}z}{|z|^2}$$

$$= 2\log 2 + \int_{\gamma_1} z\mathrm{d}z + \frac{1}{4}\int_{\gamma_2} z\mathrm{d}z$$

$$= 2\log 2 + \frac{1}{2}(1 - \mathrm{i}^2) + \frac{1}{8}(4\mathrm{i}^2 - 4) = 2\log 2.$$

§2 Cauchy 定理

设 $f(z)$ 在区域 D 内解析，$\gamma(t)\,(\alpha\leqslant t\leqslant\beta)$ 为 D 内可求长简单闭曲线，其所围区域 Q 属于 D。由上节的论述我们有

$$\int_{\gamma}f(z)\mathrm{d}z = \int_{\gamma}u\mathrm{d}x - v\mathrm{d}y + \mathrm{i}\int_{\gamma}v\mathrm{d}x + u\mathrm{d}y.$$

如果 $u,v\in C^1(D)$，则应用数学分析中的 Green 公式及 C-R 方程，得

$$\int_{\gamma}u\mathrm{d}x - v\mathrm{d}y = \iint_{\Omega}\left(-\frac{\partial v}{\partial x} - \frac{\partial u}{\partial y}\right)\mathrm{d}x\mathrm{d}y = 0,$$

$$\int_{\gamma}v\mathrm{d}x + u\mathrm{d}y = \iint_{\Omega}\left(\frac{\partial u}{\partial x} - \frac{\partial v}{\partial y}\right)\mathrm{d}x\mathrm{d}y = 0.$$

这样一来，我们得出结论：

$$\int_{\gamma}f(z)\mathrm{d}z = 0.$$

这个公式正是我们在本节要证明的主要结果，即 Cauchy 定理所断言的东西。

读者应注意到，在推导过程中，我们假定解析函数 $f(z)$ 的实部和虚部在 D 内都有一阶连续偏导数，但是这一点我们目前并不知道。

因此，为了证明 Cauchy 定理，我们还需要一个引理。

引理 1 设 $f(z)$ 是区域 D 内的连续函数，$\gamma(t)$ 是 D 内的可求长曲线。则 $\forall\,\varepsilon>0$，存在内接于 γ 且完全位于 D 内的折线 P，使得

$$\left|\int_{\gamma}f(z)\mathrm{d}z - \int_{P}f(z)\mathrm{d}z\right| < \varepsilon.$$

证明 无妨设 D 是有界域（否则设 γ 包含在圆 $|z|<M$ 内，取 D 与圆 $|z|<M$ 的交域即成）。因 γ（作为点集）为一紧集，边界 ∂D 为一闭集，所以距离 $d(\gamma,\partial D)=2\rho>0$。令

$$D_1 = \{z \in D : d(z,r) < \rho\}.$$

则 D_1 为区域, 且

$$r \subset D_1 \subset \overline{D}_1 \subset D.$$

设 r 的长度为 L, 由于 $f(z)$ 在紧集 $\overline{D}_1$ 上是一致连续的, 所以, 对于 $\forall\, \varepsilon > 0$, $\exists\, \delta > 0$, 当 $z, z' \in \overline{D}_1$, 且 $|z - z'| < \delta$ 时, 有

$$|f(z) - f(z')| < \varepsilon/(2L).$$

在 γ 上依此取分点 $a = z_0, z_1, \cdots, z_n = b$ (a, b 为 γ 的起点和终点), 这些分点把 γ 分成 n 段, 第 k 段记做 γ_k, 其弧长记做 s_k, 我们这样取分点, 使

$$s_k < \min(\rho, \delta) \quad (k = 1, 2, \cdots, n).$$

这时以 $z_0, z_1, \cdots, z_n$ 为顶点的折线 P 就属于 $\overline{D}_1$. 事实上 $d(\gamma, \partial D_1) = \rho > 0$, 因此 γ_k 落在以 z_{k-1} 为圆心、以 s_k 为半径的圆内, 而该圆又包含在 $\overline{D}_1$ 内, 所以 γ_k——因而折线 P 位于 $\overline{D}_1$ 内. 用 $[z_{k-1}, z_k]$ 表示连接 z_{k-1}, z_k 的线段, 由于

$$\int_{\gamma_k} f(z_{k-1}) \mathrm{d}z = \int_{[z_{k-1}, z_k]} f(z_{k-1}) \mathrm{d}z = f(z_{k-1})(z_k - z_{k-1}),$$

于是有

$$\left| \int_\gamma f(z) \mathrm{d}z - \int_P f(z) \mathrm{d}z \right|$$

$$= \left| \sum_{k=1}^n \left[\int_{\gamma_k} f(z) \mathrm{d}z - \int_{[z_{k-1}, z_k]} f(z) \mathrm{d}z \right] \right|$$

$$= \left| \sum_{k=1}^n \int_{\gamma_k} [f(z) - f(z_{k-1})] \mathrm{d}z \right.$$

$$\left. - \sum_{k=1}^n \int_{[z_{k-1}, z_k]} [f(z) - f(z_{k-1})] \mathrm{d}z \right|$$

$$\leqslant \sum_{k=1}^n \int_{\gamma_k} |f(z) - f(z_{k-1})| \, |\mathrm{d}z|$$

$$+ \sum_{k=1}^n \int_{[z_{k-1}, z_k]} |f(z) - f(z_{k-1})| \, |\mathrm{d}z|$$

$$\leqslant \sum_{k=1}^{n} \frac{\varepsilon}{2L} \cdot s_k + \sum_{k=1}^{n} \frac{\varepsilon}{2L} \cdot s_k = \varepsilon. \text{证毕.}$$

定理 1(Cauchy 定理) 设 $D \subset \mathbb{C}$ 是单连通区域,函数 $f(z)$ 在 D 内解析,γ 是 D 内任意一条可求长 Jordan 曲线,则

$$\int_{\gamma} f(z)\mathrm{d}z = 0.$$

证明 只要证明对 D 内任一闭折线 P,积分

$$\int_{P} f(z)\mathrm{d}z = 0,$$

则 Cauchy 定理成立. 事实上 $\forall\, \varepsilon > 0$,由引理 1,存在内接于 γ 且完全属于 D 的折线 P,使得

$$\left| \int_{\gamma} f(z)\mathrm{d}z \right| = \left| \int_{\gamma} f(z)\mathrm{d}z - \int_{P} f(z)\mathrm{d}z \right| < \varepsilon,$$

由于 ε 任意性,即得

$$\int_{\gamma} f(z)\mathrm{d}z = 0.$$

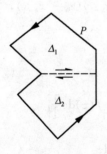

图 4-2

闭折线 P 总可拆成有限个自身不交的闭折线,所以可设 P 为自身不交的闭折线. 若 P 围成的多边形 Δ 不是凸多边形,则总有一些顶点的内角大于 π. 任取这样一顶点,作其内角的角平分线直至与折线 P 相交,此角平分线段把多边形 Δ 分成两个多边形 Δ_1, Δ_2(图 4-2),Δ_1 与 Δ_2 中内角大于 π 的顶点个数,至少比 Δ 中内角大于 π 的顶点个数要少一个. 依此下去,总可把多边形 Δ 分解成有限个凸多边形 $\Delta_1, \cdots, \Delta_n$. 函数沿多边形 Δ 的边界 $\partial\Delta = P$ 的积分,正好等于函数沿每一个 $\partial\Delta_k$ 积分的和. 这是因为沿角平分线段的积分恰好出现两次,且积分路径方向相反,所以沿角平分线段的两积分抵消. 这样,证函数沿闭折线的积分为零,可归结为证函数沿凸多边形的边界 P 的积分为零. 对于凸多边形,显然可从一点出发,与其

余顶点作连线,把它分解成若干个三角形区域的和.所以只要证函数沿每一个三角形 T 的积分为零即成.

设

$$\left|\int_T f(z)\mathrm{d}z\right| = M,$$

我们要证 $M=0$. 把 T 的三边中点相互连接起来,得到四个小三角形 T_1,T_2,T_3,T_4(图 4-3),则

$$\int_T f(z)\mathrm{d}z = \sum_{k=1}^{4}\int_{T_k}f(z)\mathrm{d}z.$$

上式右端的四个积分中至少有一个积分的模不小于 $M/4$,这个三角形记做 $T^{(1)}$:

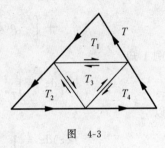

图 4-3

$$\left|\int_{T^{(1)}}f(z)\mathrm{d}z\right| \geqslant \frac{M}{4}.$$

同样,从 $T^{(1)}$ 出发,按照上面的做法,得到三角形 $T^{(2)}$,沿 $T^{(2)}$ 的积分满足条件:

$$\left|\int_{T^{(2)}}f(z)\mathrm{d}z\right| \geqslant \frac{1}{4}\cdot\frac{M}{4} = \frac{M}{4^2}.$$

如此继续下去,我们得到一串三角形序列 $T^{(0)}=T,T^{(1)},T^{(2)},T^{(3)},\cdots$,相应的积分满足条件:

$$\left|\int_{T^{(n)}}f(z)\mathrm{d}z\right| \geqslant \frac{M}{4^n} \quad (n = 1,2,\cdots). \tag{3}$$

设 L 是 T 的长度,$T^{(n)}$ 的长度为 $L/2^n$. Δ_n 表示 $T^{(n)}$ 所围成的闭区域,显然 $\Delta_{n+1}\subset\Delta_n(n=0,1,2,\cdots)$. 记 $d=\mathrm{diam}\Delta_0$,则 $\mathrm{diam}\Delta_n = \dfrac{d}{2^n}\to 0(n\to +\infty)$. 由第二章的 Cantor 定理,存在唯一的一点 $z_0\in\bigcap_{n=1}^{\infty}\Delta_n$. 因为 $z_0\in D,f(z)$ 在 z_0 可导,所以在 z_0 的邻域 $V(z_0;\delta)\subset D$ 内有

$$f(z) - f(z_0) = f'(z_0)(z - z_0) + \rho(z, z_0)(z - z_0),$$

其中 $\lim\limits_{z \to z_0} \rho(z, z_0) = 0$. 又因为 $\mathrm{diam}\Delta_n \to 0$, 所以当 n 充分大时, $\Delta_n \subset V(z_0; \delta)$. 这样一来,

$$\int_{T^{(n)}} f(z)\mathrm{d}z = \int_{T^{(n)}} f(z_0)\mathrm{d}z + f'(z_0)\int_{T^{(n)}} (z - z_0)\mathrm{d}z$$

$$+ \int_{T^{(n)}} \rho(z, z_0)(z - z_0)\mathrm{d}z.$$

由例 1 知

$$\int_{T^{(n)}} \mathrm{d}z = \int_{T^{(n)}} (z - z_0)\mathrm{d}z = 0,$$

所以

$$\int_{T^{(n)}} f(z)\mathrm{d}z = \int_{T^{(n)}} \rho(z, z_0)(z - z_0)\mathrm{d}z.$$

立得

$$\left| \int_{T^{(n)}} f(z)\mathrm{d}z \right| \leqslant \frac{d}{2^n} \cdot \frac{L}{2^n} \max_{z \in T^{(n)}} |\rho(z, z_0)|,$$

结合 (3) 式可得

$$0 \leqslant M \leqslant d \cdot L \cdot \max_{z \in T^{(n)}} |\rho(z, z_0)|.$$

因为 $\lim\limits_{n \to +\infty} \max\limits_{z \in T^{(n)}} |\rho(z, z_0)| = 0$, 所以 $M = 0$. 证毕.

Cauchy 定理有下面的重要推广.

定理 2 设区域 D 是可求长 Jordan 曲线 γ 的内部, 函数 $f(z)$ 在 D 内解析, 在 $\overline{D}$ 上连续, 则

$$\int_{\gamma} f(z)\mathrm{d}z = 0.$$

证明 我们对 D 是单位圆情形加以证明, 一般情形只给出证明的思想.

当 D 是单位圆时, $\gamma(t) = \mathrm{e}^{it} (0 \leqslant t \leqslant 2\pi)$, 令 $\gamma_1(t) = r\mathrm{e}^{it} (0 < r < 1, 0 \leqslant t \leqslant 2\pi)$. 由定理 1 得

$$\int_{\gamma_1} f(z)\mathrm{d}z = 0,$$

或

$$\int_0^{2\pi} f(re^{it})rie^{it}dt = 0,$$

也就有

$$\int_0^{2\pi} f(re^{it})ie^{it}dt = 0.$$

于是

$$\left|\int_\gamma f(z)dz\right| = \left|\int_0^{2\pi} f(e^{it})ie^{it}dt\right|$$

$$= \left|\int_0^{2\pi} [f(e^{it}) - f(re^{it})]ie^{it}dt\right|$$

$$\leqslant \int_0^{2\pi} |f(e^{it}) - f(re^{it})|dt.$$

因 $f(z)$ 在 $\overline{D}$ 上一致连续,所以 $\forall\,\varepsilon>0$, $\exists\,\delta>0$,当 $|1-r|<\delta$ 时,有

$$|f(e^{it}) - f(re^{it})| < \varepsilon,$$

从而

$$\left|\int_\gamma f(z)dz\right| \leqslant \int_0^{2\pi} |f(e^{it}) - f(re^{it})|dt < 2\pi\varepsilon.$$

由 ε 的任意性,即得结论.

对于一般的 Jordan 区域,总可用辅助线段将它分解成特殊的 Jordan 区域. 即分解成由左右为两直线段,上下为两可求长曲线所围成的区域(图 4-4);或上下为两直线段,左右为两可求长曲线所围成的区域. 设 D 如图 4-4 所示,D 的边界记做 γ,在 D 内作简单闭曲线 γ_1,则由定理 1 得

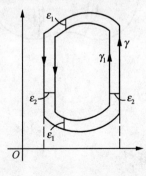

图 4-4

$$\int_{\gamma_1} f(z)\mathrm{d}z = 0.$$

然后取极限得

$$\int_\gamma f(z)\mathrm{d}z = \lim_{\varepsilon_2 \to 0} \lim_{\varepsilon_1 \to 0} \int_{\gamma_1} f(z)\mathrm{d}z = 0. \text{证毕.}$$

讨论多连通区域之前,我们要约定一记号. 所谓 Jordan 曲线族 $\gamma = \gamma_0 + \gamma_1^- + \cdots + \gamma_n^-$,指该曲线族由 $n+1$ 条 Jordan 曲线组成,γ_0 取正定向,$\gamma_1, \cdots, \gamma_n$ 取负定向;$\gamma_1, \cdots, \gamma_n$ 都在 γ_0 的内部,并且其中任意一条均在其他各条的外部. 所谓 Jordan 曲线族 $\gamma = \gamma_0 + \gamma_1^- + \cdots + \gamma_n^-$ 围成区域 D,就是指由 $\gamma_0, \gamma_1, \cdots, \gamma_n$ 范围成的一个 $n+1$ 连通区域 D. 称 Jordan 曲线族 γ 可求长,即指组成 γ 的每一条曲线可求长.

定理 3 设可求长 Jordan 曲线族 $\gamma = \gamma_0 + \gamma_1^- + \cdots + \gamma_n^-$ 围成区域 D,函数 $f(z)$ 在 D 内解析,在 $\overline{D}$ 上连续,则

$$\int_\gamma f(z)\mathrm{d}z = 0.$$

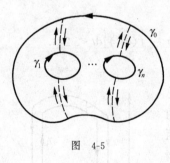

图 4-5

证明 我们可以用一些可求长辅助曲线把区域 D 分解成 $n+1$ 个由简单可求长闭曲线围成的区域 $D_k (k=1, \cdots, n+1)$ (图 4-5). 由定理 2 得

$$\int_{\partial D_k} f(z)\mathrm{d}z = 0$$

$$(k = 1, 2, \cdots, n+1).$$

所以

$$\int_\gamma f(z)\mathrm{d}z = \sum_{k=1}^{n+1} \int_{\partial D_k} f(z)\mathrm{d}z = 0.$$

证毕.

定理的结论也可写成

$$\int_{\gamma_0} f(z)\mathrm{d}z = \sum_{k=1}^{n} \int_{\gamma_k} f(z)\mathrm{d}z. \tag{4}$$

特别地,当 $n=1$ 时,有

$$\int_{\gamma_0} f(z)\mathrm{d}z = \int_{\gamma_1} f(z)\mathrm{d}z. \tag{5}$$

这说明在二连通区域上,函数沿两条边界曲线的积分相等.

例 4 γ 为可求长 Jordan 曲线,$a \overline{\in} \gamma$. 求积分

$$\frac{1}{2\pi\mathrm{i}} \int_{\gamma} \frac{\mathrm{d}z}{z - a}.$$

解 若 a 在 γ 的外部,由 Cauchy 定理知积分为零. 若 a 在 γ 内部,作以 a 为心的小圆周 γ_1,并且位于 γ 内部(图 4-6). 由(5)式及上节例 2 得

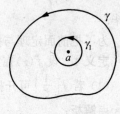

图 4-6

$$\frac{1}{2\pi\mathrm{i}} \int_{\gamma} \frac{\mathrm{d}z}{z - a} = \frac{1}{2\pi\mathrm{i}} \int_{\gamma_1} \frac{\mathrm{d}z}{z - a} = 1.$$

我们再约定一记号. 所谓 Jordan 曲线族 $\gamma = \gamma_1^- + \cdots + \gamma_n^-$,指该曲线族由 n 条 Jordan 曲线 $\gamma_1, \cdots, \gamma_n$ 组成,每条取负定向,且其中任意一条在其他各条的外部. 所谓 Jordan 曲线族 $\gamma = \gamma_1^- + \cdots + \gamma_n^-$ 围成无界区域 D,就是指由 $\gamma_1, \cdots, \gamma_n$ 范围成的一个无界区域 D.

推论 1 设可求长 Jordan 曲线族 $\gamma = \gamma_1^- + \cdots + \gamma_n^-$ 围成无界区域 D,函数 $f(z)$ 在 $D \backslash \{\infty\}$ 内解析,满足

$$\lim_{z \to \infty} z^2 f(z) = a,$$

其中 a 为常数(这时,称 $f(z)$ 在 ∞ 点至少有二阶零点),又 $f(z)$ 在 $\overline{D}$ 上连续,则

$$\int_{\gamma} f(z)\mathrm{d}z = 0.$$

证明 作充分大圆周 γ_0:$|z| = R$,使之包含 $\gamma_1, \cdots, \gamma_n$. 由(4)式得

$$\int_\gamma f(z)\mathrm{d}z = -\int_{\gamma_0} f(z)\mathrm{d}z.$$

利用积分性质(5)与推论中条件有

$$\left|\int_{\gamma_0} f(z)\mathrm{d}z\right| = \left|\int_{\gamma_0} z^2 f(z)\,\frac{\mathrm{d}z}{z^2}\right|$$

$$\leqslant \max_{|z|=R} |z^2 f(z)|\,\frac{2\pi}{R} \to 0 \quad (R \to +\infty),$$

所以

$$\int_\gamma f(z)\mathrm{d}z = -\lim_{R\to+\infty}\int_{|z|=R} f(z)\mathrm{d}z = 0.$$

证毕.

为了把前面定理与推论统一起来,我们引入下面定义.

定义 1 设 $f(z)$ 在空心邻域 $V^*(\infty; R)$ 内解析.

(1) 若 $f\left(\dfrac{1}{\zeta}\right)$ 可开拓成邻域 $V\left(0; \dfrac{1}{R}\right)$ 内解析函数,则称 $f(z)$ 在 ∞ **点解析**;

(2) 若 $f\left(\dfrac{1}{\zeta}\right)\left(-\dfrac{1}{\zeta^2}\right)\mathrm{d}\zeta$ 可开拓成 $V\left(0; \dfrac{1}{R}\right)$ 内全纯微分 $\left(\text{即} -\dfrac{1}{\zeta^2} f\left(\dfrac{1}{\zeta}\right) \text{在} V\left(0; \dfrac{1}{R}\right) \text{内解析}\right)$,则称 $f(z)\mathrm{d}z$ 在 ∞ **点全纯**.

下一章我们要证明:若 $f(z)$ 在 $V^*(\infty; R)$ 内解析.则 $f(z)$ 在 ∞ 点解析的充要条件为 $\lim\limits_{z\to\infty} f(z) = a$ 存在;$f(z)\mathrm{d}z$ 在 ∞ 点全纯的充要条件为 $f(z)$ 在 ∞ 点至少有二阶零点.

这节的定理与推论可表述成统一的形式.

设可求长 Jordan 曲线 γ 或可求长 Jordan 曲线族 γ 围成区域 D,微分 $f(z)\mathrm{d}z$ 在 D 内全纯,函数 $f(z)$ 在 $\overline{D}$ 上连续,则

$$\int_\gamma f(z)\mathrm{d}z = 0.$$

例 5 设 γ 是一可求长 Jordan 曲线,$a,b(a\neq b)$ 不在 γ 上,求积分

$$I = \frac{1}{2\pi\mathrm{i}}\int_\gamma \frac{\mathrm{d}z}{(z-a)(z-b)}.$$

解 注意到

$$\frac{1}{(z-a)(z-b)} = \frac{1}{a-b}\left(\frac{1}{z-a} - \frac{1}{z-b}\right).$$

应用 Cauchy 定理和例 4 可得：

$$I = \begin{cases} 0, & \text{当 } a,b \text{ 同在 } \gamma \text{ 内部或外部;} \\[2mm] \dfrac{1}{a-b}, & \text{当 } a \text{ 在 } \gamma \text{ 内部,而 } b \text{ 在外部;} \\[2mm] \dfrac{1}{b-a}, & \text{当 } b \text{ 在 } \gamma \text{ 内部,而 } a \text{ 在外部.} \end{cases}$$

§3 Cauchy 公式

Cauchy 定理最直接、最重要的结果是 Cauchy 积分公式. 这一公式揭示了解析函数在区域内的值可以通过其边界值积分表示,从而导出区域 D 内解析函数一定任意次可导.

引理 2 设 γ 为可求长 Jordan 弧或 Jordan 曲线,$\varphi(\zeta)$ 在 γ 上连续,则函数(称 **Cauchy 型积分**)

$$F(z) = \frac{1}{2\pi i} \int_\gamma \frac{\varphi(\zeta)\mathrm{d}\zeta}{\zeta - z}$$

在 $\overline{\mathbb{C}} \backslash \gamma$ 的每一个区域 D 内解析,且对有限点 z,有

$$F^{(n)}(z) = \frac{n!}{2\pi i} \int_\gamma \frac{\varphi(\zeta)\mathrm{d}\zeta}{(\zeta - z)^{n+1}}, \quad n \in \mathbb{N}.$$

证明 若 γ 为 Jordan 弧,则 $\overline{\mathbb{C}} \backslash \gamma$ 为一单连通区域;若 γ 为 Jordan 曲线,则 $\overline{\mathbb{C}} \backslash \gamma$ 由两个单连通区域组成. 显然有

$$\lim_{z \to \infty} F(z) = 0.$$

所以只要证 $F(z)$ 在有限点解析,在 ∞ 点也就解析.

(1) 首先证 $F(z)$ 在区域 D 内连续. $\forall\, z_0 \in D$,取邻域 $V(z_0; \delta) \subset D$. 令 $z \in V(z_0; \delta/2)$,则当 $\zeta \in \gamma$ 时,有 $|\zeta - z| \geqslant \delta/2$,所以

$$F(z) - F(z_0) = \frac{1}{2\pi i} \int_\gamma \frac{\varphi(\zeta)\mathrm{d}\zeta}{\zeta - z} - \frac{1}{2\pi i} \int_\gamma \frac{\varphi(\zeta)\mathrm{d}\zeta}{\zeta - z_0}$$

$$= \frac{z - z_0}{2\pi i} \int_\gamma \frac{\varphi(\zeta) \mathrm{d}\zeta}{(\zeta - z)(\zeta - z_0)}, \tag{6}$$

立得

$$|F(z) - F(z_0)| \leqslant |z - z_0| \frac{1}{2\pi} \cdot \frac{2}{\delta^2} \int_\gamma |\varphi(\zeta)| |\mathrm{d}\zeta|.$$

上式表明 $F(z)$ 在 z_0 点连续. 由 z_0 的任意性,得 $F(z)$ 在区域 D 内连续.

(2) 其次证

$$F'(z) = \frac{1}{2\pi i} \int_\gamma \frac{\varphi(\zeta)}{(\zeta - z)^2} \mathrm{d}\zeta. \tag{7}$$

$\forall\, z_0 \in D$,由(6)式得

$$\frac{F(z) - F(z_0)}{z - z_0} = \frac{1}{2\pi i} \int_\gamma \frac{\varphi(\zeta)}{(\zeta - z)(\zeta - z_0)} \mathrm{d}\zeta.$$

取 $\dfrac{\varphi(\zeta)}{\zeta - z_0}$ 作为(1)中的 $\varphi(\zeta)$,由(1)知上式右端积分表示 D 内的连续函数,特别在 z_0 点连续,所以

$$\begin{aligned} F'(z_0) &= \lim_{z \to z_0} \frac{F(z) - F(z_0)}{z - z_0} \\ &= \frac{1}{2\pi i} \lim_{z \to z_0} \int_\gamma \frac{\varphi(\zeta)}{(\zeta - z)(\zeta - z_0)} \mathrm{d}\zeta \\ &= \frac{1}{2\pi i} \int_\gamma \frac{\varphi(\zeta)}{(\zeta - z_0)^2} \mathrm{d}\zeta. \end{aligned}$$

由 z_0 的任意性即得(7)式.

(3) 用数学归纳法证高阶导数公式. 设 $1 \leqslant k \leqslant n - 1$ 时,公式成立:

$$F^{(k)}(z) = \frac{k!}{2\pi i} \int_\gamma \frac{\varphi(\zeta)}{(\zeta - z)^{k+1}} \mathrm{d}\zeta.$$

要证 $k = n$ 时公式成立. $\forall\, z_0 \in D$,考虑

$$F^{(n-1)}(z) - F^{(n-1)}(z_0)$$

$$= \frac{(n-1)!}{2\pi i} \left[\int_\gamma \frac{\varphi(\zeta)}{(\zeta - z)^n} \mathrm{d}\zeta - \int_\gamma \frac{\varphi(\zeta)}{(\zeta - z_0)^n} \mathrm{d}\zeta \right]$$

$$= \frac{(n-1)!}{2\pi i}\left[\int_\gamma \frac{\varphi(\zeta)d\zeta}{(\zeta-z)^{n-1}(\zeta-z_0)} - \int_\gamma \frac{\varphi(\zeta)d\zeta}{(\zeta-z_0)^n}\right.$$

$$\left. + (z-z_0)\int_\gamma \frac{\varphi(\zeta)d\zeta}{(\zeta-z)^n(\zeta-z_0)}\right].$$

所以

$$\frac{F^{(n-1)}(z) - F^{(n-1)}(z_0)}{z-z_0}$$

$$= \frac{n-1}{z-z_0}\left[\frac{(n-2)!}{2\pi i}\int_\gamma \frac{\varphi(\zeta)d\zeta}{(\zeta-z)^{n-1}(\zeta-z_0)}\right.$$

$$\left. - \frac{(n-2)!}{2\pi i}\int_\gamma \frac{\varphi(\zeta)d\zeta}{(\zeta-z_0)^{n-1}(\zeta-z_0)}\right]$$

$$+ \frac{(n-1)!}{2\pi i}\int_\gamma \frac{\varphi(\zeta)d\zeta}{(\zeta-z)^n(\zeta-z_0)}. \tag{8}$$

令 $\varphi_1(\zeta)=\dfrac{\varphi(\zeta)}{\zeta-z_0}$，上式右端前两项应用归纳法假设，当 $z\to z_0$ 时，两项之差趋于

$$(n-1)\cdot\frac{(n-1)!}{2\pi i}\int_\gamma \frac{\varphi_1(\zeta)}{(\zeta-z_0)^n}d\zeta$$

$$= (n-1)\frac{(n-1)!}{2\pi i}\int_\gamma \frac{\varphi(\zeta)}{(\zeta-z_0)^{n+1}}d\zeta. \tag{9}$$

考查(8)式右端第三个积分，注意

$$\frac{(n-2)!}{2\pi i}\int_\gamma \frac{\varphi_1(\zeta)}{(\zeta-z)^n}d\zeta - \frac{(n-2)!}{2\pi i}\int_\gamma \frac{\varphi_1(\zeta)}{(\zeta-z_0)^n}d\zeta$$

$$= \left[\frac{(n-2)!}{2\pi i}\int_\gamma \frac{\varphi_1(\zeta)}{(\zeta-z)^{n-1}(\zeta-z_0)}d\zeta\right.$$

$$\left. - \frac{(n-2)!}{2\pi i}\int_\gamma \frac{\varphi_1(\zeta)}{(\zeta-z_0)^n}d\zeta\right]$$

$$+ (z-z_0)\frac{(n-2)!}{2\pi i}\cdot\int_\gamma \frac{\varphi_1(\zeta)}{(\zeta-z)^n(\zeta-z_0)}d\zeta.$$

令 $\psi(\zeta)=\varphi_1(\zeta)/(\zeta-z_0)$，利用归纳法假设和函数可导必连续，所以当 $z\to z_0$ 时，上式右端方括号趋于零. 上式右端第三个积分显然

也趋于零. 于是当 $z \to z_0$ 时,(8)式右端第三个积分趋于

$$\frac{(n-1)!}{2\pi i}\int_\gamma \frac{\varphi_1(\zeta)}{(\zeta-z_0)^n}\mathrm{d}\zeta = \frac{(n-1)!}{2\pi i}\int_\gamma \frac{\varphi(\zeta)}{(\zeta-z_0)^{n+1}}\mathrm{d}\zeta. \quad (10)$$

由(8),(9),(10)式我们得到

$$F^{(n)}(z_0) = \lim_{z\to z_0}\frac{F^{(n-1)}(z)-F^{(n-1)}(z_0)}{z-z_0}$$

$$= \frac{n!}{2\pi i}\int_\gamma \frac{\varphi(\zeta)}{(\zeta-z_0)^{n+1}}\mathrm{d}\zeta.$$

由 z_0 的任意性结论得证. 证毕.

定理 4(Cauchy 公式) 设区域 D 是可求长 Jordan 曲线 γ 的内部,函数 $f(z)$ 在 D 内解析,在 $\overline{D}$ 上连续,则

(1) 在 D 内

$$f(z) = \frac{1}{2\pi i}\int_\gamma \frac{f(\zeta)}{\zeta-z}\mathrm{d}\zeta;$$

(2) $f(z)$ 在 D 内有各阶导数,且在 D 内

$$f^{(n)}(z) = \frac{n!}{2\pi i}\int_\gamma \frac{f(\zeta)}{(\zeta-z)^{n+1}}\mathrm{d}\zeta \quad (n=1,2,\cdots).$$

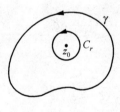

图 4-7

证明 $\forall\, z_0 \in D$,以 z_0 为心,以 r 为半径在 D 内作一小圆周 C_r,其内部属于 D(图 4-7). 设 D_1 是由 γ 和 C_r 所围成的二连通区域. 函数 $\dfrac{f(z)}{z-z_0}$ 在 D_1 内解析,在 $\overline{D}_1$ 上连续,由(5)式得

$$\int_\gamma \frac{f(z)}{z-z_0}\mathrm{d}z = \int_{C_r}\frac{f(z)}{z-z_0}\mathrm{d}z.$$

由于 $f(z)$ 在 z_0 点可导,所以

$$f(z) = f(z_0) + f'(z_0)(z-z_0) + \rho(z,z_0)(z-z_0),$$

其中 $\lim\limits_{z\to z_0}\rho(z,z_0)=0$,于是有

$$\int_\gamma \frac{f(z)}{z-z_0}\mathrm{d}z = \int_{C_r}\frac{f(z_0)}{z-z_0}\mathrm{d}z + \int_{C_r}f'(z_0)\mathrm{d}z + \int_{C_r}\rho(z,z_0)\mathrm{d}z$$

$$= f(z_0)2\pi i + \int_{C_r} \rho(z, z_0)dz. \qquad (11)$$

因

$$\left| \int_{C_r} \rho(z, z_0)dz \right| \leqslant \max_{z \in C_r} |\rho(z, z_0)| \cdot 2\pi r \to 0 \quad (r \to 0),$$

所以(11)式中令 $r \to 0$，便得

$$f(z_0) = \frac{1}{2\pi i} \int_{\gamma} \frac{f(z)}{z - z_0}dz.$$

由 z_0 的任意性即得所证.

(2) 应用引理2便知. 证毕.

定理5 设可求长 Jordan 曲线族 $\gamma = \gamma_0 + \gamma_1^- + \cdots + \gamma_n^-$ 围成区域 D，函数 $f(z)$ 在 D 内解析，在 $\overline{D}$ 上连续，则在 D 内

$$f(z) = \frac{1}{2\pi i} \int_{\gamma} \frac{f(\zeta)}{\zeta - z}d\zeta.$$

又 $f(z)$ 在 D 内有各阶导数，且在 D 内

$$f^{(n)}(z) = \frac{n!}{2\pi i} \int_{\gamma} \frac{f(\zeta)}{(\zeta - z)^{n+1}}d\zeta \quad (n = 1, 2, \cdots).$$

证明 固定 $z_0 \in D$，类似于定理3的证明，作辅助线把 D 分解成 $n+1$ 个单连通区域，使 z_0 属于某一单连通区域. 对包含 z_0 的单连通区域应用定理4，其他单连通区域应用定理3，然后相加即得

$$f(z_0) = \frac{1}{2\pi i} \int_{\gamma} \frac{f(\zeta)}{\zeta - z_0}d\zeta,$$

$$f^{(n)}(z_0) = \frac{n!}{2\pi i} \int_{\gamma} \frac{f(\zeta)}{(\zeta - z_0)^{n+1}}d\zeta.$$

由 z_0 的任意性即得所证. 证毕.

定理6 若函数 $f(z)$ 在区域 D 内解析，则 $f(z)$ 在 D 内有各阶导数.

证明 $\forall z_0 \in D$，以 z_0 为心作一小圆周 C_r，使 C_r 及其内部属于 D. 由定理4知 $f(z)$ 在 C_r 内部有各阶导数. 由 z_0 的任意性，所以 $f(z)$ 在 D 内有各阶导数. 证毕.

在第三章,我们承认解析函数一定无限次可导,现在利用积分工具证明了这一事实.

定理 7　若函数 $f(z)$ 在圆 $|z-a|<R$ 内解析,并且 $|f(z)|\leqslant M$. 则

$$|f^{(n)}(a)|\leqslant\frac{n!M}{R^n}\quad(n=1,2,\cdots).$$

这个不等式称为 **Cauchy 不等式**.

证明　设 γ 是圆周 $|z-a|=r(0<r<R)$,由定理 4 得

$$f^{(n)}(a)=\frac{n!}{2\pi\mathrm{i}}\int_\gamma\frac{f(\zeta)}{(\zeta-a)^{n+1}}\mathrm{d}\zeta\quad(n=1,2,\cdots),$$

所以

$$\begin{aligned}|f^{(n)}(a)|&\leqslant\frac{n!}{2\pi}\int_\gamma\frac{|f(\zeta)|}{|\zeta-a|^{n+1}}|\mathrm{d}\zeta|\\&\leqslant\frac{n!}{2\pi}\frac{M}{r^{n+1}}\cdot2\pi r=\frac{n!M}{r^n}.\end{aligned}$$

令 $r\to R$,得到

$$|f^{(n)}(a)|\leqslant\frac{n!M}{R^n}.$$

证毕.

定理 8（Liouville）　若函数 $f(z)$ 在 $\mathbb{C}$ 上解析(这样的函数 $f(z)$ 称为整函数),且有界,则 $f(z)$ 必为一常数.

证明　由定理假设,存在常数 M,使 $\forall z\in\mathbb{C}$,$|f(z)|\leqslant M$. $\forall z_0\in\mathbb{C}$,在 $|z-z_0|<R$ 上应用 Cauchy 不等式,得

$$|f'(z_0)|\leqslant\frac{M}{R}.$$

令 $R\to+\infty$,得到 $f'(z_0)=0$. 所以 $f'(z)\equiv0$,故 $f(z)$ 为一常数. 证毕.

这个定理是说整函数不取某一圆外的值时,则整函数为一常数. Picard 证明了更深刻的定理:

Picard 小定理　若整函数 $f(z)$ 不取两个复值 $a,b(a\neq b)$,则

$f(z)$为一常数.

Picard 定理的证明超出基础课范围,故略去.

下面给出无界区域的 Cauchy 公式.

推论 2 设可求长 Jordan 曲线族 $\gamma = \gamma_1^- + \cdots + \gamma_n^-$ 围成无界区域 D,函数 $f(z)$ 在 D 内解析,且在 $\overline{D}$ 上连续.则 $\forall z \in D \backslash \{\infty\}$,

$$f(z) = f(\infty) + \frac{1}{2\pi i} \int_\gamma \frac{f(\zeta)}{\zeta - z} d\zeta,$$

$$f^{(n)}(z) = \frac{n!}{2\pi i} \int_\gamma \frac{f(\zeta)}{(\zeta - z)^{n+1}} d\zeta \quad (n = 1, 2, \cdots).$$

证明 $\forall z_0 \in D \backslash \{\infty\}$,取充分大 R,使 $|z| = R$ 包含 z_0 与 $\gamma_k (k = 1, 2, \cdots, n)$,由定理 5 得

$$f(z_0) = \frac{1}{2\pi i} \int_{|z|=R} \frac{f(\zeta)}{\zeta - z_0} d\zeta + \frac{1}{2\pi i} \int_\gamma \frac{f(\zeta)}{\zeta - z_0} d\zeta \tag{12}$$

和

$$f^{(n)}(z_0) = \frac{n!}{2\pi i} \int_{|z|=R} \frac{f(\zeta)}{(\zeta - z_0)^{n+1}} d\zeta$$
$$+ \frac{n!}{2\pi i} \int_\gamma \frac{f(\zeta)}{(\zeta - z_0)^{n+1}} d\zeta. \tag{13}$$

(12)式中右端第一个积分可改写成

$$\frac{1}{2\pi i} \int_{|z|=R} \frac{f(\zeta)}{\zeta - z_0} d\zeta = \frac{1}{2\pi i} \int_{|z|=R} \frac{f(\zeta) - f(\infty)}{\zeta - z_0} d\zeta$$
$$+ \frac{1}{2\pi i} \int_{|z|=R} \frac{f(\infty)}{\zeta - z_0} d\zeta$$
$$= f(\infty) + \frac{1}{2\pi i} \int_{|z|=R} \frac{f(\zeta) - f(\infty)}{\zeta - z_0} d\zeta. \tag{14}$$

因

$$\left| \frac{1}{2\pi i} \int_{|z|=R} \frac{f(\zeta) - f(\infty)}{\zeta - z_0} d\zeta \right|$$

$$\leqslant \max_{|\zeta|=R} |f(\zeta) - f(\infty)| \frac{R}{R - |z_0|} \to 0 \quad (R \to +\infty),$$

所以由(12)与(14)式即得

$$f(z_0) = f(\infty) + \frac{1}{2\pi i} \int_{\gamma} \frac{f(\zeta)}{\zeta - z_0} d\zeta.$$

由 z_0 的任意性第一式得证.

为证第二式只要对 (13) 式中右端第一个积分应用推论 1 即得. 证毕.

例 6 计算积分

$$I = \frac{1}{2\pi i} \int_{|z|=2} \frac{dz}{(z^4 - 1)(z - 3)^2}.$$

解 解法一 由

$$\frac{1}{z^4 - 1} = \frac{1}{4}\left(\frac{1}{z - 1} - \frac{1}{z + 1}\right) - \frac{1}{4i}\left(\frac{1}{z - i} - \frac{1}{z + i}\right),$$

和 Cauchy 公式得

$$
\begin{aligned}
I &= \frac{1}{2\pi i} \int_{|z|=2} \frac{1}{4}\left(\frac{1}{z - 1} - \frac{1}{z + 1}\right) \frac{dz}{(z - 3)^2} \\
&\quad - \frac{1}{2\pi i} \int_{|z|=2} \frac{1}{4i}\left(\frac{1}{z - i} - \frac{1}{z + i}\right) \frac{dz}{(z - 3)^2} \\
&= \frac{1}{4}\left(\frac{1}{4} - \frac{1}{16}\right) - \frac{1}{4i}\left(\frac{1}{(i - 3)^2} - \frac{1}{(-i - 3)^2}\right) \\
&= \frac{1}{16} - \frac{1}{64} + \frac{4i - 3}{200} - \frac{4i + 3}{200} = \frac{27}{1600}.
\end{aligned}
$$

解法二 取 $f(z) = \dfrac{1}{z^4 - 1}$，它在 $|z| \geqslant 2$ 内解析. 应用推论 2，并注意积分路径的定向得

$$I = -f'(3) = -\left(\frac{1}{z^4 - 1}\right)'\bigg|_{z=3} = \frac{27}{1600}.$$

§4 变上限积分确定的函数

上面我们证明了解析函数 $f(z)$ 一定无限次可导，现在要问它是否是某一解析函数 $F(z)$ 的导函数呢？或是否无限次可求原函数呢？

定义 2　设 $f(z)$ 在区域 D 内连续,若存在 D 内函数 $F(z)$,使 $F'(z)=f(z)$,则称 $F(z)$ 是 $f(z)$ 的一个**原函数**.

若 $F(z)$ 是 $f(z)$ 的一个原函数,则 $F(z)+C$(C 为任意复常数)也是 $f(z)$ 的原函数,并且它的任意原函数都具有这一形式.

定理 9　设 D 为单连通区域,函数 $f(z)$ 在 D 内解析,则变上限积分确定的函数

$$F(z) = \int_{z_0}^{z} f(\zeta)\mathrm{d}\zeta, \quad z_0, z \in D$$

为 $f(z)$ 的原函数,即

$$F'(z) = f(z).$$

证明　由 Cauchy 定理,对 D 内任一可求长闭曲线积分为零,所以变上限积分只依赖于起点 z_0 和终点 z,而与连接 z_0, z 的积分路径无关,因此变上限积分确定 D 内一单值函数 $F(z)$.

$\forall z_1 \in D$,$\exists$ 邻域 $V(z_1; \delta) \subset D$,对邻域内任意一点 z,

$$F(z) - F(z_1) = \int_{z_0}^{z} f(\zeta)\mathrm{d}\zeta - \int_{z_0}^{z_1} f(\zeta)\mathrm{d}\zeta = \int_{z_1}^{z} f(\zeta)\mathrm{d}\zeta.$$

上式右端从 z_1 到 z 的积分路径可取直线段 $[z_1, z]$,于是有

$$\frac{F(z) - F(z_1)}{z - z_1} - f(z_1) = \frac{1}{z - z_1}\int_{[z_1, z]} [f(\zeta) - f(z_1)]\mathrm{d}\zeta.$$

因为 $f(z)$ 在 z_1 点连续,所以 $\forall \varepsilon > 0$,$\exists \delta_1 > 0$(无妨设 $\delta_1 < \delta$),使得当 $|z - z_1| < \delta_1$ 时,$|f(z) - f(z_1)| < \varepsilon$. 这样当 $|z - z_1| < \delta_1$ 时,我们有

$$\left| \frac{F(z) - F(z_1)}{z - z_1} - f(z_1) \right|$$

$$\leqslant \frac{1}{|z - z_1|}\int_{[z_1, z]} |f(\zeta) - f(z_1)| \, |\mathrm{d}\zeta| < \varepsilon,$$

即 $F'(z_1) = f(z_1)$. 由于 z_1 的任意性,得到 $F'(z) = f(z)$. 证毕.

注　在证明中 $f(z)$ 的解析性保证单值函数 $F(z)$ 存在,而证 $F(z)$ 的可导只用到 $f(z)$ 的连续性.

若 D 是多连通区域,函数 $f(z)$ 在 D 内解析,$f(z)$ 是否有单值原函数呢?或在什么条件下有单值原函数呢?设 D 是 $n+1$ 连通区域,即 $\overline{\mathbb{C}} \setminus D$ 有 $n+1$ 个连通分支 $E_k(0 \leqslant k \leqslant n)$,设 $\infty \in E_0$,称 $E_k(1 \leqslant k \leqslant n)$ 为"洞",设 $\Gamma_j(j=1,2,\cdots,n)$ 是只环绕第 j 个"洞"的可求长简单闭曲线(图 4-8).记

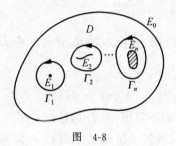

图 4-8

$$K_j = \int_{\Gamma_j} f(z)\mathrm{d}z \quad (1 \leqslant j \leqslant n).$$

称 K_j 为**全纯微分 $f(z)\mathrm{d}z$ 的周期**.注意 K_j 值与 Γ_j 的具体取法无关,若 Γ_j' 是另一条只环绕第 j 个"洞"的可求长简单闭曲线,Γ_j 与 Γ_j' 位于 D 内且不交,则应用 Cauchy 定理得

$$\int_{\Gamma_j} f(z)\mathrm{d}z = \int_{\Gamma_j'} f(z)\mathrm{d}z.$$

若 Γ_j 与 Γ_j' 相交,作一与两者不交的可求长简单闭曲线过渡即可.

定理 10 设 D 为 $n+1$ 连通区域,函数 $f(z)$ 在 D 内解析,K_j 为全纯微分 $f(z)\mathrm{d}z$ 的周期 $(j=1,2,\cdots,n)$,则 $f(z)$ 有单值原函数的充分必要条件为 $K_j=0(j=1,2,\cdots,n)$.

证明 设 $f(z)$ 有原函数 $F(z)$,若 γ 为 D 内可求长曲线 $\gamma(t)$ $(\alpha \leqslant t \leqslant \beta)$,则

$$\int_{\gamma} f(z)\mathrm{d}z = F(\gamma(\beta)) - F(\gamma(\alpha)). \tag{15}$$

事实上,若 $\gamma(t)$ 为光滑曲线时,由计算公式(2)得

$$\int_{\gamma} f(z)\mathrm{d}z = \int_{\alpha}^{\beta} f[\gamma(t)]\gamma'(t)\mathrm{d}t = F[\gamma(t)]\Big|_{\alpha}^{\beta}$$
$$= F[\gamma(\beta)] - F[\gamma(\alpha)];$$

若 γ 是分段光滑曲线时,显然(15)仍成立;若 γ 是可求长曲线时,由引理 1,γ 总可用分段光滑曲线 P_n 逼近,所以

$$\int_{\gamma} f(z)\mathrm{d}z = \lim_{n \to +\infty} \int_{P_n} f(z)\mathrm{d}z = F(\gamma(\beta)) - F(\gamma(\alpha)).$$

既然(15)式对任意可求长曲线成立,取 γ 为 Γ_j,即得

$$K_j = \int_{\Gamma_j} f(z)\mathrm{d}z = 0.$$

反之,若 $K_j = 0 (j = 1, 2, \cdots, n)$,则对 D 内任一可求长闭曲线 Γ,容易看出

$$\int_{\Gamma} f(z)\mathrm{d}z = \sum_{j=1}^{n} n_j \int_{\Gamma_j} f(z)\mathrm{d}z, \quad n_j \in \mathbb{Z}.$$

即有 $\int_{\Gamma} f(z)\mathrm{d}z = 0$. 而积分沿任一闭曲线为零,等价于积分与路径无关,所以变上限积分

$$\int_{z_0}^{z} f(\zeta)\mathrm{d}\zeta$$

确定 D 内的单值函数 $F(z)$. 重复上一定理的证明,可知 $F'(z) = f(z)$. 证毕.

定理 10 也说明,如果有一周期 $K_j \neq 0$,则变上限积分确定 D 内的多值函数 $F(z)$,这个多值函数的导数为单值函数 $f(z)$. 若 D_1 是 D 内单连通区域,取定 $z_1 \in D_1$,又取定一条连接 z_0, z_1 的曲线 γ_0,则

$$F(z) = \int_{\gamma_0} f(z)\mathrm{d}z + \int_{z_1}^{z_0} f(\zeta)\mathrm{d}\zeta.$$

应用定理 9,可知 $F(z)$ 在 D_1 上可取出单值分支,记为 $F_1(z)$. $\forall n_j \in \mathbb{Z}$,显然函数

$$F_1(z) + \sum_{j=1}^{n} n_j K_j$$

也是 $F(z)$ 在 D_1 上的单值分支. 且构成 $F(z)$ 的全部单值分支. 事实上设 $F_2(z)$ 为 $F(z)$ 在 D_1 上的另一单值分支, 则 $F_2'(z) - F_1'(z) = f(z) - f(z) = 0$, 得出 $F_2(z) - F_1(z)$ 在 D_1 上为常数 C, 要确定常数 C, 只需考查 z_1 点的值.

$$F_1(z_1) = \int_{\gamma_0} f(\zeta) \mathrm{d}\zeta.$$

因为 $F_2(z)$ 是 $F(z)$ 的单值分支, 所以一定存在连接 z_0, z_1 的曲线 γ_1, 使

$$F_2(z_1) = \int_{\gamma_1} f(\zeta) \mathrm{d}\zeta,$$

即得

$$F_2(z_1) - F_1(z_1) = \int_{\gamma_1 + \gamma_0^{-1}} f(\zeta) \mathrm{d}\zeta = \sum_{j=1}^n n_j K_j.$$

这是由于 $\gamma_1 + \gamma_0^{-1}$ 为 D 内闭路, 必存在 $n_j \in \mathbb{Z}$ 使

$$\int_{\gamma_1 + \gamma_0^{-1}} f(\zeta) \mathrm{d}\zeta = \sum_{j=1}^n n_j \int_{\Gamma_j} f(\zeta) \mathrm{d}\zeta = \sum_{j=1}^n n_j K_j.$$

定理 11 设 D 是单连通区域, 函数 $f(z)$ 在 D 内解析且不为零, 则 $\mathrm{Log} f(z)$ 可取出单值分支 $g(z)$, 即

$$f(z) = \mathrm{e}^{g(z)},$$

且 $g(z) + 2\pi k i (k \in \mathbb{Z})$ 为 $\mathrm{Log} f(z)$ 的全部单值解析分支.

证明 取定 $z_0 \in D$ 和 w_0, 使 $f(z_0) = \mathrm{e}^{w_0}$. 由定理 6 知 $f'(z)$ 在 D 内解析, 所以 $f'(z)/f(z)$ 在 D 内解析. 因 D 是单连通区域, 再由定理 9, 知函数

$$g(z) = w_0 + \int_{z_0}^z \frac{f'(\zeta)}{f(\zeta)} \mathrm{d}\zeta$$

为 D 内的单值解析函数, 且 $g'(z) = f'(z)/f(z), g(z_0) = w_0$.

考虑 D 内解析函数 $\varphi(z) = f(z) \mathrm{e}^{-g(z)}$, 因为

$$\phi(z) = \mathrm{e}^{-g(z)} [f'(z) - f(z) g'(z)] \equiv 0,$$

所以 $\varphi(z)$ 在 D 内为常数. 由 $\varphi(z_0) = f(z_0) \mathrm{e}^{-w_0} = 1$, 得

$$f(z)\mathrm{e}^{-g(z)} \equiv 1 \quad 或 \quad f(z) = \mathrm{e}^{g(z)}.$$

这表明 $g(z)$ 是 $\mathrm{Log}f(z)$ 的单值解析分支. 显然 $g(z)+2k\pi\mathrm{i}(k\in\mathbb{Z}$)也是 $\mathrm{Log}f(z)$ 在 D 内的单值解析分支.

假如 $g_1(z)$ 也是 $\mathrm{Log}f(z)$ 的单值解析分支, 即 $f(z)=\mathrm{e}^{g_1(z)}$, 则

$$\mathrm{e}^{g_1(z)-g(z)} \equiv 1,$$

得 $g_1(z)-g(z)\equiv 2\pi k(z)\mathrm{i}, k(z)$ 为 D 内取整数值的连续函数, 故 $k(z)$ 为常数. 这说明 $g(z)+2\pi k\mathrm{i}$ 为全部单值解析分支. 证毕.

定理 11 表明, 若 $\mathrm{Log}f(z)$ 的两个单值解析分支, 在单连通区域 D 上一点 z_0 的值相等, 则两单值分支一定恒等. 所以在 $z_0\in D$ 点取定 $\mathrm{Log}f(z_0)$ 的值 w_0, 则满足 $g(z_0)=w_0$ 的单值分支 $g(z)$ 就唯一地确定了.

在定理 11 的条件下, $[f(z)]^\lambda(\lambda\in\mathbb{C})$ 也可取出单值分支. 这可从定义

$$[f(z)]^\lambda = \mathrm{e}^{\lambda\mathrm{Log}f(z)}$$

与定理 11 知晓. 特别地, $\sqrt{f(z)}$ 在 D 内可取出单值分支.

最后我们讨论 Cauchy 定理的逆定理.

定理 12(Morera 定理) 若函数 $f(z)$ 在区域 D 内连续, γ 为 D 内任一可求长简单闭曲线, 且 γ 所围区域属于 D. 若 $f(z)$ 沿 γ 的积分为零, 则 $f(z)$ 在 D 内解析.

证明 $\forall z_0\in D$, 只要证 $f(z)$ 在 z_0 邻域 $V(z_0;\delta)\subset D$ 内解析. 由定理条件 $f(z)$ 沿 $V(z_0;\delta)$ 内任一可求长简单闭曲线的积分为零, 所以

$$F(z) = \int_{z_0}^{z} f(\zeta)\mathrm{d}\zeta$$

在 $V(z_0;\delta)$ 内为单值函数. 在单连通区域 $V(z_0;\delta)$ 上应用定理 9 的注得 $F'(z)=f(z)$. 再由定理 6 知, $f(z)$ 在 $V(z_0;\delta)$ 内解析. 由 z_0 的任意性得 $f(z)$ 在 D 内解析. 证毕.

注 由引理 1, 条件 $f(z)$ 沿 γ 积分为零, 可以改为 $f(z)$ 沿任一三角形 T 的积分为零, 这里要求 T 所围区域属于 D.

§5 最大模原理与 Schwarz 引理

引理 3 若函数 $f(z)$ 在圆 $|z-a| < R$ 内解析，则

$$f(a) = \frac{1}{2\pi} \int_0^{2\pi} f(a + re^{i\theta}) d\theta \quad (0 < r < R).$$

证明 设 γ：$z = a + re^{i\theta} (0 \leqslant \theta \leqslant 2\pi)$. 由 Cauchy 公式得

$$f(a) = \frac{1}{2\pi i} \int_\gamma \frac{f(z)}{z-a} dz = \frac{1}{2\pi i} \int_0^{2\pi} \frac{f(a + re^{i\theta})}{re^{i\theta}} rie^{i\theta} d\theta,$$

即得

$$f(a) = \frac{1}{2\pi} \int_0^{2\pi} f(a + re^{i\theta}) d\theta.$$

证毕.

这个公式称为**平均值公式**，它表示 $f(z)$ 在圆心的值等于它在圆周上值的积分平均. 由平均值公式可导出最大模原理.

定理 13（最大模原理） 若函数 $f(z)$ 在区域 D 内解析，且不为常数，则 $|f(z)|$ 在 D 内取不到它的最大值.

证明 令 $M = \sup\limits_{z \in D} |f(z)|$. 若 $M = +\infty$，定理显然成立. 设 $M < +\infty$. 因 $f(z)$ 不是常数，所以 $0 < M < +\infty$. 我们令

$$\Omega_1 = \{z \in D : |f(z)| = M\};$$
$$\Omega_2 = \{z \in D : |f(z)| < M\}.$$

显然 Ω_2 为开集. 现证 Ω_1 为开集. 设 $a \in \Omega_1$，即 $|f(a)| = M$. 因 $a \in D$，$\exists V(a; \delta) \subset D$，由平均值公式，当 $0 < r < \delta$ 时

$$f(a) = \frac{1}{2\pi} \int_0^{2\pi} f(a + re^{i\theta}) d\theta,$$

从而得

$$M = |f(a)| \leqslant \frac{1}{2\pi} \int_0^{2\pi} |f(a + re^{i\theta})| d\theta,$$

或

$$\frac{1}{2\pi}\int_0^{2\pi}[M-|f(a+re^{i\theta})|]d\theta \leqslant 0.$$

我们知道,定义在区间$[0,2\pi]$上实的非负连续函数,如果它的积分等于零,则此函数必恒为零. 故有$M-|f(a+re^{i\theta})|\equiv 0(0\leqslant\theta\leqslant 2\pi)$. 这表明$V(a;\delta)\subset\Omega_1$,所以$\Omega_1$为开集.

由于D是连通集和$\Omega_1\bigcap\Omega_2=\varnothing,\Omega_1\bigcup\Omega_2=D$,故$\Omega_1,\Omega_2$中必有一个是空集. 若$\Omega_2=\varnothing,\Omega_1=D$,则函数模恒为常数,因此$f(z)$在$D$上为常数,这与假设矛盾. 故必有$\Omega_1=\varnothing,\Omega_2=D$,即$|f(z)|$在$D$内取不到它的最大值. 证毕.

推论3 设D为有界区域,$f(z)$在D内解析,在$\overline{D}$上连续,则$\forall z\in D$,有

$$|f(z)| \leqslant \max_{\zeta\in\partial D}|f(\zeta)|. \tag{16}$$

若$f(z)$不为常数,则上式中严格不等号成立.

证明 因$\overline{D}$为紧集,$|f(z)|$在$\overline{D}$上取到它的最大值M. 而由最大模原理,$|f(z)|$一定在边界∂D上取到它的最大模$M=\max\limits_{\zeta\in\partial D}|f(\zeta)|$,所以(16)式成立. 若存在$z_0\in D$,使(16)式中等号成立,由最大模原理知$f(z)$为常数,故$f(z)$不为常数时,严格不等号成立. 证毕.

推论4 设D为区域,$f(z)$在D内解析,$\forall\zeta\in\partial D(\zeta$可以是$\infty$点)

$$\varlimsup_{z\to\zeta}|f(z)| \leqslant M,$$

则在D内

$$|f(z)| \leqslant M. \tag{17}$$

若$f(z)$不为常数,则上式中严格不等号成立.

证明 令$M'=\sup\limits_{z\in D}|f(z)|$,只要证$M'\leqslant M$. 按定义,$\exists\ z_n\in D$ $(n=1,2,\cdots)$,使

$$\lim_{n\to+\infty}|f(z_n)| = M'.$$

由第二章 Bolzano 定理,存在子序列$\{z_{n_k}\},z_{n_k}\to z_0(k\to+\infty)$. 若

$z_0 \in D$, 则

$$|f(z_0)| = \lim_{k \to +\infty} |f(z_{n_k})| = M'.$$

即 $|f(z)|$ 在 D 内取到最大值 M', 由最大模原理知 $|f(z)| \equiv M'$, 显然 $M' \leqslant M$.

若 $z_0 \in \partial D (z_0$ 可以为 $\infty)$, 则由条件得

$$M' = \lim_{k \to +\infty} |f(z_{n_k})| \leqslant \overline{\lim_{z \to z_0}} |f(z)| \leqslant M.$$

所以(17)式成立, 余下的证明同上一推论. 证毕.

作为最大模原理的一个应用, 我们下面证明 Schwarz 引理.

Schwarz 引理 设函数 $f(z)$ 在 $|z| < 1$ 内解析, 且满足条件 $f(0) = 0, |f(z)| \leqslant 1$, 那么在圆 $|z| < 1$ 内必有

$$|f(z)| \leqslant |z| \tag{18}$$

和

$$|f'(0)| \leqslant 1. \tag{19}$$

如果(19)式等号成立, 或(18)式在一点 $z_0 (0 < |z_0| < 1)$ 等号成立, 则

$$f(z) = e^{i\alpha} z,$$

其中 α 为实数.

证明 在 $|z| < 1$ 内定义函数

$$\varphi(z) = \begin{cases} \dfrac{f(z)}{z}, & \text{当 } z \neq 0, \\ f'(0), & \text{当 } z = 0. \end{cases}$$

则函数 $\varphi(z)$ 在圆环 $0 < |z| < 1$ 内解析. 因

$$\lim_{z \to 0} \varphi(z) = \lim_{z \to 0} \frac{f(z) - f(0)}{z - 0} = f'(0) = \varphi(0),$$

所以 $\varphi(z)$ 在圆 $|z| < 1$ 内连续. 现证 $\varphi(z)$ 在圆 $|z| < 1$ 内解析. 根据 Morera 定理及其注, 只需证 $\varphi(z)$ 沿圆 $|z| < 1$ 内的任意三角形 T 的积分为零. 如取定三角形 T, 分两种情形来看: 当 $z = 0$ 不在 T 的内部时, 由定理 2 得到 $\int_T \varphi(z) \mathrm{d}z = 0$; 当 $z = 0$ 在 T 内部时, 利

用 $z=0$ 到 T 的 3 个顶点的线段,把 T 分解成 3 个小三角形 $T_k(k=1,2,3)$,而对每一个小三角形有

$$\int_{T_k} \varphi(z)\mathrm{d}z = 0 \quad (k=1,2,3),$$

相加有

$$\int_T \varphi(z)\mathrm{d}z = \sum_{k=1}^{3} \int_{T_k} \varphi(z)\mathrm{d}z = 0.$$

于是由 Morera 定理知 $\varphi(z)$ 在圆 $|z|<1$ 内解析.

对于单位圆内任意一点 z_0,$\exists\, r$,使 $|z_0|<r<1$,应用推论 3 得

$$|\varphi(z_0)| \leqslant \max_{|z|=r} \left| \frac{f(z)}{z} \right| \leqslant \frac{1}{r}.$$

令 $r \to 1$,即得

$$|\varphi(z_0)| \leqslant 1.$$

由 z_0 的任意性,得

$$|\varphi(z)| \leqslant 1 \quad (|z|<1).$$

因而有(18)和(19)式.

若存在一点 $z_0(0<|z_0|<1)$,使 $|f(z_0)|=|z_0|$,即 $|\varphi(z_0)|=1$,或者 $|f'(0)|=1$,即 $|\varphi(0)|=1$,则由最大模原理,$|\varphi(z)|\equiv 1$,故 $\varphi(z)\equiv \mathrm{e}^{\mathrm{i}\alpha}$,$\alpha$ 为实数,即 $f(z)\equiv \mathrm{e}^{\mathrm{i}\alpha}z$.证毕.

Schwarz 引理表明:若 $f(z)$ 是单位圆到单位圆的解析映照,$z=0$ 为映照的不动点,则 z 的像点 $f(z)$ 到原点的距离比 z 点到原

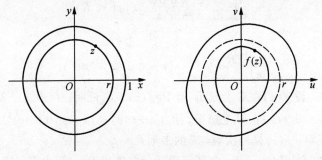

图 4-9

点的距离近(图 4-9),如果有一点使得两者相等,那么 $f(z)$ 就是一个旋转映照.

习　题

1. 计算积分

(1) $\int_{|z|=2} \dfrac{e^z}{1+z^2}dz$；　　　　　　(2) $\int_{|z+i|=1} \dfrac{e^z}{1+z^2}dz$.

2. 计算积分

(1) $\int_{|z|=2} \dfrac{dz}{(z-1)^3(z-3)^3}$；

(2) $\int_{|z|=R} \dfrac{dz}{(z-a)^n(z-b)}$ ，a,b 不在圆周 $|z|=R$ 上，$n\in\mathbb{N}$.

3. 计算积分

(1) $\int_{|z|=2} \bar{z}dz$；　　　　　(2) $\int_{|z|=2} \dfrac{|dz|}{z-1}$；

(3) $\int_{|z|=1} \dfrac{\bar{z}^k P_n(z)}{z-z_0}dz$，$|z_0|<1, 0\leqslant k\leqslant n, P_n(z)=a_0+a_1z$ $+\cdots+a_nz^n$.

4. 通过计算积分 $\int_{|z|=1}\left(z+\dfrac{1}{z}\right)^{2n}\dfrac{dz}{z}$ ，求证

$$\int_0^{2\pi}\cos^{2n}\theta d\theta = 2\pi\cdot\dfrac{(2n-1)!!}{(2n)!!}\quad(n=1,2,\cdots).$$

5. 计算积分

$$\dfrac{1}{2\pi i}\int_{|z|=R}\dfrac{z+a}{z-a}\dfrac{dz}{z}\quad(|a|<R),$$

求证

$$\dfrac{1}{2\pi}\int_0^{2\pi}\dfrac{R^2-|a|^2}{|z-a|^2}d\theta=1\quad(z=Re^{i\theta}).$$

6. 设 $f(z)$ 在 $\mathbb{C}$ 上解析,且 $\mathrm{Re}f(z)>0$,证明：$f(z)$ 为一常数.

7. 设 $f(z)$ 在 $\mathbb{C}$ 上解析,且当 $z\to\infty$ 时, $|f(z)|=O(|z|^k)(k>0)$.证明：$f(z)$ 是一次数 $\leqslant k$ 的多项式.

8. 试用 Liouville 定理证明每一多项式 $P(z)$ 至少有一零点.

9. 设函数 $f(z)$ 在有界区域 D 内解析,在 $\overline{D}$ 上连续,并且 $f(z) \neq 0$.证明:如果在 D 的边界上 $|f(z)| = M$,则 $f(z) = M\mathrm{e}^{\mathrm{i}\alpha}$,$\alpha$ 是实常数.

10. 若非常数函数 $f(z)$ 在 $1 < |z| < +\infty$ 内解析,且 $\lim\limits_{z \to \infty} f(z) = f(\infty)$ 存在,证明:

(1) $f(\infty) = \dfrac{1}{2\pi} \displaystyle\int_0^{2\pi} f(R\mathrm{e}^{\mathrm{i}\theta})\mathrm{d}\theta$, $R > 1$;

(2) 在 $|z| > 1$ 上最大模原理成立.

11. 若 $P_n(z)$ 是 n 次多项式,当 $|z| < 1$ 时,$|P_n(z)| \leqslant M$,则当 $|z| \leqslant R (R > 1)$ 时,$|P_n(z)| \leqslant MR^n$.

12. 设 $P_n(z)$ 是首项系数为 1 的 n 次多项式.证明:
$$\max_{|z| \leqslant 1} |P_n(z)| \geqslant 1.$$

13. 设 $f(z)$ 在 $|z| < 1$ 内解析,在 $|z| \leqslant 1$ 上连续,且满足
$$|f(\mathrm{e}^{\mathrm{i}\theta})| \leqslant M_1 (0 \leqslant \theta \leqslant \pi), \quad |f(\mathrm{e}^{\mathrm{i}\theta})| \leqslant M_2 (\pi \leqslant \theta \leqslant 2\pi).$$
证明:
$$|f(0)| \leqslant \sqrt{M_1 M_2}.$$

14. 设函数 $f(z)$ 在圆 $|z| < R$ 内解析,且 $|f(z)| \leqslant M$,$f(0) = 0$.证明:
$$|f(z)| \leqslant \frac{M}{R}|z|, \quad |f'(0)| \leqslant \frac{M}{R},$$
其中等号仅当 $f(z) = \dfrac{M}{R}\mathrm{e}^{\mathrm{i}\alpha} z$($\alpha$ 为实数)时才成立.

15. 设 $f(z)$ 在 $|z| < 1$ 内解析,且 $|f(z)| \leqslant 1$.证明:
$$|f'(0)| \leqslant 1.$$

16. 设函数 $f(z)$ 在 $|z| < R$ 内解析,$|f(z)| \leqslant M$,且 $f(z_j) = 0$ $(1 \leqslant j \leqslant n)$,其中 $|z_j| \leqslant \lambda R (0 \leqslant \lambda < 1)$.证明:
$$|f(z)| \leqslant \frac{M}{R^n(1-\lambda)^n}|(z - z_1)\cdots(z - z_n)| \quad (|z| < R).$$

17. 设函数 $f(z)$ 在 $|z| < 1$ 内解析,$\mathrm{Re} f(z) \geqslant 0$,$f(0) = \alpha > 0$.

证明：
$$\left|\frac{f(z)-\alpha}{f(z)+\alpha}\right| \leqslant |z|, \quad |f'(0)| \leqslant 2\alpha.$$

若 $\alpha=1$，证明：
$$\frac{1-|z|}{1+|z|} \leqslant |f(z)| \leqslant \frac{1+|z|}{1-|z|}.$$

18. 设函数 $f(z)$ 在圆 $|z|<1$ 内解析，$f(0)=0$，$\mathrm{Re}f(z)\leqslant A$ $(A>0)$. 证明：当 $|z|<1$ 时，
$$|f(z)| \leqslant \frac{2A|z|}{1-|z|}.$$

19. 设函数 $f(z)$ 在 $|z|<1$ 内解析，在 $|z|\leqslant 1$ 上连续，A 表示 $\mathrm{Re}f(z)$ 在 $|z|=1$ 上的最大值. 证明：当 $|z|<1$ 时，
$$|f(z)| \leqslant \frac{2|z|}{1-|z|}A + \frac{1+|z|}{1-|z|}|f(0)|.$$

20. 设 $P_n(z)$ 为 n 次多项式，$|z|\leqslant 1$ 时，$|P_n(z)|\leqslant M$. 证明：$|z|\leqslant 1$时，
$$|P'(z)| \leqslant enM.$$

（提示：利用第 5 题与第 11 题）

第五章　解析函数的级数展开

这一章,我们从解析函数的 Cauchy 公式这一积分表达式出发,给出圆内解析函数的 Taylor 展式和圆环内解析函数的 Laurent 展式. 并以级数展式为工具,研究解析函数零点与极点附近的性质.

§1　函数项级数

1.1　数项级数

设 $z_n \in \mathbb{C}$ $(n=1,2,\cdots)$,我们称级数

$$\sum_{n=1}^{\infty} z_n = z_1 + z_2 + \cdots + z_n + \cdots \tag{1}$$

是**收敛**的,如果它的部分和 $S_n = \sum_{k=1}^{n} z_k$ 序列收敛到点 $z_0 \in \mathbb{C}$,并称 z_0 为级数(1)的和,记做 $z_0 = \sum_{n=1}^{\infty} z_n$. 否则,称级数(1)是**发散**的.

级数(1)收敛的充分必要条件为项的实部和虚部组成的级数 $\sum_{n=1}^{\infty} \mathrm{Re} z_n$ 和 $\sum_{n=1}^{\infty} \mathrm{Im} z_n$ 收敛,所以由实数项级数的 Cauchy 收敛原理即得级数(1)的**收敛原理**.

级数(1)收敛的充分必要条件是:$\forall \varepsilon > 0$,$\exists$ 正整数 N,使得当 $n \geqslant N$,$p \geqslant 1$ 时,

$$|z_{n+1} + z_{n+2} + \cdots + z_{n+p}| < \varepsilon.$$

特别地,若级数(1)收敛,在上式中取 $p=1$,即得收敛级数的一般项趋于零:$\lim\limits_{n \to +\infty} z_n = 0$.

若级数 $\sum\limits_{n=1}^{\infty}|z_n|$ 收敛,则称级数 $\sum\limits_{n=1}^{\infty}z_n$ **绝对收敛**. 显然绝对收敛的级数一定收敛. 绝对收敛级数的项任意重排后级数也绝对收敛,且其和不变. 若级数 $\sum\limits_{n=1}^{\infty}|z_n|$ 发散,级数 $\sum\limits_{n=1}^{\infty}z_n$ 收敛,则称级数(1)**条件收敛**. 可以证明对于条件收敛的级数,考虑它的项经各种可能重排后的级数,除发散级数外,这些级数收敛所得的点,或组成一直线或组成复平面.

1.2 函数项级数与 Weierstrass 定理

下面讨论函数项级数的一致收敛性、一致收敛原理及和函数的连续、可积、可导等性质.

设集合 $E\subset\mathbb{C}$ 上给定函数序列 $f_n(z)(n=1,2,\cdots)$,若对于 E 上每一点 z,级数

$$\sum_{n=1}^{\infty}f_n(z) = f_1(z) + f_2(z) + \cdots + f_n(z) + \cdots \qquad (2)$$

收敛,则称级数(2)在 E 上收敛,其和函数记为 $f(z)$:

$$f(z) = \sum_{n=1}^{\infty}f_n(z), \quad z \in E.$$

我们称级数(2)在 E 上**一致收敛**到 $f(z)$,如果 $\forall\,\varepsilon>0$,∃ 正整数 N,使得当 $n\geqslant N$ 时,不等式

$$|f(z) - S_n(z)| < \varepsilon$$

在 E 上成立,其中 $S_n(z)=\sum\limits_{k=1}^{n}f_k(z)$.

所以级数(2)在 E 上一致收敛于和函数 $f(z)$,等价于函数序列 $\{S_n(z)\}$ 在 E 上一致趋于极限函数 $f(z)$.

级数(2)在 E 上一致收敛等价于 $f_n(z)$ 的实部和虚部组成的级数在 E 上一致收敛. 所以有**一致收敛原理**:

级数(2)在 E 上一致收敛的充分必要条件是: $\forall\,\varepsilon>0$,∃ 正整数 N,使得当 $n\geqslant N$,对任意正整数 $p\geqslant 1$,有

$$|f_{n+1}(z) + f_{n+2}(z) + \cdots + f_{n+p}(z)| < \varepsilon$$

在 E 上成立.

Weierstrass M-判别法 若函数序列 $\{f_n(z)\}$ 在 E 上定义,且 $|f_n(z)| \leqslant M_n (n = 1, 2, \cdots)$,正项级数 $\sum\limits_{n=1}^{\infty} M_n < +\infty$. 则级数 $\sum\limits_{n=1}^{\infty} f_n(z)$ 在 E 上一致收敛.

证明 $\forall \varepsilon > 0$,由 $\sum\limits_{n=1}^{\infty} M_n$ 收敛,$\exists N$,当 $n \geqslant N, p \geqslant 1$ 时,有

$$M_{n+1} + M_{n+2} + \cdots + M_{n+p} < \varepsilon.$$

再由定理条件得

$$|f_{n+1}(z) + f_{n+2}(z) + \cdots + f_{n+p}(z)|$$
$$\leqslant M_{n+1} + M_{n+2} + \cdots + M_{n+p} < \varepsilon$$

在 E 上成立,根据一致收敛原理,知级数(2)在 E 上一致收敛. 证毕.

定理 1 若 $f_n(z)(n = 1, 2, \cdots)$ 在集合 E 上连续,级数(2)在 E 上一致收敛到 $f(z)$,则 $f(z)$ 在 E 上连续.

证明 $\forall z_0 \in E$,因 $\sum\limits_{n=1}^{\infty} f_n(z)$ 在 E 上一致收敛到 $f(z)$,所以对 $\forall \varepsilon > 0$,$\exists N$,使得当 $n \geqslant N$ 时,

$$|f(z) - S_n(z)| < \varepsilon/4, \quad \forall z \in E.$$

又由于 $S_N(z) = \sum\limits_{k=1}^{N} f_k(z)$ 在点 z_0 连续,$\exists \delta > 0$,使得当 $z \in V(z_0; \delta) \bigcap E$ 时,

$$|S_N(z) - S_N(z_0)| < \varepsilon/2.$$

于是当 $z \in V(z_0; \delta) \bigcap E$ 时,

$$|f(z) - f(z_0)| \leqslant |f(z) - S_N(z)| + |S_N(z) - S_N(z_0)|$$
$$+ |S_N(z_0) - f(z_0)|$$
$$< \varepsilon/4 + \varepsilon/2 + \varepsilon/4 = \varepsilon.$$

这表明 $f(z)$ 在点 z_0 连续. 由于 z_0 的任意性, 所以 $f(z)$ 在 E 上连续. 证毕.

定理 2 若 $f_n(z)(n=1,2,\cdots)$ 在可求长曲线 γ 上连续, 级数 (2) 在 γ 上一致收敛到函数 $f(z)$, 则

$$\int_\gamma f(z)\mathrm{d}z = \sum_{n=1}^{\infty}\int_\gamma f_n(z)\mathrm{d}z.$$

上式表明级数可以沿 γ 逐项积分.

证明 由定理 1 知 $f(z)$ 在 γ 上连续. 因为级数 $\sum\limits_{n=1}^{\infty} f_n(z)$ 在 γ 上一致收敛到 $f(z)$, 所以 $\forall\, \varepsilon>0, \exists\, N$, 使得当 $n\geqslant N$ 时,

$$\left|\sum_{k=1}^{n} f_k(z) - f(z)\right| < \varepsilon/L,$$

在 γ 上成立, 其中 L 是 γ 的长度.

于是当 $n\geqslant N$ 时,

$$\left|\sum_{k=1}^{n}\int_\gamma f_k(z)\mathrm{d}z - \int_\gamma f(z)\mathrm{d}z\right|$$

$$= \left|\int_\gamma\left[\sum_{k=1}^{n} f_k(z) - f(z)\right]\mathrm{d}z\right| < \varepsilon,$$

即

$$\int_\gamma f(z)\mathrm{d}z = \sum_{n=1}^{\infty}\int_\gamma f_n(z)\mathrm{d}z.$$

证毕.

上面两个定理的叙述与证明与数学分析中相应定理的叙述和证明完全一样, 而逐项可微定理与数学分析中的相应定理大不相同, 本质上类似于数学分析中幂级数的逐项可微定理.

定义 1 设 $f_n(z)(n=1,2,\cdots)$ 在区域 D 内定义. 若 $\sum\limits_{n=1}^{\infty} f_n(z)$ 在 D 内的任一紧集 K 上一致收敛, 则称级数 (2) 在 D 内**内闭一致收敛**或在 D 内**局部一致收敛**.

显然, 级数 (2) 在 D 内内闭一致收敛, 则级数在 D 内每一点

（点集为紧集）收敛,但得不出在 D 内一致收敛.反之级数(2)在 D 内一致收敛,必定在 D 内内闭一致收敛.如果 D 是圆域 $|z-a|<R$,则级数在 D 内内闭一致收敛等价于对任意的 $r(0<r<R)$,级数在圆 $|z-a|\leqslant r$ 上一致收敛.

定理3(Weierstrass) 若(1)函数序列 $f_n(z)(n=1,2,\cdots)$ 在区域 D 内解析;(2)级数 $\sum\limits_{n=1}^{\infty} f_n(z)$ 在 D 内内闭一致收敛到函数 $f(z)$.则(1)函数 $f(z)$ 在 D 内解析;(2)级数 $\sum\limits_{n=1}^{\infty} f_n^{(k)}(z)$ 在 D 内内闭一致收敛到 $f^{(k)}(z)$, $k \in \mathbb{N}$.

证明 (1)由级数 $\sum\limits_{n=1}^{\infty} f_n(z)$ 在 D 内收敛,所以和函数 $f(z)$ 在 D 内定义. $\forall z_0 \in D$,由定理1知 $f(z)$ 在闭邻域 $\overline{V}(z_0;\delta) \subset D$ 上连续,特别在 z_0 点连续.由 z_0 的任意性,即得 $f(z)$ 在 D 内连续.

设 γ 为 D 内任一可求长简单闭曲线,且其所围区域属于 D.由级数在 γ 上一致收敛与定理2得

$$\int_{\gamma} f(z)\mathrm{d}z = \sum_{n=1}^{\infty} \int_{\gamma} f_n(z)\mathrm{d}z,$$

再由 Cauchy 定理和上式得出 $\int_{\gamma} f(z)\mathrm{d}z = 0$.最后根据 Morera 定理知 $f(z)$ 在 D 内解析.

(2)设 $\forall z_0 \in D$,圆周 C: $|z-z_0|=r$ 及其内部属于 D.当 $z \in V\left(z_0;\dfrac{r}{2}\right)$, $\zeta \in C$ 时.

$$\left| \frac{1}{(\zeta-z)^{k+1}} \right| \leqslant \left(\frac{2}{r} \right)^{k+1}.$$

$\forall \varepsilon > 0$,由级数 $\sum\limits_{n=1}^{\infty} f_n(\zeta)$ 在 C 上一致收敛到 $f(\zeta)$, $\exists N$,当 $n \geqslant N$, $\forall \zeta \in C$,有

$$\left| \sum_{j=1}^{n} f_j(\zeta) - f(\zeta) \right| < \frac{\varepsilon}{k!r} \left(\frac{r}{2} \right)^{k+1},$$

也就有

$$\left| \sum_{j=1}^{n} \frac{f_j(\zeta)}{(\zeta - z)^{k+1}} - \frac{f(\zeta)}{(\zeta - z)^{k+1}} \right| < \frac{\varepsilon}{k!r}.$$

于是当 $z \in V\left(z_0; \dfrac{r}{2}\right)$ 时,由 Cauchy 公式得

$$\left| \sum_{j=1}^{n} f_j^{(k)}(z) - f^{(k)}(z) \right|$$

$$= \left| \sum_{j=1}^{n} \frac{k!}{2\pi i} \int_C \frac{f_j(\zeta)}{(\zeta - z)^{k+1}} d\zeta - \frac{k!}{2\pi i} \int_C \frac{f(\zeta)}{(\zeta - z)^{k+1}} d\zeta \right|$$

$$\leqslant \frac{k!}{2\pi} \int_C \left| \sum_{j=1}^{n} \frac{f_j(\zeta)}{(\zeta - z)^{k+1}} - \frac{f(\zeta)}{(\zeta - z)^{k+1}} \right| |d\zeta| < \varepsilon.$$

上式表明 $\sum\limits_{n=1}^{\infty} f_n^{(k)}(z)$ 在 $V\left(z_0; \dfrac{r}{2}\right)$ 内一致收敛到 $f^{(k)}(z)$.

若 $K \subset D$ 为一紧集,考虑开覆盖

$$\bigcup_{z \in K} \left\{ V\left(z; \frac{\delta_z}{2}\right) : \overline{V}(z; \delta_z) \subset D \right\}.$$

由有限覆盖定理,存在有限个邻域

$$V\left(z_1; \frac{\delta_1}{2}\right), V\left(z_2; \frac{\delta_2}{2}\right), \cdots, V\left(z_p; \frac{\delta_p}{2}\right)$$

覆盖 K,在每个邻域上级数 $\sum\limits_{n=1}^{\infty} f_n^{(k)}(z)$ 一致收敛到 $f^{(k)}(z)$,所以级

数 $\sum\limits_{n=1}^{\infty} f_n^{(k)}(z)$ 在 K 上一致收敛到 $f^{(k)}(z)$,即得定理结论(2). 证毕.

定理 3 我们称为 Weierstrass 第一定理,下面的定理称为 **Weierstrass 第二定理.**

定理 4 设 D 为有界区域,其边界为 ∂D. 若 $f_n(z)(n=1,2,$ $\cdots)$ 在 D 内解析,在 $\overline{D}$ 上连续,且级数 $\sum\limits_{n=1}^{\infty} f_n(z)$ 在 ∂D 上一致收

敛,则 $\sum\limits_{n=1}^{\infty} f_n(z)$ 在 $\overline{D}$ 上一致收敛.

证明 $\forall \varepsilon > 0, \exists N$,使得当 $n \geqslant N, p \geqslant 1$ 时,

$$|f_{n+1}(z) + f_{n+2}(z) + \cdots + f_{n+p}(z)| < \varepsilon$$

在 ∂D 上成立. 由最大模原理,上述不等式在 $\overline{D}$ 上成立,再由级数的一致收敛原理知结论成立. 证毕.

1.3 级数 $\sum\limits_{n=1}^{\infty} \dfrac{a_n}{n^z}$ 的收敛性

利用上面的结果,我们研究函数项级数

$$\sum_{n=1}^{\infty} \frac{a_n}{n^z}, \quad a_n \in \mathbb{C}$$

收敛与一致收敛范围.

定理 5 设级数 $\sum\limits_{n=1}^{\infty} \dfrac{a_n}{n^z}$ 在点 $z_0 = x_0 + iy_0$ 收敛,则

(1) 它在半平面 $\mathrm{Re}\,z > x_0$ 内收敛;

(2) 它在以 z_0 为顶点,以水平射线 $[z_0, \infty)$ 为角平分线且张角 $2\theta_0 < \pi$ 的闭角域 A 上一致收敛(图 5-1).

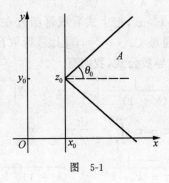

图 5-1

证明 级数的每一项为指数函数,在 $\mathbb{C}$ 上解析. 下面证明级数收敛与一致收敛性,证明的关键是估计片断

$$\left| \frac{a_{n+1}}{(n+1)^z} + \frac{a_{n+2}}{(n+2)^z} + \cdots + \frac{a_{n+p}}{(n+p)^z} \right|.$$

为此令

$$\sigma_n = 0, \quad \sigma_{n+p} = \sum_{k=n+1}^{n+p} \frac{a_k}{k^{z_0}}.$$

由级数 $\sum\limits_{n=1}^{\infty} \dfrac{a_n}{n^{z_0}}$ 的收敛性，$\forall\, \varepsilon > 0$，$\exists\, N$，当 $n \geqslant N$，$\forall\, p \geqslant 1$ 时，有

$$|\sigma_{n+p}| < \varepsilon. \tag{3}$$

又有

$$\sum_{k=n+1}^{n+p} \frac{a_k}{k^z} = \sum_{k=n+1}^{n+p} \frac{a_k}{k^{z_0}} \cdot \frac{1}{k^{z-z_0}} = \sum_{k=n+1}^{n+p} \frac{\sigma_k - \sigma_{k-1}}{k^{z-z_0}}$$

$$= \sum_{k=n+1}^{n+p} \frac{\sigma_k}{k^{z-z_0}} - \sum_{k=n}^{n+p-1} \frac{\sigma_k}{(k+1)^{z-z_0}}$$

$$= \sum_{k=n+1}^{n+p-1} \sigma_k \left\{ \frac{1}{k^{z-z_0}} - \frac{1}{(k+1)^{z-z_0}} \right\}$$

$$+ \frac{\sigma_{n+p}}{(n+p)^{z-z_0}}. \tag{4}$$

为了估计

$$\frac{1}{k^{z-z_0}} - \frac{1}{(k+1)^{z-z_0}},$$

我们固定 z，$\mathrm{Re}\, z = x > x_0$，把上式看成幂函数在两点值之差．注意到幂函数在单连通域 $\mathbb{C} \setminus (-\infty, 0]$ 上总可取出单值分支（取主值），再由幂函数的导数公式，我们有

$$\left| \frac{1}{k^{z-z_0}} - \frac{1}{(k+1)^{z-z_0}} \right| = \left| (z - z_0) \int_k^{k+1} \frac{\mathrm{d}t}{t^{z-z_0+1}} \right|$$

$$\leqslant |z - z_0| \int_k^{k+1} \frac{\mathrm{d}t}{t^{x-x_0+1}}$$

$$= \frac{|z - z_0|}{x - x_0} \left\{ \frac{1}{k^{x-x_0}} - \frac{1}{(k+1)^{x-x_0}} \right\}.$$

于是由(3)，(4)和上式得

$$\left| \sum_{k=n+1}^{n+p} \frac{a_k}{k^z} \right| \leqslant \frac{\varepsilon |z - z_0|}{x - x_0} \frac{1}{(n+1)^{x-x_0}} + \frac{\varepsilon}{(n+p)^{x-x_0}}$$

$$\leqslant \varepsilon \left(\frac{|z - z_0|}{x - x_0} + 1 \right).$$

由此可见，当 $\mathrm{Re}\, z > x_0$ 时，级数 $\sum\limits_{n=1}^{\infty} \dfrac{a_n}{n^z}$ 收敛．当 $z \in A$ 时，

$$\frac{|z - z_0|}{x - x_0} \leqslant \frac{1}{\cos\theta_0} < +\infty,$$

故级数 $\sum\limits_{n=1}^{\infty} \dfrac{a_n}{n^z}$ 在闭角域 A 上一致收敛. 证毕.

定理 6 任一形如 $\sum\limits_{n=1}^{\infty} \dfrac{a_n}{n^z}$ 的函数级数都有一收敛直线 $\mathrm{Re}z = c$, 满足:

(1) 级数在直线的右半平面内收敛, 在直线的左半平面内发散;

(2) 若在直线上一点 z_0 收敛, 则在闭角域 A(见上一定理)上级数一致收敛;

(3) 级数在收敛直线的右半平面内内闭一致收敛.

证明 (1) 若级数处处发散, 则收敛直线为 $\mathrm{Re}z = +\infty$; 若级数处处收敛, 则收敛直线为 $\mathrm{Re}z = -\infty$; 若 $\exists z_1 \in \mathbb{C}$ 使级数收敛, $\exists z_1' \in \mathbb{C}$ 使级数发散, 如果 $\mathrm{Re}z_1 = \mathrm{Re}z_1'$, 取 $c = \mathrm{Re}z_1$; 如果 $\mathrm{Re}z_1 \neq \mathrm{Re}z_1'$, 无妨设 z_1, z_1' 为实数, 则由定理 5 知 $z_1' < z_1$, 且级数在直线 $\mathrm{Re}z = z_1$ 的右半平面内收敛, 在直线 $\mathrm{Re}z = z_1'$ 的左半平面内发散, 因为如果其上有一点收敛, 根据定理 5 级数就要在 z_1' 收敛, 这与假设矛盾. 然后将区间 $[z_1', z_1]$ 二等分, 分点记为 c_1, 若级数在 c_1 收敛, 则记 $b_1 = c_1$, $a_1 = z_1'$, 否则记 $a_1 = c_1$, $b_1 = z_1$. 依此下去可得一区间套 $[a_n, b_n]$ $(n = 1, 2, \cdots)$, 级数在 a_n 发散, 在 b_n 收敛. 由区间套定理存在实数 c, 满足 $\lim\limits_{n \to \infty} a_n = c = \lim\limits_{n \to \infty} b_n$. 显然直线 $\mathrm{Re}z = c$ 即符合定理的要求.

(2) 即为定理 5 中的(2).

(3) 在收敛半平面上给定紧集 K, 由于 K 与收敛直线 $\mathrm{Re}z = c$ 的距离大于零, 所以总可求得点 z_0 ($\mathrm{Re}z_0 > c$) 及角 A, 使得闭角域 $A \supset K$. 由定理 5 级数在 A 上, 因此在 K 上一致收敛. 证毕.

例如级数 $\sum\limits_{n=1}^{\infty} \dfrac{1}{n^z}$, 当 $z = 1$ 时发散, $z = x > 1$ 时收敛, 所以收敛

直线为 $\mathrm{Re}z=1$. 由定理 6,级数在半平面 $\mathrm{Re}z>1$ 内内闭一致收敛,故和函数 $\zeta(z)=\sum\limits_{n=1}^{\infty}\dfrac{1}{n^z}$ 在半平面 $\mathrm{Re}z>1$ 内解析. 函数 $\zeta(z)$ 称为 **Riemann zeta 函数**,它在解析数论中有重要应用. 函数 $\zeta(z)$ 可以解析开拓到 $\mathbb{C}\setminus\{1\}$,开拓后的函数在 $z=-2m\,(m=1,2,\cdots)$ 有明显零点,**Riemann 猜测**其余所有零点都分布在直线 $\mathrm{Re}z=\dfrac{1}{2}$ 上,这就是数学史上著名的 Riemann 猜测,这一猜测至今仍未得到证明.

§2　幂级数与 Taylor 展式

2.1　幂级数

这节研究一类重要的函数项级数,即形如

$$\sum_{n=0}^{\infty}c_n(z'-a)^n=c_0+c_1(z'-a)$$
$$+\cdots+c_n(z'-a)^n+\cdots$$

的级数,通常称为幂级数,其中 c_n 是复数,称为幂级数的系数,a 也是复常数. 借助 $z=z'-a$ 的变换,使我们可以讨论形式更简单的幂级数

$$\sum_{n=0}^{\infty}c_nz^n=c_0+c_1z+\cdots+c_nz^n+\cdots. \tag{5}$$

定理 7(**Abel 第一定理**)　若幂级数(5)在点 $z_0\neq0$ 处收敛,则(5)在圆 $|z|<|z_0|$ 内绝对收敛,并且在任意闭圆 $|z|\leqslant k|z_0|$ $(0<k<1)$ 上一致收敛.

证明　因级数 $\sum\limits_{n=0}^{\infty}c_nz_0^n$ 收敛,所以一般项趋于零,于是存在常数 M,使得对一切 n,都有 $|c_nz_0^n|\leqslant M$. 则当 $|z|<|z_0|$ 时,

$$|c_nz^n|=\left|c_nz_0^n\left(\frac{z}{z_0}\right)^n\right|\leqslant M\left|\frac{z}{z_0}\right|^n.$$

由于 $\left|\dfrac{z}{z_0}\right| < 1$，级数 $\displaystyle\sum_{n=0}^{\infty}\left|\dfrac{z}{z_0}\right|^n$ 收敛，所以级数(5)在圆 $|z| < |z_0|$ 内绝对收敛.

又若 $|z| \leqslant k|z_0|\,(0 < k < 1)$，则
$$|c_n z^n| \leqslant Mk^n,$$
而 $\displaystyle\sum_{n=0}^{\infty} k^n$ 收敛，由 M-判别法知级数(5)在 $|z| \leqslant k|z_0|$ 上一致收敛. 证毕.

推论 1 任一幂级数(5)都有一个收敛半径 R 和一个收敛圆 $|z| < R$，在收敛圆内级数(5)绝对收敛和内闭一致收敛，在收敛圆外级数(5)发散.

证明 若级数(5)处处收敛，则取 $R = +\infty$；若级数(5)处处发散，则取 $R = 0$；若有一点 $z_1 \neq 0$ 使级数(5)收敛，和一点 z_1' 使其发散，如果 $|z_1| = |z_1'|$，则取 $R = |z_1|$；如果 $|z_1| \neq |z_1'|$，无妨设 z_1, z_1' 为正实数，则由定理 7 知 $z_1 < z_1'$，且级数(5)在圆 $|z| < z_1$ 内收敛，在 $|z| > z_1'$ 上发散，因为如果在其上有一点收敛，根据定理 7 得级数在 z_1' 收敛，这与假设矛盾. 然后将区间 $[z_1, z_1']$ 二等分，分点记为 c_1，若级数在 c_1 收敛，记 $a_1 = c_1, b_1 = z_1'$，否则记 $b_1 = c_1, a_1 = z_1$. 依此下去可得一区间套 $[a_n, b_n]\,(n = 1, 2, \cdots)$，级数在 a_n 收敛，在 b_n 发散. 由区间套定理，存在实数 R 满足 $\lim\limits_{n \to \infty} a_n = R = \lim\limits_{n \to \infty} b_n$. 这个 R 即符合推论的要求. 证毕.

推论 2 幂级数(5)的收敛半径为
$$R = 1/L,$$
其中
$$L = \varlimsup_{n \to \infty} \sqrt[n]{|c_n|}.$$

证明 考虑实幂级数 $\displaystyle\sum_{n=0}^{\infty} |c_n| x^n$，数学分析中已证明实幂级数有收敛半径 $R_1 = 1/L, L = \varlimsup\limits_{n \to \infty} \sqrt[n]{|c_n|}$. 所以只要证明级数

$\sum_{n=0}^{\infty}|c_n|x^n$ 与 $\sum_{n=0}^{\infty}c_n z^n$ 有相同的收敛半径.

当 $0<r<R_1$ 时, 级数 $\sum_{n=0}^{\infty}|c_n|r^n$ 收敛, 也就有 $\sum_{n=0}^{\infty}c_n r^n$ 收敛, 所以 $r\leqslant R$. 令 $r\to R_1$, 即得 $R_1\leqslant R$. 反之, 当 $0<r<R$ 时, 由推论 1 知级数 $\sum_{n=0}^{\infty}|c_n|r^n$ 收敛, 所以 $r\leqslant R_1$, 令 $r\to R$, 即得 $R\leqslant R_1$. 故 $R=R_1$. 证毕.

推论 3 幂级数 $\sum_{n=0}^{\infty}c_n(z-a)^n$ 的和函数 $f(z)$ 在收敛圆 $|z-a|<R$ 内是解析的, 且

$$f^{(k)}(z) = \sum_{n=k}^{\infty}\frac{n!}{(n-k)!}c_n(z-a)^{n-k} \quad (|z-a|<R) \quad (6)$$

和

$$c_n = \frac{f^{(n)}(a)}{n!}, \quad n\in\mathbb{N}. \tag{7}$$

证明 由推论 1 得幂级数在收敛圆内内闭一致收敛, 再由定理 3 知和函数 $f(z)$ 在 $|z-a|<R$ 内解析且可逐项求各阶导数, 所以 (6) 式成立. (6) 中令 $z=a$, 即得 (7) 式. 证毕.

在圆 $|z-a|<R$ 上给定解析函数 $f(z)$, 我们称由 (7) 式确定的 c_n 为 $f(z)$ 的 Taylor 系数, 级数 $\sum_{n=0}^{\infty}c_n(z-a)^n$ 为函数 $f(z)$ 的 **Taylor 级数**. 推论 3 说明幂级数一定是其和函数的 Taylor 级数.

若幂级数 $\sum_{n=0}^{\infty}c_n(z-a)^n$ 在收敛圆周 $|z-a|=R$ 上一点 z_0 收敛到 s, 那么和函数 $f(z)$ 与 s 有何关系呢? 不失一般性, 无妨设 $a=0$, 收敛半径 $R=1$, 级数在 $z=1$ 收敛, 否则作 $\zeta=\dfrac{z-a}{z_0-a}$ 变换, 即可化为所述情形. 下面的定理回答了上面所提出的问题.

定理 8 (Abel 第二定理) 若幂级数

$$f(z) = \sum_{n=0}^{\infty}c_n z^n$$

的收敛半径 $R=1$，且在点 $z=1$ 收敛到 s. 则

(1) 级数在以 $z=1$ 为顶点，以 $[0,1]$ 为角平分线，开度为 $2\theta_0 < \pi$ 的四边形角域 A(图 5-2)上一致收敛；

(2) $\lim\limits_{A \ni z \to 1} f(z) = s$.

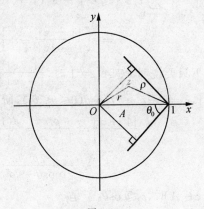

图 5-2

证明 设 A 是图 5-2 所示的四边形角域，要证级数在 A 上一致收敛，只要说明级数的片断

$$|c_{n+1}z^{n+1} + c_{n+2}z^{n+2}$$

$$+ \cdots + c_{n+p}z^{n+p}|$$

在 A 上可任意小. 为此令

$$\sigma_n = 0, \quad \sigma_{n+p} = \sum_{k=n+1}^{n+p} c_k.$$

$\forall \varepsilon > 0$，由级数 $\sum\limits_{n=0}^{\infty} c_n$ 的收敛性，$\exists N$，当 $n \geq N$，$\forall p \geq 1$ 时，有

$$|\sigma_{n+p}| < \varepsilon. \tag{8}$$

又有

$$\sum_{k=n+1}^{n+p} c_k z^k = \sum_{k=n+1}^{n+p} (\sigma_k - \sigma_{k-1}) z^k$$

$$= \sum_{k=n+1}^{n+p} \sigma_k z^k - \sum_{k=n}^{n+p-1} \sigma_k z^{k+1}$$

$$= \sum_{k=n+1}^{n+p-1} \sigma_k (z^k - z^{k+1}) + \sigma_{n+p} z^{n+p}$$

$$= z^{n+1}(1-z) \sum_{k=n+1}^{n+p} \sigma_k z^{k-n-1} + \sigma_{n+p} z^{n+p}.$$

由(8)式与上式得

$$\Big| \sum_{k=n+1}^{n+p} c_k z^k \Big| \leqslant \varepsilon |1-z|(1+|z|+|z|^2+\cdots)+\varepsilon$$

$$= \varepsilon \Big[\frac{|1-z|}{1-|z|}+1 \Big]. \tag{9}$$

余下只要说明 $z \in A, z \neq 1$ 时,$\frac{|1-z|}{1-|z|}$ 有界. 为此设 $\rho=|1-z|, r=|z|, r^2=1+\rho^2-2\rho\cos\theta (0 \leqslant \theta \leqslant \theta_0)$,所以

$$\frac{|1-z|}{1-|z|}=\frac{\rho}{1-r}=\frac{\rho(1+r)}{1-r^2}$$

$$\leqslant \frac{2\rho}{2\rho\cos\theta-\rho^2}=\frac{2}{2\cos\theta-\rho}.$$

当 $z \in A$ 时,$\rho \leqslant \cos\theta$,于是

$$\frac{|1-z|}{1-|z|} \leqslant \frac{2}{\cos\theta} \leqslant \frac{2}{\cos\theta_0}.$$

这样由(9)式,当 $n \geqslant N, \forall \ p \geqslant 1$,

$$\Big| \sum_{k=n+1}^{n+p} c_k z^k \Big| \leqslant \varepsilon \Big[\frac{2}{\cos\theta_0}+1 \Big]$$

在 A 上成立,表明级数在 A 上一致收敛,结论(1)得证. 根据定理 1,级数的和函数在 A 上连续,因此(2)成立. 证毕.

例 1 求级数 $\sum_{n=1}^{\infty} \dfrac{z^n}{n}$ 的和.

解 由 $L=\varlimsup_{n \to \infty} \sqrt[n]{|c_n|}=\varlimsup_{n \to \infty} \sqrt[n]{\dfrac{1}{n}}=1$,所以收敛半径

$$R=\frac{1}{L}=1.$$

记 $|z|<1$ 内的和为 $f(z)=\sum_{n=1}^{\infty} \dfrac{z^n}{n}$,应用推论 3 得

$$f'(z)=\sum_{n=1}^{\infty} z^{n-1}=\frac{1}{1-z} \quad (|z|<1).$$

因 $f(0)=0$,所以当 $|z|<1$ 时,

$$f(z)=\int_0^z f'(\zeta)\mathrm{d}\zeta=\int_0^z \frac{\mathrm{d}\zeta}{1-\zeta}$$

$$= - \log(1 - \zeta)\big|_0^z = - \log(1 - z).$$

上式第三个等式是由于函数 $1-\zeta$ 在 $|\zeta|<1$ 内不为零,由上一章定理 11,$\mathrm{Log}(1-\zeta)$ 可取出单值分支,就取 $\zeta=0$ 时,函数值为零的那个分支,记做 $\log(1-\zeta)$。又函数 $-\log(1-\zeta)$ 的导数为 $\dfrac{1}{1-\zeta}$,和上一章定理 10 的公式(15),知第三个等式成立。这样我们得到

$$- \log(1 - z) = \sum_{n=1}^{\infty} \frac{z^n}{n} \quad (|z| < 1).$$

根据所取分支有

$$- \frac{\pi}{2} < \arg(1 - z) < \frac{\pi}{2}.$$

对于收敛圆周上点 $z = \mathrm{e}^{\mathrm{i}\theta}(0 < \theta < 2\pi)$,级数

$$\sum_{n=1}^{\infty} \frac{z^n}{n} = \sum_{n=1}^{\infty} \frac{\cos n\theta}{n} + \mathrm{i} \sum_{n=1}^{\infty} \frac{\sin n\theta}{n}$$

收敛。由定理 8 得

$$\sum_{n=1}^{\infty} \frac{\cos n\theta}{n} + \mathrm{i} \sum_{n=1}^{\infty} \frac{\sin n\theta}{n} = - \log(1 - \mathrm{e}^{\mathrm{i}\theta}) \quad (0 < \theta < 2\pi).$$

$$(10)$$

从图 5-3 看出

$$1 - \mathrm{e}^{\mathrm{i}\theta} = 2\sin \frac{\theta}{2} \mathrm{e}^{-\mathrm{i}\left(\frac{\pi}{2} - \frac{\theta}{2}\right)}.$$

所以

$$\log(1 - \mathrm{e}^{\mathrm{i}\theta}) = \log\left(2\sin \frac{\theta}{2}\right) - \mathrm{i}\left(\frac{\pi - \theta}{2}\right),$$

把上式代入(10)式,并对等式取实部和虚部得

$$\sum_{n=1}^{\infty} \frac{\cos n\theta}{n} = - \log\left(2\sin \frac{\theta}{2}\right),$$

$$\sum_{n=1}^{\infty} \frac{\sin n\theta}{n} = \frac{\pi - \theta}{2} \quad (0 < \theta < 2\pi).$$

这里我们用复分析的方法求出了两个实函数的 Fourier 展式。

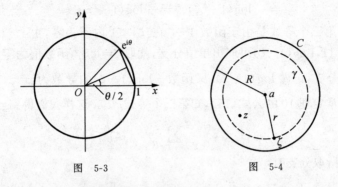

图 5-3   图 5-4

2.2 解析函数的 Taylor 展式

上面我们证明了一个收敛半径为正的幂级数,其和函数在收敛圆内是解析的,下面证明其逆亦真.

定理 9 若函数 $f(z)$ 在圆 C:$|z-a| < R$ 内解析,则 $f(z)$ 在 C 内可以展为幂级数

$$f(z) = \sum_{n=0}^{\infty} c_n (z-a)^n, \quad c_n = \frac{f^{(n)}(a)}{n!}. \tag{11}$$

这个幂级数称为 $f(z)$ 在 $z=a$ 点的 Taylor 级数.

证明 设 z 是圆 C 内任意一点,作圆周 γ:$|\zeta-a| = r < R$,使 z 位于 γ 的内部(图 5-4),由 Cauchy 公式得

$$f(z) = \frac{1}{2\pi i} \int_{\gamma} \frac{f(\zeta)}{\zeta - z} d\zeta.$$

为了得到 $f(z)$ 的幂级数展式,关键在于将 Cauchy 积分核 $\dfrac{1}{\zeta-z}$ 展为 z 的幂级数. 当 $\zeta \in \gamma$ 时,$\left| \dfrac{z-a}{\zeta-a} \right| < 1$,于是有

$$\frac{1}{\zeta - z} = \frac{1}{(\zeta - a) - (z - a)} = \frac{1}{\zeta - a} \cdot \frac{1}{1 - \dfrac{z-a}{\zeta-a}}$$

$$= \frac{1}{\zeta - a} \cdot \sum_{n=0}^{\infty} \left(\frac{z-a}{\zeta-a} \right)^n = \sum_{n=0}^{\infty} \frac{(z-a)^n}{(\zeta-a)^{n+1}}.$$

当 z 固定,上述级数关于 $\zeta \in \gamma$ 是一致收敛的. 由定理 2 得

$$f(z) = \frac{1}{2\pi i}\int_\gamma \frac{f(\zeta)}{\zeta - z}\mathrm{d}\zeta$$

$$= \sum_{n=0}^\infty \frac{1}{2\pi i}\int_\gamma \frac{f(\zeta)}{(\zeta - a)^{n+1}}\mathrm{d}\zeta \cdot (z - a)^n,$$

即得

$$f(z) = \sum_{n=0}^\infty c_n(z - a)^n,$$

其中

$$c_n = \frac{1}{2\pi i}\int_\gamma \frac{f(\zeta)}{(\zeta - a)^{n+1}}\mathrm{d}\zeta = \frac{f^{(n)}(a)}{n!}.$$

又由于 z 是 C 内任意一点,所以(11)式在圆 $|z-a|<R$ 内成立. 证毕.

容易说明 $f(z)$ 在圆 $|z-a|<R$ 内的幂级数展式是唯一的. 事实上设 $f(z)$ 还有另一幂级数展式 $\sum_{n=0}^\infty c_n'(z-a)^n$,由推论 3 得 $c_n' = f^{(n)}(a)/n! = c_n$,故展式唯一.

如果我们定义 $f(z)$ 在 $z=a$ 点全纯,意指 $f(z)$ 在 a 点某一邻域内处处可导. $f(z)$ 在 $z=a$ 点解析,定义为 $f(z)$ 在 a 点某一邻域内可展为幂级数. 则由上面的讨论可知函数在一点全纯与解析是等价的.

有了定理 9,求解析函数的幂级数展式变成非常容易之事.

例 2 求 $f(z)=\mathrm{e}^z$ 在 $\mathbb{C}$ 上的 Taylor 展式.

解 因 $f(z)$ 在 $\mathbb{C}$ 上解析,$f^{(n)}(z)=\mathrm{e}^z (n=0,1,2,\cdots)$,$c_n = f^{(n)}(0)/n! = 1/n!$,所以

$$\mathrm{e}^z = \sum_{n=0}^\infty \frac{z^n}{n!}, \quad z \in \mathbb{C}.$$

顺便得出

$$\cos z = \frac{1}{2}(\mathrm{e}^{iz} + \mathrm{e}^{-iz}) = \sum_{n=0}^\infty \frac{(-1)^n}{(2n)!}z^{2n}, \quad z \in \mathbb{C}.$$

$$\sin z = \frac{1}{2i}(e^{iz} - e^{-iz}) = \sum_{n=0}^{\infty} \frac{(-1)^n}{(2n+1)!} z^{2n+1}, \quad z \in \mathbb{C}.$$

例 3　求 $f(z) = \log(1+z)$ 在 $|z| < 1$ 内的 Taylor 展式.

解　$\log(1+z)$ 表示 $\mathrm{Log}(1+z)$ 当 $z=0$ 时取值为零的那个单值分支. 上面已求出

$$-\log(1-z) = \sum_{n=1}^{\infty} \frac{z^n}{n}, \quad |z| < 1,$$

所以

$$\log(1+z) = \sum_{n=1}^{\infty} \frac{(-1)^{n-1}}{n} z^n, \quad |z| < 1.$$

例 4　求 $f(z) = (1+z)^{\alpha}(\alpha \in \mathbb{C})$ 在 $|z| < 1$ 内的 Taylor 展式.

解　$(1+z)^{\alpha}$ 在 $|z| < 1$ 内可取出单值分支, 这里我们取 $z=0$ 时, $f(0)=1$ 的那个单值分支. 由

$$f^{(n)}(z) = \alpha(\alpha - 1)\cdots(\alpha - n + 1)(1+z)^{\alpha-n} \quad (n = 1, 2, \cdots)$$

和单值分支的取法可得

$$\frac{f^{(n)}(0)}{n!} = \frac{\alpha(\alpha-1)\cdots(\alpha-n+1)}{n!} = C_{\alpha}^{n}(\text{组合数}).$$

所以

$$(1+z)^{\alpha} = 1 + \sum_{n=1}^{\infty} C_{\alpha}^{n} z^n, \quad |z| < 1.$$

2.3　零点的孤立性与唯一性

利用函数的 Taylor 展式, 我们来讨论零点情形. 设 $f(z)$ 在区域 D 内解析, 且不恒为零, 若 $z_0 \in D$ 使 $f(z_0)=0$, 则称 z_0 是 $f(z)$ 的一个**零点**. 若

$$f(z_0) = f'(z_0) = \cdots = f^{(m-1)}(z_0) = 0, \quad f^{(m)}(z_0) \neq 0,$$

则称 z_0 是 $f(z)$ 的 **m 级零点**, 特别当 $m=1$ 时, 称 z_0 是 $f(z)$ 的**简单零点**.

引理　设 $f(z)$ 在区域 D 内解析, 则 $z_0 \in D$ 是函数 m 级零点的充要条件是存在邻域 $V(z_0; \delta) \subset D$, 且在该邻域内

$$f(z) = (z - z_0)^m \varphi(z),$$

其中 $\varphi(z)$ 在 $V(z_0;\delta)$ 内解析,且不为零.

证明 设 $V(z_0;r) \subset D$,由函数的 Taylor 展式,得

$$f(z) = \frac{f^{(m)}(z_0)}{m!}(z - z_0)^m + \frac{f^{(m+1)}(z_0)}{(m+1)!}(z - z_0)^{m+1} + \cdots$$

$$= (z - z_0)^m \varphi(z),$$

其中

$$\varphi(z) = \frac{f^{(m)}(z_0)}{m!} + \frac{f^{(m+1)}(z_0)}{(m+1)!}(z - z_0) + \cdots,$$

它是一个在 $V(z_0;r)$ 内收敛的幂级数,所以 $\varphi(z)$ 在 $V(z_0;r)$ 内解析,且 $\varphi(z_0) \neq 0$. 再由 $\varphi(z)$ 的连续性,存在 $V(z_0;\delta)(\delta \leqslant r)$,使得 $\varphi(z)$ 在邻域 $V(z_0;\delta)$ 内不为零. 必要性得证. 充分性显然. 证毕.

若 z_0 是 $f(z)$ 的零点,存在空心邻域 $V^*(z_0;\delta)$,使 $f(z)$ 在 $V^*(z_0;\delta)$ 内不为零,则称**零点 z_0 是孤立的**. 由引理知 $f(z)$ 的 m 级零点 z_0 是孤立的. 反之,若 z_0 是 $f(z)$ 的孤立零点,由 Taylor 展式

$$f(z) = c_0 + c_1(z - z_0) + c_2(z - z_0)^2 + \cdots, \quad z \in V(z_0;r),$$

总存在不为零的 Taylor 系数,设不为零的 Taylor 系数中指标最小的为 $c_m = \dfrac{f^{(m)}(z_0)}{m!} \neq 0 (m \geqslant 1)$,则 z_0 是 $f(z)$ 的 m 级零点.

定理 10 若函数 $f(z)$ 在区域 D 内解析,且不恒为零,则 $f(z)$ 在 D 内的零点是孤立的.

证明 考虑集合

$G_1 = \{z \in D : \exists V(z;\delta), f(z)$ 在 $V(z;\delta)$ 内恒为零$\}$,

$G_2 = \{z \in D : \exists V(z;\delta), f(z)$ 在 $V^*(z;\delta)$ 内不为零$\}$.

显然 G_1, G_2 为开集,$D = G_1 \bigcup G_2$,这是因为 $z \in D$ 点的所有 Taylor 系数若皆为零,则 $z \in G_1$,否则 $z \in G_2$. 由 D 的连通性,G_1, G_2 中必有一为空集,若 $G_2 = \varnothing$,则 $D = G_1$,这与函数不恒为零相矛盾,因此 $G_1 = \varnothing, G_2 = D$,即 $f(z)$ 的零点是孤立的. 证毕.

定理说明区域 D 内不恒为零的解析函数,如果在 D 内有无穷

多个零点,则零点的极限点一定属于边界 ∂D. 如函数 $\sin \dfrac{1}{1-z}$ 在 $|z|<1$ 内解析,$z_k=1-\dfrac{1}{k\pi}(k=1,2,\cdots)$ 为函数的零点,它的极限点 $z=1$ 为区域的边界点. 由定理也可得出下面结论:设 γ 是 D 内简单闭曲线,且 γ 所围区域 $\Omega \subset D$. 则函数在 Ω 上只能有有限个零点,不然的话,零点序列在 $\overline{\Omega}$ 上就有极限点 z_0,而且 z_0 也是函数的零点,z_0 不是函数的孤立零点,这与零点的孤立性矛盾.

由零点孤立性容易得到下面重要的**唯一性定理**.

定理 11 若函数 $f_1(z),f_2(z)$ 在区域 D 内解析,点集 $E \subset D$ 有一个属于 D 的极限点 z_0. 若 $f_1(z)=f_2(z)$ 在集 E 上成立,则 $f_1(z)=f_2(z)$ 在 D 内成立.

证明 令 $f(z)=f_1(z)-f_2(z)$,$f(z)$ 在 D 内解析,函数 $f(z)$ 在集合 E 上取零值,由连续性得 $f(z_0)=0$. 若 $f(z)$ 在 D 内不恒为零,根据定理 10,$\exists\, V(z_0;\delta)$,使得 $f(z)$ 在 $V^*(z_0;\delta)$ 内无零点,即有

$$V^*(z_0;\delta) \bigcap E = \varnothing.$$

这与 z_0 是 E 的极限点定义矛盾. 所以 $f(z)$ 在 D 内恒为零,即 $f_1(z) \equiv f_2(z)$ 在 D 内成立. 证毕.

这定理说明一个区域上的解析函数,若能解析开拓到更大区域上的解析函数,则开拓一定唯一. 事实上,如果解析开拓到更大的区域上得出两个解析函数,则由于这两个解析函数在原区域上相等,由唯一性定理在大区域上应恒等.

§3 Laurent 级数与 Laurent 展式

3.1 Laurent 级数

我们称级数

$$\sum_{n=-\infty}^{\infty} c_n(z-a)^n \tag{12}$$

为 **Laurent 级数**,其中 c_n 是复常数,称为(12)的系数,a 也是复常数. 当 $c_{-n}=0(n \geqslant 1)$ 时,(12)即为幂级数.

我们称级数(12)在 $z=z_0$ 收敛,如果级数

$$\sum_{n=0}^{\infty} c_n(z-a)^n \qquad (13)$$

和

$$\sum_{n=1}^{\infty} c_{-n}(z-a)^{-n} \qquad (14)$$

在 z_0 点收敛,只要有一个级数发散,就称级数(12)在 z_0 点发散,所以求级数(12)的收敛域,只要求级数(13)和(14)收敛域的公共部分即成. 级数(13)为幂级数,设其收敛半径为 R,则级数(13)在 $|z|<R$ 内绝对收敛,且内闭一致收敛.

对级数(14),我们作变换 $\zeta=\dfrac{1}{z-a}$,则级数变为幂级数

$$\sum_{n=1}^{\infty} c_{-n}\zeta^n. \qquad (15)$$

设其收敛半径为 λ,若 $\lambda>0(\lambda=0$ 时,级数(14)处处发散),则级数(15)在 $|\zeta|<\lambda$ 内绝对收敛和内闭一致收敛. 回到原变量 z,得级数(14)在 $|z-a|>\dfrac{1}{\lambda}=r$ 内绝对收敛和内闭一致收敛(例如在包含 ∞ 的闭域 $|z-a| \geqslant r+1$ 上一致收敛).

所以,对于级数(12),只有以下两种情况:

(1) $r \geqslant R$,这时级数要么处处发散($r>R$),要么除 $|z|=R(r=R)$ 外处处发散,总之在 $\mathbb{C}$ 上不存在级数(12)的收敛域;

(2) $r<R$,这时级数(12)在圆环 $r<|z-a|<R$ 内绝对收敛和内闭一致收敛. 该圆环称为级数(12)的收敛圆环,这里 r 可以为零,R 可以为 $+\infty$. 级数(12)的和函数 $f(z)$ 在圆环内解析. 令

$$\varphi(z)=\sum_{n=0}^{\infty} c_n(z-a)^n, \quad \psi(z)=\sum_{n=1}^{\infty} c_{-n}(z-a)^{-n}.$$

那么函数 $\varphi(z)$ 在圆 $|z-a|<R$ 内解析,$\psi(z)$ 在圆环 $|z-a|>r$ 内解析(指在 $+\infty>|z-a|>r$ 内解析),且

$$\lim_{z \to \infty} \psi(z) = \psi(\infty)$$

存在). 在 $r < |z-a| < R$ 内

$$f(z) = \varphi(z) + \psi(z).$$

综上所述, 我们有下面定理.

定理 12　Laurent 级数

$$\sum_{n=-\infty}^{\infty} c_n (z-a)^n$$

若有收敛域, 则其收敛域为圆环 $D: r < |z-a| < R$. 级数在 D 内绝对收敛和内闭一致收敛, 和函数 $f(z)$ 在 D 内解析, 且可分解成

$$f(z) = \varphi(z) + \psi(z),$$

$\varphi(z)$ 在圆 $|z-a| < R$ 内解析, $\psi(z)$ 在 $|z-a| > r$ 内解析.

3.2　Laurent 展式

下面定理是上一定理的逆定理.

定理 13　若函数 $f(z)$ 在圆环 $D: r < |z-a| < R (0 \leqslant r < R \leqslant +\infty)$ 内解析, 则

$$f(z) = \sum_{n=-\infty}^{\infty} c_n (z-a)^n, \tag{16}$$

其中

$$c_n = \frac{1}{2\pi i} \int_{|\zeta-a|=\rho} \frac{f(\zeta)}{(\zeta-a)^{n+1}} d\zeta \quad (r < \rho < R). \tag{17}$$

并且展式 (16) 是唯一的, 我们称它为 $f(z)$ 在 D 内的 **Laurent 展式**.

　　证明　首先我们说明 (17) 式中的积分与 ρ 的选取无关. 事实上, 若 $r < \rho_1 < \rho_2 < R$, 由于函数 $f(z)/(z-a)^{n+1}$ 在 D 内解析, 根据第四章定理 3 可得

$$\int_{|z-a|=\rho_1} \frac{f(z)}{(z-a)^{n+1}} dz = \int_{|z-a|=\rho_2} \frac{f(z)}{(z-a)^{n+1}} dz, \tag{18}$$

即可看出 (17) 式中积分与 ρ 无关.

　　要证 (16) 式在 D 内成立, 只要证它在 D 内任意一点 z 成立.

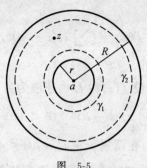

图 5-5

设 $\forall z \in D$，然后固定 z，在 D 内取两个圆周 γ_1：$|\zeta - a| = \rho_1$ 和 γ_2：$|\zeta - a| = \rho_2 (\rho_1 < \rho_2)$，使得 z 在圆环 $\rho_1 < |z - a| < \rho_2$ 内（图 5-6）. 由第四章定理 5 得

$$f(z) = \frac{1}{2\pi i} \int_{\gamma_2} \frac{f(\zeta)}{\zeta - z} d\zeta - \frac{1}{2\pi i} \int_{\gamma_1} \frac{f(\zeta)}{\zeta - z} d\zeta. \tag{19}$$

当 $\zeta \in \gamma_1$ 时，因为 $\left| \dfrac{\zeta - a}{z - a} \right| = \dfrac{\rho_1}{|z - a|} < 1$，所以

$$\frac{1}{\zeta - z} = \frac{-1}{(z - a)\left(1 - \dfrac{\zeta - a}{z - a}\right)} = -\sum_{n=1}^{\infty} \frac{(\zeta - a)^{n-1}}{(z - a)^n}, \tag{20}$$

且级数关于 ζ 在 γ_1 上一致收敛.

同理当 $\zeta \in \gamma_2$ 时，因为 $\left| \dfrac{z - a}{\zeta - a} \right| = \dfrac{|z - a|}{\rho_2} < 1$，所以

$$\frac{1}{\zeta - z} = \frac{1}{(\zeta - a)\left(1 - \dfrac{z - a}{\zeta - a}\right)} = \sum_{n=0}^{\infty} \frac{(z - a)^n}{(\zeta - a)^{n+1}}, \tag{21}$$

且级数关于 ζ 在 γ_2 上一致收敛.

将(20)，(21)式代入(19)式，根据定理 2 得到

$$f(z) = \sum_{n=0}^{\infty} \frac{1}{2\pi i} \int_{\gamma_2} \frac{f(\zeta)}{(\zeta - a)^{n+1}} d\zeta \cdot (z - a)^n$$

$$+ \sum_{n=1}^{\infty} \frac{1}{2\pi i} \int_{\gamma_1} \frac{f(\zeta)}{(\zeta - a)^{-n+1}} d\zeta \cdot (z - a)^{-n},$$

再由(18)式,就有

$$f(z) = \sum_{n=-\infty}^{\infty} c_n (z-a)^n,$$

其中 c_n 由(17)式给出.

现在证唯一性. 设 $f(z)$ 在 D 内还展为另一 Laurent 级数

$$f(z) = \sum_{n=-\infty}^{\infty} c'_n (z-a)^n \quad (r < |z-a| < R). \tag{22}$$

由定理 12,级数(22)在圆周 $|z-a|=\rho (r<\rho<R)$ 上一致收敛到 $f(z)$,用 $\dfrac{1}{(z-a)^{m+1}}$ 乘(22)式的两端,所得级数仍在 $|z-a|=\rho$ 上一致收敛,故可逐项积分,从而得到

$$\int_{|z-a|=\rho} \frac{f(z)}{(z-a)^{m+1}} \mathrm{d}z = \sum_{n=-\infty}^{\infty} c'_n \int_{|z-a|=\rho} (z-a)^{n-m-1} \mathrm{d}z$$

$$= 2\pi \mathrm{i} c'_m,$$

这是因为由 Cauchy 定理

$$\int_{|z-a|=\rho} (z-a)^{n-m-1} \mathrm{d}z = \begin{cases} 2\pi\mathrm{i}, & n = m, \\ 0, & n \neq m. \end{cases}$$

($n<m$ 时,可用无界域上 Cauchy 定理,也可用 Cauchy 公式),于是即得

$$c_m = \frac{1}{2\pi\mathrm{i}} \int_{|z-a|=\rho} \frac{f(z)}{(z-a)^{m+1}} \mathrm{d}z = c'_m$$

$$(m = 0, \pm 1, \pm 2, \cdots).$$

证毕.

与幂级数一样,任意一个 Laurent 级数总是它的和函数在收敛圆环内的 Laurent 展式.

例 5 求函数

$$f(z) = \frac{z^2 - 2z + 5}{(z-2)(z^2+1)}$$

在(1) $1<|z|<2$;(2) $2<|z|<+\infty$ 内的 Laurent 展式.

解 注意

$$f(z) = \frac{z^2 - 2z + 5}{(z-2)(z^2+1)} = \frac{1}{z-2} - \frac{2}{z^2+1}.$$

当 $1 < |z| < 2$ 时,

$$f(z) = -\frac{1}{2} \cdot \frac{1}{1 - \frac{z}{2}} - \frac{2}{z^2} \cdot \frac{1}{1 + \frac{1}{z^2}}$$

$$= -\frac{1}{2} \sum_{n=0}^{\infty} \left(\frac{z}{2}\right)^n - \frac{2}{z^2} \sum_{n=0}^{\infty} \left(\frac{-1}{z^2}\right)^n,$$

即得函数在 $1 < |z| < 2$ 内的 Laurent 展式为:

$$f(z) = -\sum_{n=0}^{\infty} \frac{z^n}{2^{n+1}} + 2\sum_{n=1}^{\infty} \frac{(-1)^n}{z^{2n}}.$$

当 $2 < |z| < +\infty$ 时,

$$f(z) = \frac{1}{z} \cdot \frac{1}{1 - \frac{2}{z}} - \frac{2}{z^2} \frac{1}{1 + \frac{1}{z^2}}$$

$$= \sum_{n=1}^{\infty} \frac{2^{n-1}}{z^n} + 2\sum_{n=1}^{\infty} \frac{(-1)^n}{z^{2n}},$$

即得函数在 $2 < |z| < +\infty$ 内的 Laurent 展式为:

$$f(z) = \sum_{n=1}^{\infty} \frac{2^{n-1} + 2\cos\frac{n}{2}\pi}{z^n}.$$

3.3 孤立奇点

若函数 $f(z)$ 在 a 点的空心邻域 $V^*(a; R)$ 内解析,则称 a 是 $f(z)$ 的一个孤立奇点(a 可以为 ∞),这时 $f(z)$ 在 $0 < |z-a| < R$ 内可展为 Laurent 级数

$$f(z) = \sum_{n=-\infty}^{\infty} c_n(z-a)^n = \varphi(z) + \psi(z),$$

这里我们把 $\varphi(z) = \sum_{n=0}^{\infty} c_n(z-a)^n$ 称为 $f(z)$ 的**解析部分**, $\psi(z) = \sum_{n=1}^{\infty} c_{-n}(z-a)^{-n}$ 称为 $f(z)$ 的**奇异部分**或**主要部分**,它刻画 $f(z)$ 的

奇点性质.

定义 2 设 a 为 $f(z)$ 的孤立奇点(a 可以为 ∞),

(1) 若 $\lim\limits_{z \to a} f(z)$ 存在(有限复数),则称 a 是 $f(z)$ 的**可去奇点**;

(2) 若 $\lim\limits_{z \to a} f(z) = \infty$,则称 a 是 $f(z)$ 的**极点**;

(3) 若 $\lim\limits_{z \to a} f(z)$ 不存在,则称 a 是 $f(z)$ 的**本性奇点**.

定理 14 设 $a \in \mathbb{C}$,$f(z)$ 在 $V^*(a;R)$ 内解析,则下面三个命题等价:

(1) a 是 $f(z)$ 的可去奇点;

(2) $f(z)$ 在 $V^*(a;\delta)(\delta \leqslant R)$ 上有界:$|f(z)| \leqslant M$;

(3) $f(z)$ 的 Laurent 展式的负幂项系数皆为零,或奇异部分 $\psi(z) \equiv 0$.

证明 (1)$\Longrightarrow$(2) 显然.

(2)$\Longrightarrow$(3) 取 $\rho < \delta$,

$$|c_{-n}| = \left| \frac{1}{2\pi i} \int_{|z-a|=\rho} f(z)(z-a)^{n-1} \mathrm{d}z \right|$$

$$\leqslant \frac{1}{2\pi} M \rho^{n-1} \cdot 2\pi\rho = M\rho^n,$$

$(n=1,2,\cdots)$. 令 $\rho \to +0$,得到 $c_{-n} = 0$ $(n=1,2,\cdots)$.

(3)$\Longrightarrow$(1) 由条件,在 $V^*(a;R)$ 内,$f(z) = \varphi(z) + \psi(z) = \varphi(z)$,而 $\varphi(z)$ 在 $|z-a| < R$ 内解析,所以

$$\lim_{z \to a} f(z) = \lim_{z \to a} \varphi(z) = \varphi(a) = c_0. \quad 证毕.$$

定理 15 设 $a \in \mathbb{C}$,$f(z)$ 在 $V^*(a;R)$ 内解析,则下列三个命题等价:

(1) a 是 $f(z)$ 的极点;

(2) $f(z) = \dfrac{g(z)}{(z-a)^m}$,其中 $m \in \mathbb{N}$,$g(z)$ 在 $V(a;\delta)(\delta \leqslant R)$ 内解析且不为零;

(3) $f(z)$ 的 Laurent 展式中只有有限多负幂项的系数不为零,或奇异部分 $\psi(z)$ 为有理函数.

证明　(1)⟹(2)　由条件,无妨设 $f(z)$ 在 $V^*(a;R)$ 内不为零,所以函数 $\dfrac{1}{f(z)}$ 在 $V^*(a;R)$ 内解析,且

$$\lim_{z \to a} \frac{1}{f(z)} = 0.$$

根据定理 14,a 是 $\dfrac{1}{f(z)}$ 的可去奇点,补充定义 a 点值为零后,函数 $\dfrac{1}{f(z)}$ 在 $V(a;R)$ 内解析. 设 a 是 $\dfrac{1}{f(z)}$ 的 m 级零点,则

$$\frac{1}{f(z)} = (z-a)^m h(z),$$

$h(z)$ 在邻域 $V(a;\delta)(\delta \leqslant R)$ 内解析且不为零,因而

$$f(z) = \frac{g(z)}{(z-a)^m},$$

其中 $g(z) = 1/h(z)$ 在 $V(a;\delta)$ 内解析且不为零.

(2)⟹(3)　设 $g(z)$ 有幂级数展式:

$$g(z) = c_0' + c_1'(z-a) + \cdots, \quad |z-a| < R, c_0' \neq 0,$$

即得 $f(z)$ 的 Laurent 展式为:

$$f(z) = \frac{c_0'}{(z-a)^m} + \frac{c_1'}{(z-a)^{m-1}} + \cdots, \quad 0 < |z-a| < R.$$

可见只有有限个负幂项系数不为零.

(3)⟹(1)　由条件,设 $c_{-m} \neq 0, c_{-n} = 0(n > m)$,则

$$f(z) = \varphi(z) + \psi(z),$$

其中 $\varphi(z)$ 在 $|z-a| < R$ 内解析,

$$\psi(z) = \frac{c_{-m}}{(z-a)^m} + \cdots + \frac{c_{-1}}{z-a},$$

所以有

$$\lim_{z \to a} f(z) = \lim_{z \to a} \varphi(z) + \lim_{z \to a} \psi(z) = \varphi(a) + \infty = \infty.$$

证毕.

由证明知道,若 a 是 $f(z)$ 的极点,则定理 15 中(2)成立,这时称 a 是 $f(z)$ 的 m 级极点,并由证明可知,a 是 $f(z)$ 的 m 级极点的

充要条件为 a 是 $1/f(z)$ 的 m 级零点.

作为上面两个定理的推论,我们可得下面的定理.

定理 16　设 $a \in \mathbb{C}$,$f(z)$ 在 $V^*(a;R)$ 内解析,则 a 是 $f(z)$ 的本性奇点的充要条件为:$f(z)$ 的 Laurent 展式中有无穷多负幂项的系数不为零,或奇异部分为一无穷级数.

例如 $f(z) = \mathrm{e}^{1/z}$,$z = 0$ 是 $f(z)$ 的本性奇点,因为

$$\lim_{z=x \to +0} \mathrm{e}^{1/z} = +\infty, \qquad \lim_{z=x \to -0} \mathrm{e}^{1/z} = 0.$$

故极限 $\lim\limits_{z \to 0} \mathrm{e}^{1/z}$ 不存在. 或从 Laurent 展式

$$\mathrm{e}^{1/z} = 1 + \frac{1}{z} + \frac{1}{2!z^2} + \cdots + \frac{1}{n!z^n} + \cdots \quad (z \neq 0)$$

有无穷多项负幂推断.

定理 17(Weierstrass)　设 $a \in \mathbb{C}$ 是 $f(z)$ 的本性奇点,则对于任意一个有穷复数 A 和数 $\varepsilon > 0$,在 $0 < |z - a| < \delta$ 内总有一点 z,使得

$$|f(z) - A| < \varepsilon.$$

证明　用反证法. 假设结论不成立,$\exists A \in \mathbb{C}$,$\exists \varepsilon_0 > 0$,$\forall z \in V^*(a;\delta)$,有

$$|f(z) - A| \geqslant \varepsilon_0.$$

于是函数

$$F(z) = \frac{1}{f(z) - A}$$

在 $V^*(a;\delta)$ 内解析、有界. 由定理 14,a 是 $F(z)$ 的可去奇点. 设

$$\lim_{z \to a} F(z) = \lim_{z \to a} \frac{1}{f(z) - A} = \lambda,$$

则

$$\lim_{z \to a} f(z) = \begin{cases} A + \dfrac{1}{\lambda}, & \lambda \neq 0, \\ \infty, & \lambda = 0. \end{cases}$$

即 a 或是 $f(z)$ 的可去奇点或是极点,这与假设矛盾. 证毕.

给出定理几何解释前,先定义稠密集的概念.称集 E 在 $\mathbb{C}$ 上稠密,如果 $\bar{E}=\mathbb{C}$.即每一复数 $A\in\mathbb{C}$ 都是集合 E 的极限点.如 $E=\{x+\mathrm{i}y\colon x,y$ 为有理数$\}$,则 E 是 $\mathbb{C}$ 上**稠密集**.

任取一串 $\varepsilon_n\to 0$,定理保证有一点列 $z_n\colon 0<|z_n-a|<\delta$,而使 $f(z_n)\to A$.所以 A 是集合 $f[V^*(a;\delta)]$ 的极限点,由于 A 的任意性,说明集合 $f[V^*(a;\delta)]$ 是 $\mathbb{C}$ 上稠密集.这里尤其要注意的是,对任意的 $\delta>0,f(z)$ 均把空心邻域 $V^*(a;\delta)$ 映为 $\mathbb{C}$ 上的稠密集 $f[V^*(a;\delta)]$.

Picard(1879)证明了一个比 Weierstrass 定理更一般、更深刻的定理,即 **Picard 大定理**:解析函数在本性奇点的空心邻域内无穷多次地取到每个有穷复值,至多可能除去一个例外值.例如 $z=0$ 是 $f(z)=\mathrm{e}^{1/z}$ 的本性奇点,因 $\mathrm{e}^{1/z}\neq 0$,所以 $A=0$ 是它的例外值,对任意有穷复数 $A\neq 0$,有点列

$$z_n=\frac{1}{\log A+2n\pi\mathrm{i}}\to 0,$$

而使 $f(z_n)=A$.这表明在 $V^*(0;\delta)$ 内有无穷个点,函数在这无穷个点取值为 A.

下面讨论 $a=\infty$ 是函数 $f(z)$ 孤立奇点情形.设函数 $f(z)$ 在 $R<|z|<+\infty$ 内的 Laurent 级数为:

$$f(z)=\sum_{n=0}^{\infty}c_n z^n+\sum_{n=1}^{\infty}c_{-n}z^{-n}=\varphi(z)+\psi(z),$$

这里 $\varphi(z)=\sum_{n=0}^{\infty}c_n z^n$ 称为 $f(z)$ 的主要部分或奇异部分,而把

$$\psi(z)=\sum_{n=1}^{\infty}c_{-n}z^{-n}$$

称为 $f(z)$ 的解析部分.由于

$$\lim_{z\to\infty}f(z)=\lim_{\zeta\to 0}f\left(\frac{1}{\zeta}\right).$$

所以判断 $z=\infty$ 是函数 $f(z)$ 的哪一类型的奇点,可以归结为判断

$\zeta=0$ 是函数 $f\left(\dfrac{1}{\zeta}\right)$ 的哪一类型的奇点,并注意到 $f(z)$ 在 $R<|z|$ $<+\infty$ 上有界等价于 $f\left(\dfrac{1}{\zeta}\right)$ 在 $0<|\zeta|<\dfrac{1}{R}$ 上有界,$f(z)$ 在 $R<$ $|z|<+\infty$ 上 Laurent 展式的正幂项变为 $f\left(\dfrac{1}{\zeta}\right)$ 在 $0<|\zeta|<\dfrac{1}{R}$ 上 Laurent 展式的负幂项. 所以由定理 14—17 不难导出下面的推论.

推论 4 设 $f(z)$ 在 $V^*(\infty;R)$ 内解析,则下面三个命题等价:

(1) ∞ 是 $f(z)$ 的可去奇点;

(2) $f(z)$ 在 $V^*(\infty;R_1)(R_1\geqslant R)$ 上有界;

(3) $f(z)$ 的 Laurent 展式中所有正幂项的系数皆为零,或奇异部分 $\varphi(z)$ 为常数.

推论 5 设 $f(z)$ 在 $V^*(\infty;R)$ 内解析,则下面三个命题等价:

(1) ∞ 是 $f(z)$ 的极点;

(2) $f(z)=z^m g(z)$,$g(z)$ 在 $V(\infty;R_1)(R_1\geqslant R)$ 内解析且不为零,这时称 ∞ 是 $f(z)$ 的 m 级极点;

(3) $f(z)$ 的 Laurent 展式中只有有穷多正幂项的系数不为零,或奇异部分 $\varphi(z)$ 为一个 m 次多项式.

推论 6 $z=\infty$ 是 $f(z)$ 的本性奇点充要条件是:$f(z)$ 的 Laurent 展式中有无穷多正幂项的系数不为零,或奇异部分 $\varphi(z)$ 为一个无穷级数.

推论 7 若 ∞ 是 $f(z)$ 的本性奇点,则 $f[V^*(\infty;R)]$ 是 $\mathbb{C}$ 上的稠密集.

例 6 设 $f(z)$ 在 $V^*(a;R)$ 内解析,非常数,且 $\mathrm{Re}f(z)=u(z)$ 有界:$|u(z)|\leqslant M$. 则 a 是 $f(z)$ 的可去奇点.

证明 **方法一** 由 Laurent 级数的系数公式,当 $n\geqslant 1$ 时,

$$c_{-n}=\frac{1}{2\pi\mathrm{i}}\int_{|z-a|=\rho}f(z)(z-a)^{n-1}\mathrm{d}z \quad (0<\rho<R).$$

又

$$\frac{1}{2\pi i} \int_{|z-a|=\rho} \overline{f(z)} (z-a)^{n-1} dz$$

$$= \frac{1}{2\pi i} \int_{|z-a|=\rho} \sum_{k=-\infty}^{\infty} \bar{c}_k \overline{(z-a)^k} (z-a)^{n-1} dz$$

$$= \frac{1}{2\pi} \sum_{k=-\infty}^{\infty} \bar{c}_k \int_0^{2\pi} \rho^{k+n} e^{i(n-k)\theta} d\theta = \bar{c}_n \rho^{2n}.$$

将上面两式相加得

$$c_{-n} + \bar{c}_n \rho^{2n} = \frac{1}{\pi i} \int_{|z-a|=\rho} u(z)(z-a)^{n-1} dz.$$

由此可得估计式

$$|c_{-n} + \bar{c}_n \rho^{2n}| \leqslant 2M\rho^n \quad (n \geqslant 1).$$

上式中令 $\rho \to 0$,得 $c_{-n}=0 (n \geqslant 1)$. 故 a 是 $f(z)$ 的可去奇点.

　　方法二　考虑函数 $F(z) = e^{f(z)}$,它在 $V^*(a;R)$ 上有界:$|F(z)| = e^{u(z)} \leqslant e^M$,所以 a 是 $F(z)$ 的可去奇点. 补充定义 $F(a)$ 使 $F(z)$ 在 $V(a;R)$ 内解析. 因

$$|F(z)| = e^{u(z)} \geqslant e^{-M} > 0,$$

所以在 $V(a;R)$ 内对数函数可取出单值解析分支,$f(z) = \log F(z)$ 这说明 a 是 $f(z)$ 的可去奇点.

　　下面两个证法只要求 $u(z)$ 有上界.

　　方法三　考虑函数 $F(z) = \dfrac{f(z)}{f(z)-2M}$. 它可看成 $w = \dfrac{\zeta}{\zeta-2M}$ 与 $\zeta = f(z)$ 的复合,所以当 $z \in V^*(a;R)$ 时,有 $|F(z)| \leqslant 1$,知 a 是 $F(z)$ 的可去奇点. 补充定义 $F(a)$ 使其在 $V(a;R)$ 内解析,由最大模原理得 $|F(a)| < 1$. 而

$$f(z) = \frac{2MF(z)}{1-F(z)}, \quad \lim_{z \to a} f(z) = \frac{2MF(a)}{1-F(a)}.$$

这表明 a 是 $f(z)$ 的可去奇点.

　　方法四　由定理 17 和条件知 a 不是 $f(z)$ 的本性奇点. 证 a 也不是 $f(z)$ 的极点. 假设不然,则

$$f(z) = \frac{g(z)}{(z-a)^m},$$

其中整数 $m \geqslant 1, g(z)$ 在 $V(a;r)(r \leqslant R)$ 内解析不为零. 令 $z = a + \rho e^{i\theta}$, 则

$$\operatorname{Re} f(a + \rho e^{i\theta}) = \frac{1}{\rho^m}[\operatorname{Re} g(a + \rho e^{i\theta})\cos m\theta$$
$$+ \operatorname{Im} g(a + \rho e^{i\theta})\sin m\theta].$$

在 $\theta = 0, \dfrac{\pi}{2m}, \dfrac{\pi}{m}, \dfrac{3\pi}{2m}$ 中总存在一值, 使

$$\lim_{\rho \to 0} \operatorname{Re} f(a + \rho e^{i\theta}) = +\infty,$$

这与假设 $\operatorname{Re} f(z)$ 有上界矛盾. 所以 a 是可去奇点.

§4 整函数与亚纯函数

若函数 $f(z)$ 在 $\mathbb{C}$ 上解析, 则称 $f(z)$ 是一**整函数**. 对整函数 $f(z)$, 它的 Taylor 展式

$$f(z) = \sum_{n=0}^{\infty} c_n z^n \tag{23}$$

在 $\mathbb{C}$ 上成立. 另一方面 $z = \infty$ 是 $f(z)$ 的孤立奇点, 由 Laurent 展式的唯一性, (23) 也是 $f(z)$ 在无穷远点邻域内的 Laurent 展式. 它的奇异部分 $\varphi(z) = f(z)$, 解析部分 $\varphi(z) = 0$.

定理 18 若函数 $f(z)$ 在 $\overline{\mathbb{C}}$ 上解析, 则 $f(z)$ 为常数.

证明 条件表明 $f(z)$ 为一整函数, 且 $\lim\limits_{z \to \infty} f(z) = c_0$ 存在, 所以 $z = \infty$ 是 $f(z)$ 的可去奇点, 由推论 4, $f(z)$ 的奇异部分 $\varphi(z) = f(z)$ 应为常数. 证毕.

定理也可利用连续函数 $|f(z)|$ 在紧集 $\overline{\mathbb{C}}$ 上某一点 z_0 取到它的最大值, 再根据最大模原理得 $f(z)$ 为一常数.

若 $z = \infty$ 是整函数 $f(z)$ 的 m 级极点, 根据推论 5, $f(z)$ 的奇异部分 $\varphi(z) = f(z)$ 为一个 m 次多项式.

若 $z = \infty$ 是整函数 $f(z)$ 的本性奇点, 称 $f(z)$ 是**超越整函数**,

例如 e^z,$\sin z$,$\cos z$ 都是超越整函数.

若函数 $f(z)$ 在区域 $D \subset \mathbb{C}$ 上除去极点外解析,则称 $f(z)$ 是 D 内的**亚纯函数**或**半纯函数**. 由极点定义知极点是孤立的,所以 D 上亚纯函数的极点集不可能有属于 D 的极限点. 例如函数 $\tan z$ 是 $\mathbb{C}$ 上的亚纯函数,有理函数

$$R(z) = \frac{P_n(z)}{Q_m(z)},$$

其中 $P_n(z)$,$Q_m(z)$ 分别是 n,m 次多项式,称 $\max(n,m)$ 为有理函数 $R(z)$ 的次数. 则有理函数是 $\mathbb{C}$ 上的亚纯函数,因为在 $\mathbb{C}$ 上至多只有 m 个极点. 事实上它也是 $\overline{\mathbb{C}}$ 上的亚纯函数,因为当 $n \leqslant m$ 时,$R(z)$ 在 ∞ 点解析,当 $n > m$ 时,由 $\lim\limits_{z \to \infty} R(z) = \infty$,知 $z = \infty$ 是 $R(z)$ 的 $n - m$ 级极点,这说明 $R(z)$ 在 $\overline{\mathbb{C}}$ 上除去有限个极点外解析,所以 $R(z)$ 是 $\overline{\mathbb{C}}$ 上亚纯函数. 下面定理说明其逆亦真.

定理 19 若函数 $f(z)$ 是 $\overline{\mathbb{C}}$ 上的亚纯函数,则 $f(z)$ 为一有理函数.

证明 首先注意 $f(z)$ 在 $\overline{\mathbb{C}}$ 上只能有有限个极点. 若有无穷个极点,则极点集的极限点 z_0 不是 $f(z)$ 的孤立奇点,所以 z_0 不是 $f(z)$ 的极点或解析点,这与亚纯函数 $f(z)$ 只有极点和解析点矛盾.

无妨设 $f(z)$ 在 $\overline{\mathbb{C}}$ 上的极点为:

$$z_1, z_2, \cdots, z_k, \infty.$$

相应的 Laurent 展式的主要部分为:

$$\psi_j(z) = \frac{c_{-1}^{(j)}}{z - z_j} + \cdots + \frac{c_{-m_j}^{(j)}}{(z - z_j)^{m_j}} \quad (j = 1, 2, \cdots, k)$$

和

$$\varphi(z) = c_0 + c_1 z + \cdots + c_m z^m.$$

解析部分为 $\varphi_j(z)(j = 1, 2, \cdots, k)$ 和 $\psi(z)$. 令

$$F(z) = f(z) - \varphi(z) - \sum_{j=1}^{k} \psi_j(z),$$

则 $F(z)$ 仍是 $\overline{\mathbb{C}}$ 上的亚纯函数. 它除去点 $z_1, z_2, \cdots, z_k, \infty$ 外的复平面上解析, 在这些点处有:

$$\lim_{z \to z_i} F(z) = \varphi_i(z_i) - \varphi(z_i) - \sum_{\substack{j=1 \\ j \neq i}}^{k} \psi_j(z_i) \quad (i = 1, 2, \cdots, k),$$

$$\lim_{z \to \infty} F(z) = 0. \tag{24}$$

所以 $z_1, z_2, \cdots, z_k, \infty$ 是 $F(z)$ 的可去奇点, 补充定义后 $F(z)$ 在 $\overline{\mathbb{C}}$ 上解析, 根据定理 18 和 (24) 式得 $F(z) \equiv 0$, 故

$$f(z) = \varphi(z) + \sum_{j=1}^{k} \psi_j(z)$$

为一有理函数. 证毕.

推论 8 设 $f(z)$ 是 $\overline{\mathbb{C}}$ 上亚纯函数且单叶, 则 $f(z)$ 为分式线性变换.

证明 由定理 19 知 $f(z)$ 为一有理函数, 设

$$f(z) = \frac{P_n(z)}{Q_m(z)},$$

其中 $P_n(z), Q_m(z)$ 分别为 n, m 次多项式, 记有理函数次数为 $k = \max(n, m)$. 任给复数 $A \in \mathbb{C}$, 方程

$$\frac{P_n(z)}{Q_m(z)} = A$$

等价于

$$P_n(z) = A Q_m(z).$$

易见, 方程有 k 个根 (几重根算几个根), 或有理函数 k 次取到值 A. 再由单叶性得 $k = 1$, 故 $f(z)$ 为分式线性变换. 证毕.

推论 8 的条件可以减弱如下:

定理 20 设 $f(z)$ 在 $\overline{\mathbb{C}} \backslash \{z_0\}$ 上解析、单叶, 则 $f(z)$ 为一分式线性变换.

证明 显然 z_0 不可能是 $f(z)$ 的可去奇点, 否则由定理 18 得 $f(z)$ 为一常数, 这与单叶条件矛盾. 下面证 z_0 也不可能是 $f(z)$ 的本性奇点. 因 $f'(z)$ 在 $\overline{\mathbb{C}} \backslash \{z_0\}$ 上解析与零点孤立性, 总可求出邻

域 $V(z_1;\delta)$ 满足：

(1) $f'(z)$ 在 $V(z_1;\delta)$ 上不为零；

(2) $V(z_1;\delta)\bigcap V(z_0;\delta)=\varnothing$.

由第三章反函数可导定理，$f(z)$ 把 $V(z_1;\delta)$ 映为 w 平面上区域 $f[V(z_1;\delta)]$. 再由单叶性条件，有

$$f[V(z_1;\delta)] \bigcap f[V^*(z_0;\delta)] = \varnothing.$$

这说明集合 $f[V^*(z_0;\delta)]$ 不是 $\mathbb{C}$ 的稠密集，应用定理 17 推出 z_0 不是 $f(z)$ 的本性奇点. 因此 z_0 只能是 $f(z)$ 的极点，然后引用推论 8 即得. 证毕.

习　题

1. 设 $\sum\limits_{n=0}^{\infty}c_n$ 收敛，$|\arg c_n|\leqslant\alpha<\dfrac{\pi}{2}$，求证：级数 $\sum\limits_{n=0}^{\infty}|c_n|$ 收敛.

2. 求下列级数的收敛范围：

(1) $\sum\limits_{n=1}^{\infty}\dfrac{\cos nz}{n^2}$；　　　　(2) $\sum\limits_{n=1}^{\infty}\dfrac{z^n}{1-z^n}$.

3. 证明：级数 $\sum\limits_{n=1}^{\infty}(-1)^n\left(\dfrac{1}{z-n}+\dfrac{1}{n}\right)$ 在不包含正整数的任意有界闭集上一致收敛.

4. 证明：级数 $\sum\limits_{n=1}^{\infty}\dfrac{(-1)^{n-1}}{z+n}$ 在不包含负整数的任意有界闭集上一致收敛.

5. 设 $f_n(z)(n=1,2,\cdots)$ 在区域 D 内解析，$\sum\limits_{n=1}^{\infty}|f_n(z)|$ 在 D 内一致收敛，证明 $\sum\limits_{n=1}^{\infty}|f_n'(z)|$ 在 D 内内闭一致收敛.

6. 设幂级数 $\sum\limits_{n=0}^{\infty}c_n z^n$ 的收敛半径 $R>0$，和函数为 $f(z)$. 证明：当 $0<r<R$ 时，

(1) $\dfrac{1}{2\pi}\displaystyle\int_0^{2\pi}|f(re^{i\theta})|^2 d\theta = \sum\limits_{n=0}^{\infty}|c_n|^2 r^{2n}$；

(2) 若 $f(z)$ 在圆 $|z| < R$ 内有界,可设为 $|f(z)| \leqslant M$,则

$$\sum_{n=0}^{\infty} |c_n|^2 R^{2n} \leqslant M^2.$$

7. 若幂级数 $\sum\limits_{n=0}^{\infty} c_n z^n$ 在单位圆 $|z| < 1$ 内收敛到有界函数 $f(z)$,证明 $\lim\limits_{n \to \infty} c_n = 0$.(提示:利用上一题)

8. 设 $\sum\limits_{n=0}^{\infty} c_n z^n$ 在 $|z| \leqslant R$ 上收敛 $(0 < R < +\infty)$,求证 $\varphi(z) = \sum\limits_{n=0}^{\infty} \dfrac{c_n}{n!} z^n$ 在 $\mathbb{C}$ 上解析,且 $|\varphi(z)| \leqslant M \mathrm{e}^{|z|/R}$.

9. 证明:(1) 对任意的复数 z,

$$|\mathrm{e}^z - 1| \leqslant \mathrm{e}^{|z|} - 1 \leqslant |z| \mathrm{e}^{|z|};$$

(2) 当 $0 < |z| < 1$ 时,$\dfrac{1}{4} |z| < |\mathrm{e}^z - 1| < \dfrac{7}{4} |z|$.

10. 设 $f(z) = u(z) + \mathrm{i} v(z)$ 在 $|z| < 1$ 内解析,$0 < r < 1$. 证明

(1) $\displaystyle\int_{|z|=r} \dfrac{\overline{f(z)}}{z^{n+1}} \mathrm{d}z = 0 (n \geqslant 1)$;

(2) 设 $f(z) = \sum\limits_{n=0}^{\infty} c_n z^n$,则 $c_n = \dfrac{1}{\pi \mathrm{i}} \displaystyle\int_{|z|=r} \dfrac{u(z)}{z^{n+1}} \mathrm{d}z$;

(3) 若 $\mathrm{Re} f(z) = u(z) \geqslant 0, f(0) = 1$,则 $|c_n| \leqslant 2$;

(4) $\overline{f(0)} = \dfrac{1}{2\pi \mathrm{i}} \displaystyle\int_{|\zeta|=r} \dfrac{\overline{f(\zeta)}}{\zeta - z} \mathrm{d}\zeta, |z| < r$;

(5) $f(z) = \dfrac{1}{2\pi \mathrm{i}} \displaystyle\int_{|\zeta|=r} \dfrac{\zeta + z}{\zeta - z} u(\zeta) \dfrac{\mathrm{d}\zeta}{\zeta} + \mathrm{i} \mathrm{Im} f(0)$

$$= \dfrac{1}{2\pi} \int_{|\zeta|=r} \dfrac{\zeta + z}{\zeta - z} u(\zeta) \mathrm{d}\theta + \mathrm{i} \mathrm{Im} f(0) (\zeta = r \mathrm{e}^{\mathrm{i}\theta}).$$

11. 若幂级数 $\sum\limits_{n=0}^{\infty} c_n z^n$ 的系数 c_n 满足条件

$$c_0 = c_1 = 1, \quad c_n = c_{n-1} + c_{n-2} \quad (n \geqslant 2).$$

试求出幂级数的收敛半径.

12. 设 $f(z)$ 在 $|z| < 1$ 内解析,在 $|z| \leqslant 1$ 上连续,则 $f(z)$ 在 $|z| \leqslant 1$ 上可用多项式一致逼近.

（提示：考虑 $f(rz),0<r<1$）.

13. 将下列函数在指定域内展为 Laurent 级数.

(1) $\dfrac{3z}{(2-z)(2z-1)}$, $\dfrac{1}{2}<|z|<2$;

(2) $\dfrac{1}{z^2(z-\mathrm{i})}$, $0<|z-\mathrm{i}|<1$;

(3) $\dfrac{z^2-1}{(z+2)(z+3)}$, $2<|z|<3$, $3<|z|<+\infty$;

(4) $\dfrac{\sin\alpha z}{z^3\sin\beta z}(\beta>\alpha>0),0<|z|<\dfrac{\pi}{\beta}$（要求写出负幂项）.

14. 将下列函数在指定域内展为 Taylor 级数或 Laurent 级数：

(1) $\log\dfrac{z-1}{z-2}$, $|z|<1$, $2<|z|<+\infty$;

(2) $\mathrm{e}^{\frac{1}{1-z}}$, $|z|<1$, $1<|z|<+\infty$（要求写出前四项）;

(3) $\dfrac{1}{1+z^2}$, $|z-1|<\sqrt{2}$.

15. 若 $f(z)$ 在 $0<|z-a|<R$ 上解析,且圆环内有一点列 z_n $\to a, f(z_n)=0$. 证明：a 是 $f(z)$ 的本性奇点.

16. 设 $f(z)$ 在圆环 $0<r<|z-a|<R<+\infty$ 内解析,在闭圆环 $r\leqslant|z-a|\leqslant R$ 上连续,且 $f(Re^{\mathrm{i}\theta})=0(0\leqslant\theta\leqslant 2\pi)$. 证明：$f(z)$ $\equiv 0(r<|z-a|<R)$.

17. 若函数 $f(z)$ 在 $0<|z-a|<R$ 内解析,且

$$\lim_{z\to a}(z-a)f(z)=0.$$

证明：a 是 $f(z)$ 的可去奇点.

18. 设函数 $f(z)$ 在 $R<|z|<+\infty$ 内解析,且 $|\mathrm{Re}f(z)|\leqslant M$. 试用 $f(z)=\varphi(z)+\psi(z)$ 的主要部分 $\varphi(z)$ 为常数来证 ∞ 是 $f(z)$ 的可去奇点.

19. 若函数 $f(z)$ 在 $\mathbb{C}\setminus\{a_1,\cdots,a_n\}$ 内解析,且有界,证明 $f(z)$ 为常数.

20. 若函数 $f(z)$ 在圆 $|z|<1$ 内解析,$f(0)=0$,则 $\displaystyle\sum_{n=1}^{\infty}f(z^n)$ 在

圆 $|z|<1$ 内收敛,且和函数在圆 $|z|<1$ 内解析.

21. 求级数 $\sum\limits_{n=0}^{\infty} z^n(1+z)^n$ 的收敛域及和函数,说明级数收敛域包含第 11 题中幂级数的收敛圆.

22. 利用 Cauchy 公式,给出第 11 题中系数 c_n 的公式.

第六章　留数定理和辐角原理

这章除继续研究解析函数外,还要研究半纯函数和单叶解析函数. 把 Cauchy 定理和 Cauchy 公式推广到半纯函数,就成为留数定理,它的特殊形式即为辐角原理和 Rouché 定理. 从方法上来说,辐角原理是复变函数一种特有的方法,它是利用函数的辐角在边界上的变化来讨论函数在区域内部的性质,这比用函数的模来讨论函数的性质更具有复分析的韵味.

§1　留　数　定　理

1.1　留数的定义与计算

设函数 $f(z)$ 在 $0 < |z-a| < r$ 内解析, a 是 $f(z)$ 的孤立奇点. 函数 $f(z)$ 在孤立奇点的**留数**,记做 $\mathrm{Res}(f;a)$,定义为:

$$\mathrm{Res}(f;a) = \frac{1}{2\pi\mathrm{i}} \int_{|z-a|=\rho} f(z)\mathrm{d}z \quad (0 < \rho < r). \tag{1}$$

利用 $f(z)$ 在 a 点的 Laurent 展式:

$$f(z) = \sum_{n=-\infty}^{\infty} c_n (z-a)^n, \quad 0 < |z-a| < r,$$

其中

$$c_n = \frac{1}{2\pi\mathrm{i}} \int_{|z-a|=\rho} \frac{f(z)}{(z-a)^{n+1}} \mathrm{d}z,$$

可得

$$\mathrm{Res}(f;a) = \frac{1}{2\pi\mathrm{i}} \int_{|z-a|=\rho} f(z)\mathrm{d}z = c_{-1}. \tag{2}$$

若 $f(z)$ 在 $R < |z| < +\infty$ 内解析,定义 $f(z)$ 在 $z=\infty$ 点的留

数为:

$$\text{Res}(f;\infty) = -\frac{1}{2\pi i}\int_{|z|=\rho} f(z)\mathrm{d}z \quad (R < \rho < +\infty). \quad (3)$$

利用 $f(z)$ 在 $z=\infty$ 点的 Laurent 展式:

$$f(z) = \sum_{n=-\infty}^{\infty} c_n z^n,$$

其中

$$c_n = \frac{1}{2\pi i}\int_{|z|=\rho} \frac{f(z)}{z^{n+1}}\mathrm{d}z,$$

即得

$$\text{Res}(f;\infty) = -\frac{1}{2\pi i}\int_{|z|=\rho} f(z)\mathrm{d}z = -c_{-1}. \quad (4)$$

留数 $\text{Res}(f;a)$ 是函数 Laurent 展式的主要部分的第一项系数 c_{-1},而留数 $\text{Res}(f;\infty)$ 是函数 Laurent 展式的解析部分的第一项系数,但要改变符号.要理解这一差别,最好把留数看成是微分 $f(z)\mathrm{d}z$(称全纯微分)在奇点的留数.对以 ∞ 为奇点的全纯微分作 $z=\dfrac{1}{\zeta}$ 变换,则把

$$f(z)\mathrm{d}z = \left(\cdots + \frac{c_{-3}}{z^3} + \frac{c_{-2}}{z^2} + \frac{c_{-1}}{z} + c_0 \right.$$
$$\left. + c_1 z + c_2 z^2 + \cdots\right)\mathrm{d}z$$

变为

$$-f\left(\frac{1}{\zeta}\right)\frac{\mathrm{d}\zeta}{\zeta^2} = \left(\cdots - c_{-3}\zeta - c_{-2} - \frac{c_{-1}}{\zeta} - \frac{c_0}{\zeta^2}\right.$$
$$\left. - \frac{c_1}{\zeta^3} - \frac{c_2}{\zeta^4} - \cdots\right)\mathrm{d}\zeta.$$

求 $f(z)\mathrm{d}z$ 在 $z=\infty$ 点留数变为求 $-f\left(\dfrac{1}{\zeta}\right)\dfrac{\mathrm{d}\zeta}{\zeta^2}$ 在 $\zeta=0$ 点留数,显然留数应为 $-c_{-1}$.所以把留数理解成全纯微分的留数,则两者的定义是一致的.

若 $a\neq\infty$ 是 $f(z)$ 的可去奇点,则 $\text{Res}(f;a)=0$,但在 $a=\infty$

时，$\mathrm{Res}(f;\infty)$ 不一定为零. 比如 $f(z)=1+\dfrac{1}{z}$，它在 $z=\infty$ 点解析，而 $\mathrm{Res}(f;\infty)=-1$. 若 $z=\infty$ 至少是 $f(z)-f(\infty)$ 的二级零点，则 $\mathrm{Res}(f,\infty)=0$.

若 $a\neq\infty$ 是 $f(z)$ 的 $m(m\geqslant1)$ 级极点，这时 $f(z)$ 在 a 点邻域可表示成

$$f(z)=\frac{g(z)}{(z-a)^m},$$

其中 $g(z)$ 在 a 点邻域内解析且不为零. 由 Cauchy 公式得

$$\mathrm{Res}(f;a)=\frac{1}{2\pi\mathrm{i}}\int_{|z-a|=\rho}\frac{g(z)}{(z-a)^m}\mathrm{d}z$$

$$=\frac{1}{(m-1)!}g^{(m-1)}(a),$$

或

$$\mathrm{Res}(f;a)=\frac{1}{(m-1)!}\lim_{z\to a}\frac{\mathrm{d}^{m-1}}{\mathrm{d}z^{m-1}}\big[(z-a)^m f(z)\big]. \tag{5}$$

这就是 a 为极点时求留数的公式. 特别当 $m=1$ 时，

$$\mathrm{Res}(f;a)=\lim_{z\to a}(z-a)f(z). \tag{6}$$

若 $f(z)$ 可写成 $\varphi(z)/\psi(z)$，$\varphi(a)\neq0$，$\psi(a)=0$，$\psi'(a)\neq0$，则由 (6) 可得

$$\mathrm{Res}\left(\frac{\varphi}{\psi};a\right)=\frac{\varphi(a)}{\psi'(a)}. \tag{7}$$

1.2 留数定理

下面叙述关于留数的基本定理.

定理 1 设 γ 是可求长 Jordan 曲线，函数 $f(z)$ 在 γ 内部 D 中除去 $z_1,z_2,\cdots,z_n$ 外解析，并且 $f(z)$ 在闭区域 $\overline{D}$ 上除去 $z_1,z_2,\cdots,z_n$ 外连续，则

$$\int_\gamma f(z)\mathrm{d}z=2\pi\mathrm{i}\sum_{k=1}^n\mathrm{Res}(f;z_k). \tag{8}$$

证明 在 D 内以 $z_k(k=1,2,\cdots,n)$ 为中心作一小圆周 γ_k,使得每一个 γ_k 都在其余圆周的外部. 由 Cauchy 定理得

$$\int_\gamma f(z)\mathrm{d}z = \sum_{k=1}^n \int_{\gamma_k} f(z)\mathrm{d}z.$$

根据留数定义,即得

$$\int_\gamma f(z)\mathrm{d}z = 2\pi\mathrm{i}\sum_{k=1}^n \mathrm{Res}(f;z_k).\ 证毕.$$

如果定理 1 中的 D 表示 γ 的外部,$f(z)$ 在区域 $D\backslash\{z_1,z_2,\cdots,z_n\}$ 内解析,在 $\overline{D}\backslash\{z_1,z_2,\cdots,z_n\}$ 上连续,且 $z_k(k=1,2,\cdots,n)$ 不为 ∞,则公式(8)应改为:

$$\int_\gamma f(z)\mathrm{d}z = 2\pi\mathrm{i}\left[\sum_{k=1}^n \mathrm{Res}(f;z_k) + \mathrm{Res}(f;\infty)\right],$$

其中 γ 取顺时针方向.

定理 2 若函数 $f(z)$ 在 $\mathbb{C}$ 上除去点 $z_1,z_2,\cdots,z_n$ 外是解析的(∞ 也是 $f(z)$ 的孤立奇点),则 $f(z)$ 的所有孤立奇点的留数之和为零,即

$$\sum_{k=1}^n \mathrm{Res}(f;z_k) + \mathrm{Res}(f;\infty) = 0. \tag{9}$$

证明 以原点为心,以充分大 R 为半径作圆周 γ,使 γ 的内部包含点 $z_1,z_2,\cdots,z_n$. 由定理 1 得

$$\int_\gamma f(z)\mathrm{d}z = 2\pi\mathrm{i}\sum_{k=1}^n \mathrm{Res}(f;z_k).$$

而按定义

$$\frac{1}{2\pi\mathrm{i}}\int_\gamma f(z)\mathrm{d}z = -\mathrm{Res}(f;\infty).$$

把上面两式结合起来即得(9)式. 证毕.

例 1 求 $f(z)=\dfrac{\mathrm{e}^{-z}}{1+z^2}$ 的孤立奇点及其留数.

解 $z=\pm\mathrm{i}$ 是函数的一级极点,$z=\infty$ 是函数的本性奇点. 由(7)式得

$$\operatorname{Res}(f;\mathrm{i}) = \frac{\mathrm{e}^{-z}}{2z}\Big|_{z=\mathrm{i}} = \frac{\mathrm{e}^{-\mathrm{i}}}{2\mathrm{i}},$$

$$\operatorname{Res}(f;-\mathrm{i}) = \frac{\mathrm{e}^{-z}}{2z}\Big|_{z=-\mathrm{i}} = \frac{\mathrm{e}^{\mathrm{i}}}{-2\mathrm{i}}.$$

再由定理 2 得

$$\operatorname{Res}(f;\infty) = -\operatorname{Res}(f;\mathrm{i}) - \operatorname{Res}(f;-\mathrm{i}) = \frac{\mathrm{e}^{\mathrm{i}} - \mathrm{e}^{-\mathrm{i}}}{2\mathrm{i}} = \sin 1.$$

例 2 求 $f(z) = \dfrac{(z^2-1)^2}{z^2(z-\alpha)(z-\beta)}$（其中 $\alpha\beta = 1, \alpha \neq \beta$）的奇点和留数.

解 $z = \alpha, \beta$ 为函数的一级极点，$z = 0$ 是函数的二级极点，$z = \infty$ 是函数的可去奇点. 由（6）

$$\operatorname{Res}(f;\alpha) = \frac{(z^2-1)^2}{z^2(z-\beta)}\Big|_{z=\alpha} = \frac{(\alpha^2-1)^2}{\alpha^2(\alpha-\beta)} = \alpha - \beta,$$

$$\operatorname{Res}(f;\beta) = \frac{(z^2-1)^2}{z^2(z-\alpha)}\Big|_{z=\beta} = \frac{(\beta^2-1)^2}{\beta^2(\beta-\alpha)} = \beta - \alpha.$$

为求 $z = 0$ 点的留数，我们把 $f(z)$ 拆成三个函数之和：

$$f(z) = \frac{z^2}{(z-\alpha)(z-\beta)} - \frac{2}{(z-\alpha)(z-\beta)}$$

$$+ \frac{1}{z^2(z-\alpha)(z-\beta)}. \tag{10}$$

前两个函数在 $z = 0$ 点解析，它们的留数为零，故求 $\operatorname{Res}(f;0)$ 只需求最后一个函数在 $z = 0$ 的留数，

$$\operatorname{Res}(f;0) = \left[\frac{1}{(z-\alpha)(z-\beta)}\right]'\Big|_{z=0}$$

$$= \left[\frac{1}{\alpha-\beta}\left(\frac{1}{z-\alpha} - \frac{1}{z-\beta}\right)\right]'\Big|_{z=0}$$

$$= \left[\frac{1}{\alpha-\beta}\left(-\frac{1}{\alpha^2} + \frac{1}{\beta^2}\right)\right] = \alpha + \beta.$$

由定理 2 得

$$\operatorname{Res}(f;\infty) = -\operatorname{Res}(f;0) - \operatorname{Res}(f;\alpha) - \operatorname{Res}(f;\beta)$$
$$= -(\alpha + \beta).$$

如果先求 $\operatorname{Res}(f;\infty)$. 注意(10)式中后两个函数在 ∞ 点至少为二级零点,所以其留数为零,故只需求(10)中第一个函数在 ∞ 点的留数. 由

$$\frac{z^2}{(z-\alpha)(z-\beta)} = \frac{1}{\left(1 - \dfrac{\alpha}{z}\right)\left(1 - \dfrac{\beta}{z}\right)}$$

$$= \left(1 + \frac{\alpha}{z} + \cdots\right)\left(1 + \frac{\beta}{z} + \cdots\right)$$

$$= 1 + \frac{\alpha + \beta}{z} + \cdots,$$

可得 $\operatorname{Res}(f;\infty) = -(\alpha+\beta)$. 再由定理 2 得

$$\operatorname{Res}(f;0) = (\alpha + \beta).$$

§2 辐角原理与 Rouché 定理

2.1 关于零点与极点的一般定理

设 $f(z)$ 是区域 D 内的亚纯函数,曲线 $\gamma \subset D$,且 γ 所围的区域 Ω 属于 D. 由解析函数零点与极点的孤立性,$f(z)$ 在 Ω 内只有有限个零点与极点.

定理 3 若函数 $f(z)$ 是区域 D 内的亚纯函数,γ 是 D 内可求长 Jordan 曲线,其内部 Ω 属于 D. $a_k(k=1,2,\cdots,n)$ 和 $b_j(j=1,2,\cdots,m)$ 分别是 $f(z)$ 在 γ 内部的零点和极点,$f(z)$ 在 γ 上无零点和极点,函数 $\varphi(z)$ 在 D 内解析. 则

$$\frac{1}{2\pi i}\int_\gamma \varphi(z)\frac{f'(z)}{f(z)}\mathrm{d}z = \sum_{k=1}^n \alpha_k \varphi(a_k) - \sum_{j=1}^m \beta_j \varphi(b_j), \quad (11)$$

其中 α_k 是 $f(z)$ 在零点 a_k 的级,β_j 是 $f(z)$ 在极点 b_j 的级.

证明 令 $F(z) = \varphi(z)f'(z)/f(z)$,$F(z)$ 仍为 D 内的亚纯函数,在 Ω 内除 a_k, b_j 外解析,在 $\overline{\Omega}$ 上除 a_k, b_j 外连续,对 $F(z)$ 应用

定理 1 得

$$\frac{1}{2\pi i}\int_{\gamma}\varphi(z)\frac{f'(z)}{f(z)}dz = \sum_{k=1}^{n}\text{Res}(F;a_k)$$
$$+ \sum_{j=1}^{m}\text{Res}(F;b_j). \tag{12}$$

在 Ω 内存在以 a_k 为心的小圆 $|z-a_k|<\delta$,在这个小圆内

$$f(z) = (z-a_k)^{a_k}g(z),$$

其中 $g(z)$ 在小圆内解析,且不为零. 对上式求导得

$$f'(z) = \alpha_k(z-a_k)^{a_k-1}g(z) + (z-a_k)^{a_k}g'(z).$$

所以在 $0<|z-a_k|<\delta$ 内有

$$\frac{f'(z)}{f(z)} = \frac{\alpha_k}{z-a_k} + \frac{g'(z)}{g(z)}.$$

这表明不管 a_k 是 $f(z)$ 的几级零点,a_k 总是函数 $f'(z)/f(z)$ 的一级极点,且其留数等于 α_k. 由定义

$$\text{Res}(F;a_k) = \frac{1}{2\pi i}\int_{|z-a_k|=\delta/2}\varphi(z)\frac{f'(z)}{f(z)}dz$$
$$= \frac{1}{2\pi i}\int_{|z-a_k|=\delta/2}\frac{\alpha_k\varphi(z)}{z-a_k}dz$$
$$= \alpha_k\varphi(a_k). \tag{13}$$

在以 b_j 为心的小圆 $|z-b_j|<\delta$ 内,

$$f(z) = \frac{h(z)}{(z-b_j)^{\beta_j}}, \quad 0<|z-b_j|<\delta,$$

其中 $h(z)$ 在 $|z-b_j|<\delta$ 内解析,且不为零. 所以在 $0<|z-b_j|<\delta$ 内

$$\frac{f'(z)}{f(z)} = -\frac{\beta_j}{z-b_j} + \frac{h'(z)}{h(z)}.$$

这表明不管 b_j 是 $f(z)$ 的几级极点,$z=b_j$ 总是函数 $f'(z)/f(z)$ 的一级极点,且其留数等于 $-\beta_j$. 于是有

$$\text{Res}(F;b_j) = \frac{1}{2\pi i}\int_{|z-b_j|=\delta/2}\varphi(z)\frac{f'(z)}{f(z)}dz$$

$$= \frac{1}{2\pi i} \int_{|z-b_j|=\delta/2} \frac{-\beta_j \varphi(z)}{z-b_j} dz$$

$$= -\beta_j \varphi(b_j). \tag{14}$$

将(13),(14)式代入(12)式,即得(11)式. 证毕.

注 设定理 3 中 D 为包含 ∞ 的无界区域,Ω 表示曲线 γ 的外部,且 $\Omega \subset D$. a_k 和 b_j 分别是 $f(z)$ 在 Ω 内的零点和极点,α_k 和 β_j 表示 $f(z)$ 的零点 a_k 和极点 b_j 的级,$\varphi(z)$ 在 D 内解析,则(11)式仍成立,这时积分路径 γ 的方向取顺时针方向.

推论 1 在定理 3 条件下,若 $\varphi(z)=z$,则

$$\frac{1}{2\pi i} \int_{\gamma} \frac{z f'(z)}{f(z)} dz = \sum_{k=1}^{n} \alpha_k a_k - \sum_{j=1}^{m} \beta_j b_j.$$

如果把 α_k 级零点算作 α_k 个零点,β_j 级极点算作 β_j 个极点,则上式右端的第一个和数表示 $f(z)$ 在 γ 内部所有零点之和,第二个和数表示 $f(z)$ 在 γ 内部所有极点之和.

2.2 辐角原理与 Rouché 定理

定理 4(辐角原理) 设函数 $f(z)$ 在区域 D 内亚纯,γ 是 D 内可求长 Jordan 曲线,且其内部属于 D,$f(z)$ 在 γ 上无零点和极点,则

$$N - P = \frac{1}{2\pi i} \int_{\gamma} \frac{f'(z)}{f(z)} dz, \tag{15}$$

其中 N,P 分别表示 $f(z)$ 在 γ 内部零点个数和极点个数(几级算几个).

证明 在定理 3 中取 $\varphi(z) \equiv 1$,则

$$\frac{1}{2\pi i} \int_{\gamma} \frac{f'(z)}{f(z)} dz = \sum_{k=1}^{n} \alpha_k - \sum_{j=1}^{m} \beta_j,$$

上式右端第一个和数即为 N,第二个和数即为 P. 证毕.

注 在定理 3 后注的条件下,公式(15)仍成立,这时积分路径 γ 取顺时针方向.

我们给出(15)式中积分一个几何解释,借此说明为什么称定

理 4 为辐角原理. 映射 $w = f(z)$ 把可求长曲线 γ：$z = \gamma(t)$ $(\alpha \leqslant t \leqslant \beta)$ 映为 w 平面上可求长曲线 Γ：$w = \Gamma(t) = f[\gamma(t)]$ $(\alpha \leqslant t \leqslant \beta)$. 由于 $z \in \gamma$ 时, $f(z) \neq 0$, 所以曲线 Γ 不过原点 $w = 0$. 若 γ 为光滑曲线, 由积分计算公式可得

$$\frac{1}{2\pi i} \int_{\gamma} \frac{f'(z)}{f(z)} dz = \frac{1}{2\pi i} \int_{\Gamma} \frac{dw}{w}.$$

可以证明上式对可求长的 γ 也成立(图 6-1). 求积分

$$\int_{\Gamma} \frac{dw}{w}$$

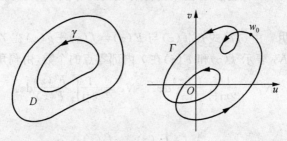

图 6-1

值时, 因原函数 $\mathrm{Log}w$ 在 $\mathbb{C} \setminus \{0\}$ 上为多值函数, 为此取定一点 $w_0 \in \Gamma$ 和 $\mathrm{Log}w$ 在 w_0 点的值, 由于 $\mathrm{Log}w = \log|w| + i\mathrm{Arg}w$, 即取定辐角 $\mathrm{Arg}w$ 在 w_0 点的值. 当 w 沿 Γ 运行时, 使 $\mathrm{Log}w$ 或 $\mathrm{Arg}w$ 连续地改变. 动点 w 跑过 Γ 又回到出发点 w_0 时, $\mathrm{Log}w$ 的实部 $\log|w|$ 回到出发时的值, 而辐角增加 2π 的整数倍, 也就是说辐角沿 Γ 的改变量, 记做 $\Delta_{\Gamma}\mathrm{Arg}w$, 是 2π 的整数倍, 这个整数表示 Γ 绕原点的圈数和方向, 所以

$$\frac{1}{2\pi i} \int_{\Gamma} \frac{dw}{w} = \frac{1}{2\pi i} \Delta_{\Gamma}\mathrm{Log}w = \frac{1}{2\pi} \Delta_{\Gamma}\mathrm{Arg}w.$$

回到变量 z, 得

$$N - P = \frac{1}{2\pi i} \int_{\gamma} \frac{f'(z)}{f(z)} dz = \frac{1}{2\pi} \Delta_{\gamma}\mathrm{Arg}f(z). \tag{16}$$

特别地, 当 $f(z)$ 在 D 内解析时, 上式变为

$$N = \frac{1}{2\pi i}\int_\gamma \frac{f'(z)}{f(z)}\mathrm{d}z = \frac{1}{2\pi}\Delta_\gamma \mathrm{Arg} f(z),$$

即 $f(z)$ 在 γ 内部零点的个数,等于函数辐角沿 γ 的改变量除以 2π.

由辐角原理可推出 Rouché 定理.

定理 5(Rouché) 设 γ 是区域 D 内的可求长 Jordan 曲线,且其内部属于 D. 函数 $f(z),g(z)$ 在 D 内解析,在 γ 上满足条件

$$|g(z)| < |f(z)|. \tag{17}$$

则 $f(z)$ 和 $f(z)\pm g(z)$ 在 γ 内部有相同的零点个数(几级零点算几个).

证明 由(17)式知 $f(z)$ 与 $F(z)=f(z)\pm g(z)$ 在 γ 上无零点. N_f,N_F 表示 $f(z)$ 和 $F(z)$ 在 γ 内部零点的个数,由辐角原理,

$$N_f = \frac{1}{2\pi i}\int_\gamma \frac{f'(z)}{f(z)}\mathrm{d}z, \quad N_F = \frac{1}{2\pi i}\int_\gamma \frac{F'(z)}{F(z)}\mathrm{d}z.$$

所以

$$\begin{aligned}
N_F - N_f &= \frac{1}{2\pi i}\int_\gamma \left(\frac{F'(z)}{F(z)} - \frac{f'(z)}{f(z)}\right)\mathrm{d}z \\
&= \frac{1}{2\pi i}\int_\gamma \frac{F'f - f'F}{fF}\mathrm{d}z \\
&= \frac{1}{2\pi i}\int_\gamma \frac{(F/f)'}{F/f}\mathrm{d}z = \frac{1}{2\pi}\Delta_\gamma \mathrm{Arg}\frac{F(z)}{f(z)}.
\end{aligned}$$

由(17)式,当 $z\in\gamma$ 时,

$$\mathrm{Re}\,\frac{F(z)}{f(z)} = 1 \pm \mathrm{Re}\,\frac{g(z)}{f(z)} \geqslant 1 - \left|\frac{g(z)}{f(z)}\right| > 0,$$

这说明映射 $w=\dfrac{F(z)}{f(z)}$ 的像点总落在右半平面,所以 γ 的像曲线不可能绕原点,故

$$N_F - N_f = \frac{1}{2\pi}\Delta_\gamma \mathrm{Arg}\frac{F(z)}{f(z)} = 0.$$

证毕.

注 1 若定理 5 中函数条件改为 $f(z),g(z)$ 在 D 内亚纯,在 γ

上满足 $|g(z)| < |f(z)| < +\infty$. 则结论改为 $f(z)$ 和 $f(z) \pm g(z)$ 在曲线 γ 内部零点个数与极点个数之差是相同的.

注 2 若定理 5 中 D 为包含 ∞ 的无界域, γ 的外部属于 D, 函数 $f(z), g(z)$ 在 D 内亚纯, 在 γ 上满足 $|g(z)| < |f(z)| < +\infty$, 则 $f(z)$ 和 $f(z) \pm g(z)$ 在 γ 外部零点个数与极点个数之差是相同的.

例 3 设 $|a_k| < 1 (k = 1, 2, \cdots, n)$,
$$f(z) = \prod_{k=1}^{n} \frac{z - a_k}{1 - \bar{a}_k z}.$$
若 $|b| < 1$, 则方程 $f(z) = b$ 在圆 $|z| < 1$ 内恰有 n 个根; 若 $|b| > 1$, 则方程 $f(z) = b$ 在圆 $|z| > 1$ 内也恰有 n 个根.

解 在单位圆周 $|z| = 1$ 上有
$$|b| < |f(z)| = 1.$$
由 Rouché 定理知 $f(z)$ 与 $f(z) - b$ 在圆 $|z| < 1$ 内有相同的零点个数, 而 $f(z)$ 在 $|z| < 1$ 内有 n 个零点, 故 $f(z) - b$ 在 $|z| < 1$ 内也有 n 个零点, 即方程 $f(z) - b = 0$ 有 n 个根.

又当 $|b| > 1$ 时, 在 $|z| = 1$ 上有
$$1 = |f(z)| < |b|.$$
由 Rouché 定理的注 2 知 b 与 $b - f(z)$ 在 $|z| > 1$ 上有相同的零点个数与极点个数之差, 而常数 b 在 $|z| > 1$ 上零点个数与极点个数之差为零, 及 $b - f(z)$ 在 $|z| > 1$ 上显然有 n 个极点, 故 $b - f(z)$ 在 $|z| > 1$ 上必有 n 个零点, 即方程 $f(z) = b$ 在 $|z| > 1$ 上有 n 个根.

§3 求解析函数的零点数

应用辐角原理和 Rouché 定理可以讨论解析函数零点的个数.

代数基本定理 n 次代数方程
$$P(z) = a_0 z^n + a_1 z^{n-1} + \cdots + a_n = 0 \quad (a_0 \neq 0)$$

在 $\mathbb{C}$ 上恰有 n 个根.

证明　显然有
$$\lim_{z\to\infty}\frac{a_1 z^{n-1}+\cdots+a_n}{a_0 z^n}=0,$$
所以 $\exists R$,当 $|z|\geqslant R$ 时,
$$\left|\frac{a_1 z^{n-1}+\cdots+a_n}{a_0 z^n}\right|<1,$$
或
$$|a_1 z^{n-1}+\cdots+a_n|<|a_0 z^n|\quad(|z|\geqslant R).\tag{18}$$
由 Rouché 定理,函数 $a_0 z^n$ 与 $P(z)=a_0 z^n+a_1 z^{n-1}+\cdots+a_n$ 在 $|z|$ $<R$ 内有相同的零点个数,而 $a_0 z^n$ 有 n 个零点,故 $P(z)$ 在 $|z|<R$ 内有 n 个零点.当 $|z|\geqslant R$ 时,由(18)式知 $P(z)$ 无零点,所以 $P(z)$ 在 $\mathbb{C}$ 上恰有 n 个零点.证毕.

设 $\overline{D}$ 是有界闭区域,$Q_n(z)=z^n+b_1 z^{n-1}+\cdots+b_n$ 是任一首项系数为 1 的 n 次多项式,在所有这种多项式中,使最大模
$$\max_{z\in\overline{D}}|Q_n(z)|$$
最小的多项式(可以证明一定存在),称为 $\overline{D}$ 的 n 次**切比雪夫多项式**.

定理 6　设 $\overline{D}$ 为闭圆 $|z|\leqslant R$,则它的 n 次切比雪夫多项式为 z^n,即
$$\max_{|z|\leqslant R}|z^n|\leqslant\max_{|z|\leqslant R}|Q_n(z)|,$$
其中 $Q_n(z)$ 为任一首项系数为 1 的 n 次多项式.

证明　用反证法.假设存在一个 $Q_n(z)$,使得
$$\max_{|z|\leqslant R}|Q_n(z)|<\max_{|z|\leqslant R}|z^n|=R^n,$$
则由 Rouché 定理,函数 z^n 与 $z^n-Q_n(z)$ 在 $|z|<R$ 内有相同的零点个数.而 z^n 在 $|z|<R$ 内有 n 个零点,故 $z^n-Q_n(z)$ 在 $|z|<R$ 内也有 n 个零点,但 $z^n-Q_n(z)$ 为 $n-1$ 次多项式,至多只有 $n-1$ 个零点,这矛盾说明反证法假设不成立.所以定理结论成立.证毕.

例 4 求方程 $z^4 - 6z + 3 = 0$ 在圆 $|z| < 1$ 内与圆环 $1 < |z| < 2$ 内根的个数.

解 当 $|z| = 1$ 时,

$$|z^4 + 3| \leqslant 4 < |-6z| = 6,$$

由 Rouché 定理, 函数 $-6z$ 与 $z^4 - 6z + 3$ 在 $|z| < 1$ 内有相同的零点个数, 所以 $z^4 - 6z + 3$ 在 $|z| < 1$ 内只有一个零点. 从上面不等式也可得出 $z^4 - 6z + 3$ 在 $|z| \leqslant 1$ 上只有一个零点.

当 $|z| = 2$ 时,

$$|-6z + 3| \leqslant 15 < |z^4| = 16,$$

由 Rouché 定理知 $z^4 - 6z + 3$ 在 $|z| < 2$ 内有四个零点, 因此在 $1 < |z| < 2$ 环内有三个零点, 即方程 $z^4 - 6z + 3 = 0$ 在 $|z| < 1$ 内只有一根, 在环 $1 < |z| < 2$ 内有三个根.

例 5 证明方程 $P(z) = z^4 + 2z^3 - 2z + 10 = 0$ 在每个象限内恰有一根.

证明 首先方程 $P(z) = 0$ 无实根. 事实上由

$$P(x) = (x^2 - 1)(x + 1)^2 + 11,$$

即可看出当 $|x| \geqslant 1$ 时, $P(x) \geqslant 11$; 当 $|x| < 1$ 时, $P(x) \geqslant 7$, 所以在实轴上 $P(x) \neq 0$.

在虚轴上, $P(iy) = y^4 + 10 - 2iy(y^2 + 1) \neq 0$, 即在虚轴上 $P(z)$ 也没有零点.

考虑图 6-2 表示的路径 γ, 它是由 $\gamma_1, \gamma_2, \gamma_3$ 组成. 在 γ_1 上 $P(z)$ 取实值, 所以

$$\Delta_{\gamma_1} \mathrm{Arg} P(z) = 0;$$

在 γ_2 上, $P(z) = z^4 \left(1 + \dfrac{2z^3 - 2z + 10}{z^4}\right)$, 所以

$$\Delta_{\gamma_2} \mathrm{Arg} P(z) = 4 \cdot \frac{\pi}{2} + o(1) = 2\pi + o(1) \quad (R \to +\infty);$$

在 γ_3 上,

$$\Delta_{\gamma_3} \mathrm{Arg} P(z) = \mathrm{Arg} P(0) - \mathrm{Arg} P(iR).$$

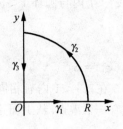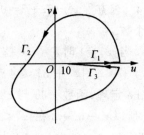

图 6-2

因为我们求辐角改变量,起点辐角可以独立取定,然后使辐角连续改变求出终点的辐角,即可求得改变量,现取

$$\mathrm{Arg}P(\mathrm{i}R) = \mathrm{Arg}(R^4 + 10 - 2\mathrm{i}R(R^2 + 1))$$
$$= \mathrm{Arg}\left(1 - 2\mathrm{i}\,\frac{R(R^2 + 1)}{R^4 + 10}\right) = o(1)$$
$$(R \to +\infty).$$

由于 γ_3 的像曲线 Γ_3 在右半平面上,Γ_3 不绕原点,所以

$$\mathrm{Arg}P(0) = \mathrm{Arg}10 = 0,$$

于是

$$\Delta_{\gamma_3}\mathrm{Arg}P(z) = 0 - o(1) = o(1) \quad (R \to +\infty).$$

这样得

$$\Delta_{\gamma}\mathrm{Arg}P(z) = \sum_{k=1}^{3}\Delta_{\gamma_k}\mathrm{Arg}P(z) = 2\pi + o(1) \quad (R \to +\infty),$$

由辐角原理,$P(z)$ 在第一象限只有一个零点. 因为实系数多项式的零点是共轭出现的,所以 $P(z)$ 在第四象限也只有一个零点. 另外两个零点必共轭地出现在第二、三象限.

下面定理在讨论解析函数映射性质时起重要作用.

定理 7 若函数 $f(z)$ 在区域 D 内解析,$w_0 = f(z_0)$,$z_0 \in D$ 是 $f(z) - w_0$ 的 m 级零点,则 ∃ $\rho > 0$,∃ $\delta > 0$,使得对于 $0 < |w - w_0| < \delta$ 内每一个值 A,函数 $f(z) - A$ 在 $|z - z_0| < \rho$ 内恰有 m 个不同的零点.

证明　因 z_0 是 $f(z)-f(z_0)$ 的 m 级零点,由零点孤立性,∃ ρ >0,使得在属于 D 的闭圆 $|z-z_0|\leqslant\rho$ 上,$f(z)-f(z_0)$ 在 $0<$ $|z-z_0|\leqslant\rho$ 上无零点,同时使 $f'(z)$ 在 $0<|z-z_0|\leqslant\rho$ 上也无零点. 令

$$\delta = \min_{|z-z_0|=\rho} |f(z) - f(z_0)| > 0.$$

对于 $0<|w-w_0|<\delta$ 内的任意值 A,当 $|z-z_0|=\rho$ 时,

$$|A - w_0| < |f(z) - f(z_0)|.$$

由 Rouché 定理,函数 $f(z)-f(z_0)$ 与

$$f(z) - f(z_0) - A + w_0 = f(z) - A$$

在 $|z-z_0|<\rho$ 内有相同的零点个数,故 $f(z)-A$ 在 $|z-z_0|<\rho$ 内有 m 个零点. 因在 $0<|z-z_0|<\rho$ 上 $f'(z)\neq0$,所以这 m 个零点是简单零点,即为 m 个不同零点. 证毕.

定理 8　函数 $f(z)$ 在 D 内解析,且不为常数.

(1) 若 D 是开集,则 $f(D)$ 为开集(开映射定理);

(2) 若 D 是区域,则 $f(D)$ 为区域(保域性定理).

证明　(1) $\forall w_0\in f(D)$,∃ $z_0\in D$,使 $f(z_0)=w_0$. 由定理 7,∃ $\rho>0$,∃ $\delta>0$,使得对于 $0<|w-w_0|<\delta$ 内每一个值 w,函数 $f(z)-w$ 在 $|z-z_0|<\rho$ 内至少存在一点 z,使得 $f(z)=w$,即邻域 $V(w_0;\delta)\subset f(D)$,所以 $f(D)$ 为开集;

(2) 只要证 $f(D)$ 是道路连通. 设 $w_1,w_2\in f(D)$,意味着 D 内存在两点 z_1,z_2,使得

$$f(z_1) = w_1, \quad f(z_2) = w_2.$$

因 D 道路连通,所以在 D 内有一连续曲线 $\gamma(t)(\alpha\leqslant t\leqslant\beta)$ 连接 z_1, z_2,则连续曲线 $f[\gamma(t)]$ 属于 $f(D)$,且连接 w_1,w_2. 再由(1)知 $f(D)$ 为区域. 证毕.

§4　单叶解析函数的性质

定理 9　若函数 $f(z)$ 在区域 D 内单叶解析,则对于 D 内每一

点 $z,f'(z)\neq 0$；反之，若点 $z_0\in D,f'(z_0)\neq 0$，则 $\exists$ 邻域 $V(z_0;\rho_1)$ $\subset D,f(z)$ 在 $V(z_0;\rho_1)$ 内单叶.

证明 先证 $f'(z)\neq 0$. 若不然，$\exists z_0\in D$，使得 $f'(z_0)=0$，则 z_0 是函数 $f(z)-f(z_0)$ 的 $m(m\geq 2)$ 级零点. 由定理 7，$\exists \rho>0,\exists \delta>0$，使得对于 $0<|w-f(z_0)|<\delta$ 内的每一个值 w，函数 $f(z)-w$ 在 $|z-z_0|<\rho$ 内恰有 m 个不同零点，这与 $f(z)$ 在 D 内单叶假设相矛盾，所以在 D 内有 $f'(z)\neq 0$.

反之，若 $f'(z_0)\neq 0,z_0$ 是 $f(z)-f(z_0)$ 的简单零点. 同样由定理 7，$\exists \rho>0,\exists \delta>0$，使得对于 $0<|w-f(z_0)|<\delta$ 内的每一个值 w，函数 $f(z)-w$ 在 $|z-z_0|<\rho$ 内只有一个零点，即只有一个 z 使 $f(z)=w$. 再由 $f(z)$ 的连续性，$\exists \rho_1>0(\rho_1\leq\rho)$，使得
$$f[V(z_0;\rho_1)]\subset V(w_0;\delta).$$
于是 $f(z)$ 在 $V(z_0;\rho_1)$ 内单叶. 证毕.

注意，若函数 $f(z)$ 在 D 内有 $f'(z)\neq 0$，由定理 9 只能推出 $f(z)$ 在每点邻域内是单叶的，得不出 $f(z)$ 在 D 内单叶. 这时我们称 $f(z)$ 在 D 内是**局部单叶**的. 如函数 e^z 在 $\mathbb{C}$ 上不是单叶的，但由定理 9 知它是局部单叶的.

下面利用定理 8 和定理 9，重证第三章的反函数定理.

定理 10 若函数 $w=f(z)$ 在区域 D 内单叶解析，则

(1) 映射 f 将 D 保角地映为区域 $G=f(D)$；

(2) 反函数 $z=g(w)$ 在 G 内单叶解析，且
$$g'(w)=\frac{1}{f'[g(w)]}.$$

证明 (1) 由定理 8 知 $G=f(D)$ 为区域. 又由定理 9，$f'(z)\neq 0$，所以 f 将 D 保角地映为区域 G；

(2) 反函数 $z=g(w)$ 在 G 上定义. 我们先证它连续. $\forall w_0\in G$，令 $z_0=g(w_0)$，$\forall \varepsilon>0$，使邻域 $V(z_0;\varepsilon)\subset D$，由开映射定理，$f[V(z_0;\varepsilon)]$ 为开集，所以 $\exists \delta>0$，使 $V(w_0;\delta)\subset f[V(z_0;\varepsilon)]$，即 $g[V(w_0;\delta)]\subset V(z_0;\varepsilon)$，此式表明函数 $g(w)$ 在 w_0 点连续. 由 w_0

的任意性,得 $g(w)$ 在 G 内连续. 再由

$$\frac{g(w) - g(w_0)}{w - w_0} = \frac{1}{\dfrac{f[g(w)] - f[g(w_0)]}{g(w) - g(w_0)}},$$

当 $w \to w_0$ 时,$g(w) \to g(w_0)$,对上式取极限得

$$g'(w_0) = \frac{1}{f'[g(w_0)]}.$$

所以 $g(w)$ 在 G 内单叶解析. 证毕.

在证明单叶解析函数把单连通区域映为单连通区域之前,我们先来证**边界对应原理**.

定理 11 设 D 是区域,γ 是 D 内的可求长简单闭曲线,其内部 D_1 属于 D. 若函数 $f(z)$ 在 D 内解析,把 γ 双方单值地映为简单闭曲线 Γ,则 $w = f(z)$ 在 D_1 内单叶,把 D_1 映为 Γ 的内部 G_1(图 6-3).

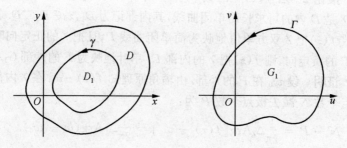

图 6-3

证明 设 w_0 是不在 Γ 上一点,由辐角原理知函数 $f(z) - w_0$ 在 γ 内部的零点个数 N 等于积分

$$N = \frac{1}{2\pi i} \int_\gamma \frac{f'(z)}{f(z) - w_0} dz = \pm \frac{1}{2\pi i} \int_\Gamma \frac{dw}{w - w_0}.$$

这里若 f 把 γ 正定向映为 Γ 正定向时,上式右端取"+"号,若 f 把 γ 正定向映为 Γ 负定向时,上式右端取"−"号.

当 w_0 在 Γ 外部时,

$$\frac{1}{2\pi i}\int_{\Gamma}\frac{dw}{w-w_0}=0,$$

所以 $N=0$，即 $f(z)-w_0$ 在 D_1 内没有零点；当 w_0 在 Γ 内部 G_1 时，

$$\frac{1}{2\pi i}\int_{\Gamma}\frac{dw}{w-w_0}=1,$$

就有 $N=\pm 1$，由于 N 总是一个非负整数，所以 $N=1$，即 $f(z)-w_0$ 在 D_1 内有一零点，同时得出 f 把 γ 的正定向一定映为 Γ 的正定向. 从上面的讨论有 $G_1\subset f(D_1)\subset\overline{G_1}$.

证 $f(D_1)=G_1$. 事实上 G_1 和 $f(D_1)$ 为开集，对集合取内部运算得

$$G_1^\circ=G_1\subset f(D_1)^\circ=f(D_1)\subset\overline{G}_1^\circ=G_1.$$

所以 $f(D_1)=G_1$. 证毕.

推论 2 若 $f(z)$ 在区域 $D\backslash\{z_0\}$ 内解析，z_0 为 $f(z)$ 的一级极点. γ 是 D 内的可求长简单闭曲线，其内部记为 D_1，$z_0\in D_1\subset D$. 若函数 $f(z)$ 把 γ 双方单值地映为简单闭曲线 Γ，且把 γ 的正定向映为 Γ 的负定向，则 $f(z)$ 把 γ 的内部 D_1 单叶地映为 Γ 的外部 G_1.

证明 设 w_0 在 Γ 的外部. 由辐角原理知 $f(z)-w_0$ 在 γ 内部零点个数 N 减去极点个数 P 为：

$$N-P=\frac{1}{2\pi}\Delta_\gamma\text{Arg}[f(z)-w_0]=\frac{1}{2\pi}\Delta_\Gamma\text{Arg}(w-w_0).$$

由于 $P=1$ 及 $\Delta_\Gamma\text{Arg}(w-w_0)=0$，得 $N=1$，即 $f(z)$ 在 γ 内部有一点取到值 w_0，故 $G_1\subset f(D_1)$.

设 w_0 在 Γ 的内部. 这时

$$N-P=\frac{1}{2\pi}\Delta_\Gamma\text{Arg}(w-w_0)=-1,$$

得 $N=0$，即 $f(z)$ 在 γ 内部取不到值 w_0，故 $f(D_1)\subset\overline{G}_1$. 类似于定理 11 的讨论，可得 $f(D_1)=G_1$. 证毕.

定理条件中如果 f 把 γ 的正定向映为 Γ 的正定向，则结论不成立. 考虑儒可夫斯基函数

$$w = \frac{1}{2}\left(z + \frac{1}{z}\right),$$

它把圆周 γ：$|z|=r(r>1)$ 映为椭圆周 Γ，且保持定向，这时圆 $|z|<r$ 映过去的像域不是 Γ 的外部。

定理 12 若 $D \subset \mathbb{C}$ 为单连通区域，$f(z)$ 在 D 内单叶解析，则 $G=f(D)$ 亦为单连通区域。

证明 只要证 G 内的任一条可求长 Jordan 曲线 Γ 的内部 $G_1 \subset G$。由定理 10，反函数 $z=g(w)$ 在域 G 内单叶解析，把 G 映为 D，把 Γ 映为 D 内的可求长 Jordan 曲线 γ。由于 D 是单连通的，所以 γ 的内部 $D_1 \subset D$。根据定理 11，$f(D_1)=G_1$，故

$$G_1 = f(D_1) \subset f(D) = G.$$

证毕。

用同样方法可证单叶解析函数把 n 连通区域映为 n 连通区域。

利用上面的结果，我们来讨论解析函数的局部映射性质。设 $f(z)$ 在区域 D 内解析，$z_0 \in D$，$w_0 = f(z_0)$。

（1）若 $f'(z_0) \neq 0$，由定理 9，∃ 邻域 $V(z_0;\delta)$，$f(z)$ 在邻域 $V(z_0;\delta)$ 内单叶解析。再由定理 12，f 把 $V(z_0;\delta)$ 一一地、保角地映为 w_0 点的单连通邻域 U（图 6-4）。f 限制在 $V=V(z_0;\delta)$ 上的函数 $f|V$ 有反函数 $(f|V)^{-1}$，它把 U 一一地、保角地映为 V；

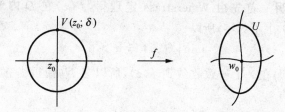

图 6-4

（2）若 $f'(z_0)=0$。设 $f(z)-w_0=(z-z_0)^n g(z)$，函数 $g(z)$ 在邻域 $V(z_0;\rho)$ 内解析，且不为零，因此在 $V(z_0;\rho)$ 上 $\sqrt[n]{g(z)}$ 可选出

单值解析分支 $h(z)$. 令

$$\zeta(z) = (z - z_0)h(z),$$

函数 $\zeta(z)$ 在 $V(z_0;\rho)$ 内解析. $w=f(z)$ 可以看成 $w=w_0+\zeta^n$ 与 $\zeta=\zeta(z)$ 的复合. 因 $\zeta'(z_0)=h(z_0)\neq0$, 由定理 9, $\exists$ z_0 点的单连通邻域 $U\subset V(z_0;\rho)$, $\zeta(z)$ 在 U 内单叶解析, 且把 U 一一地、保角地映为原点邻域 $V(0;\delta)$. 又函数 $w=w_0+\zeta^n$ 把 $V(0;\delta)$ 映为 $V(w_0;\delta^n)$, 所以 f 把 z_0 点单连通邻域 U 映为 $V(w_0;\delta^n)$. 使空心邻域 U^* 到 $V^*(w_0;\delta^n)$ 之间为 n 对 1 的对应(图 6-5).

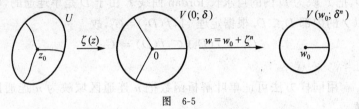

图 6-5

下面讨论序列的情形.

定理 13(Hurwitz) 若函数序列 $\{f_n(z)\}$ 在区域 D 内解析, 并且在 D 内内闭一致收敛到一个不恒为零的函数 $f(z)$. γ 是 D 内可求长简单闭曲线, 其内部属于 D, 且不经过 $f(z)$ 的零点. 则存在正整数 N, 使得当 $n\geq N$ 时, 在 γ 内部 $f_n(z)$ 和 $f(z)$ 的零点个数是相同的.

证明 首先由 Weierstrass 定理得, $f(z)$ 在 D 内解析. 因 $f(z)$ 在 γ 上不为零, 所以

$$\min_{z\in\gamma}|f(z)| = \alpha > 0.$$

又 $\{f_n(z)\}$ 在 γ 上一致收敛到 $f(z)$, 所以 $\exists$ N, 使得当 $n\geq N$ 时, 在 γ 上有

$$|f_n(z) - f(z)| < \alpha.$$

于是当 $n\geq N$ 时, 在 γ 上有

$$|f_n(z) - f(z)| < |f(z)|.$$

由 Rouche 定理, 知 $f(z)$ 与 $f_n(z)$ 在 γ 内部有相同的零点个数. 证

毕.

定理 14　若函数序列 $\{f_n(z)\}$ 在区域 D 内单叶解析,并且在 D 内内闭一致收敛到函数 $f(z)$,若 $f(z)$ 不为常数,则 $f(z)$ 在 D 内单叶解析.

证明　由 Weierstrass 定理知 $f(z)$ 在 D 内解析. 假如 $f(z)$ 在 D 内不单叶,那么在 D 内存在两点 $z_1,z_2(z_1 \neq z_2)$,使得 $f(z_1) = f(z_2)$. 记 $f(z_1) = w_0$,则序列 $\{f_n(z) - w_0\}$ 在 D 内内闭一致收敛于不恒为零的函数 $f(z) - w_0$. 在 D 内以 z_1,z_2 为心作两不交的小圆周 γ_1,γ_2,由上一定理,$\exists\, N$,使得当 $n \geqslant N$ 时,$f_n(z) - w_0$ 在 γ_1,γ_2 内部与 $f(z) - w_0$ 有相同的零点个数,这也就是说在 γ_1 和 γ_2 内部分别存在点 z_1' 与 z_2',使

$$f_N(z_1') = w_0 = f_N(z_2').$$

这与 $f_N(z)$ 在 D 内单叶相矛盾. 证毕.

§5　求亚纯函数的展式

应用留数定理,可以将复平面上亚纯函数展成部分分式. 我们通过例子来说明如何展开.

例 6　证明:$\cot\pi z = \dfrac{1}{\pi}\left[\dfrac{1}{z} + \sum\limits_{n=1}^{\infty} \dfrac{2z}{z^2 - n^2}\right]$,$z \in \mathbb{C} \setminus \mathbb{Z}$.

证明　$\forall\, z_0 \in \mathbb{C} \setminus \mathbb{Z}$,固定 z_0,作一闭路 γ_n,它是正方形 $|x| \leqslant \lambda = n + \dfrac{1}{2}$,$|y| \leqslant \lambda$ 的边界,使 γ_n 包含 z_0(图 6-6). 函数 $\dfrac{\cot\pi z}{z - z_0}$ 在 $z = n(n = 0, \pm 1, \pm 2, \cdots)$ 和 z_0 有一级极点,其留数为:

$$\mathrm{Res}\left(\frac{\cot\pi z}{z - z_0}; n\right) = \frac{1}{\pi(n - z_0)},$$

$$\mathrm{Res}\left(\frac{\cot\pi z}{z - z_0}; z_0\right) = \cot\pi z_0.$$

由留数定理,

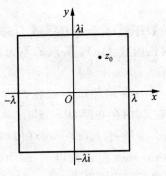

图　6-6

$$\int_{\gamma_n} \frac{\cot\pi z}{z - z_0} \mathrm{d}z = 2\pi\mathrm{i}\left[\sum_{k=-n}^{n} \frac{1}{\pi(k - z_0)} + \cot\pi z_0\right]$$

$$= 2\pi\mathrm{i}\left[\cot\pi z_0 - \frac{1}{\pi}\left(\frac{1}{z_0} + \sum_{k=1}^{n} \frac{2z_0}{z_0^2 - k^2}\right)\right]. \quad (19)$$

现在来估计上式左端的积分. 在 γ_n 平行于 y 轴的两边上,

$$|\cot\pi(\pm\lambda + \mathrm{i}y)|^2 = \left|\frac{\cos\pi(\pm\lambda + \mathrm{i}y)}{\sin\pi(\pm\lambda + \mathrm{i}y)}\right|^2$$

$$= \frac{\mathrm{ch}^2\pi y - \sin^2\pi\lambda}{\mathrm{sh}^2\pi y + \sin^2\pi\lambda} = \frac{\mathrm{ch}^2\pi y - 1}{\mathrm{sh}^2\pi y + 1}$$

$$= \frac{\mathrm{sh}^2\pi y}{\mathrm{sh}^2\pi y + 1} \leqslant 1;$$

在 γ_n 平行于 x 轴的两边上,

$$|\cot\pi(x \pm \mathrm{i}\lambda)|^2 = \left|\frac{\cos\pi(x \pm \mathrm{i}\lambda)}{\sin\pi(x \pm \mathrm{i}\lambda)}\right|^2 = \frac{\mathrm{ch}^2\pi\lambda - \sin^2\pi x}{\mathrm{sh}^2\pi\lambda + \sin^2\pi x}$$

$$\leqslant \frac{\mathrm{ch}^2\pi\lambda}{\mathrm{sh}^2\pi\lambda} = \frac{\mathrm{e}^{2\pi\lambda} + \mathrm{e}^{-2\pi\lambda} + 2}{\mathrm{e}^{2\pi\lambda} + \mathrm{e}^{-2\pi\lambda} - 2} \to 1$$

$$\left(\lambda = n + \frac{1}{2} \to +\infty\right).$$

所以当 n 充分大时, 或 λ 充分大时, 在 γ_n 上有

$$|\cot\pi z| \leqslant 2. \quad (20)$$

又

$$\int_{\gamma_n} \frac{\cot\pi z}{z - z_0} dz = \int_{\gamma_n} \frac{\cot\pi z}{z} dz + \int_{\gamma_n} \frac{z_0 \cot\pi z}{z(z - z_0)} dz. \quad (21)$$

上式右端第一个积分由留数定理,

$$\int_{\gamma_n} \frac{\cot\pi z}{z} dz = 2\pi i \sum_{\substack{k=-n \\ k \neq 0}}^{n} \frac{1}{\pi k} = 0. \quad (22)$$

第二个积分由(20)式,有

$$\left| \int_{\gamma_n} \frac{z_0 \cot\pi z}{z(z - z_0)} dz \right| \leqslant \frac{2|z_0|}{\lambda(\lambda - |z_0|)} \cdot 8\lambda \to 0 \quad (\lambda \to +\infty).$$

由(21),(22)式和上式,可得

$$\lim_{n \to +\infty} \int_{\gamma_n} \frac{\cot\pi z}{z - z_0} dz = 0.$$

(19)式中令 $n \to +\infty$ 取极限,利用上式即得

$$\cot\pi z_0 = \frac{1}{\pi} \left[\frac{1}{z_0} + \sum_{k=1}^{\infty} \frac{2z_0}{z_0^2 - k^2} \right].$$

由 $z_0 \in \mathbb{C} \setminus \mathbb{Z}$ 的任意性,结论得证.

函数 $z\cot z$ 在圆 $|z| < \pi$ 内解析,所以在 $|z| < \pi$ 内可展成 Taylor 级数. 因 $z\cot z$ 为偶函数,展式中只含偶次幂,记偶次幂系数 c_{2n} 为 $-\dfrac{2^{2n}B_n}{(2n)!}$,则

$$z\cot z = 1 - \sum_{n=1}^{\infty} \frac{2^{2n}B_n}{(2n)!} z^{2n} \quad (|z| < \pi), \quad (23)$$

其中 B_n 称为 **Bernoulli 数**.

例 7　证明:$\displaystyle\sum_{n=1}^{\infty} \frac{1}{n^{2k}} = 2^{2k-1} \frac{\pi^{2k}B_k}{(2k)!}$.

证明　由(23)式得

$$\pi z\cot\pi z = 1 - \sum_{n=1}^{\infty} \frac{2^{2n}B_n}{(2n)!} \pi^{2n} z^{2n} \quad (|z| < 1). \quad (24)$$

又由例 6,当 z 充分小时,

$$\pi z\cot\pi z = 1 + \sum_{n=1}^{\infty} \frac{2z^2}{z^2 - n^2}$$

$$= 1 - \sum_{n=1}^{\infty} \frac{2z^2}{n^2\left(1 - \dfrac{z^2}{n^2}\right)} = 1 - \sum_{n=1}^{\infty} \frac{2z^2}{n^2} \cdot \sum_{k=0}^{\infty} \left(\frac{z^2}{n^2}\right)^k$$

$$= 1 - \sum_{k=1}^{\infty} \sum_{n=1}^{\infty} \frac{2z^{2k}}{n^{2k}} = 1 - \sum_{k=1}^{\infty} \left(2 \sum_{n=1}^{\infty} \frac{1}{n^{2k}}\right) z^{2k}. \tag{25}$$

根据幂级数展式的唯一性,比较(24)与(25)式,得

$$\sum_{n=1}^{\infty} \frac{1}{n^{2k}} = 2^{2k-1} \frac{\pi^{2k} B_k}{(2k)!}.$$

由此可知 Bernoulli 数皆大于零.

例 8 求出级数 $\displaystyle\sum_{n=1}^{\infty} \frac{1}{n^2}, \sum_{n=1}^{\infty} \frac{1}{n^4}, \sum_{n=1}^{\infty} \frac{1}{n^6}$ 的具体值.

解 因为

$$z\cot z = z\frac{\cos z}{\sin z} = \frac{1 - \dfrac{z^2}{2!} + \dfrac{z^4}{4!} - \dfrac{z^6}{6!} + \cdots}{1 - \dfrac{z^2}{3!} + \dfrac{z^4}{5!} - \dfrac{z^6}{7!} + \cdots}$$

$$= \left(1 - \frac{z^2}{2!} + \frac{z^4}{4!} - \frac{z^6}{6!} + \cdots\right)$$

$$\cdot \left[1 + \left(\frac{z^2}{3!} - \frac{z^4}{5!} + \frac{z^6}{7!} - \cdots\right)\right.$$

$$+ \left(\frac{z^2}{3!} - \frac{z^4}{5!} + \cdots\right)^2$$

$$\left.+ \left(\frac{z^2}{3!} - \cdots\right)^3 + \cdots\right]$$

$$= 1 - \frac{1}{3}z^2 - \frac{1}{45}z^4 - \frac{32}{3 \times 7!}z^6 - \cdots. \tag{26}$$

上式偶次幂系数皆为有理数,因此 Bernoulli 数为有理数.比较例 7 与(26)式可得

$$\sum_{n=1}^{\infty} \frac{1}{n^2} = \frac{1}{2} \cdot \frac{\pi^2}{3} = \frac{\pi^2}{6};$$

$$\sum_{n=1}^{\infty} \frac{1}{n^4} = \frac{1}{2} \cdot \frac{\pi^4}{45} = \frac{\pi^4}{90};$$

$$\sum_{n=1}^{\infty} \frac{1}{n^6} = \frac{1}{2} \cdot \frac{32}{3 \times 7!} \pi^6 = \frac{\pi^6}{945}.$$

§6　求某些函数的定积分

对数学分析中的初等函数,从复变函数观点,可以进行有效的、统一的处理. 如初等函数展成 Taylor 级数的问题,在分析中对不同基本初等函数证其余项趋于零,所用方法各不相同. 但在复变函数中,只要解析就可展开成 Taylor 级数,利用这个一般定理就得到所有基本初等函数的 Taylor 展式,特别限制到实轴上,即得实基本初等函数的 Taylor 展式. 这节应用留数定理计算数学分析中一类定积分,这里所指定积分主要是被积函数的原函数不能用初等函数表示出来的积分. 数学分析中通常采用含参变量积分的方法,一般来说,这种方法较为复杂,不易掌握. 而用复变函数留数理论来求这类积分,可以用统一的程序来求. 这一程序可分为四步: 设求积分

$$\int_{-\infty}^{\infty} f(x)\mathrm{d}x.$$

(1) 先适当选取函数 $F(z)$,通常使 $F(x) = f(x)$ 或

$$\mathrm{Re}F(x) = f(x);$$

(2) 然后选取一有限简单闭路 γ,区间 $(-R, R)$ 为 γ 的一部分;

(3) 再在 γ 所围区域上应用留数定理,求出 $F(z)$ 在极点的留数;

(4) 最后取极限,要估计 γ 不在实轴上部分的积分极限值.

下面我们要讨论五种类型的积分.

1. 两个引理

我们把取极限时常遇到的积分估计写成引理.

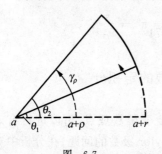

图 6-7

引理 1 若函数 $f(z)$ 在 D：$0 < |z-a| \leqslant r$，$\theta_1 \leqslant \arg(z-a) \leqslant \theta_2$ 上连续(图 6-7)，且

$$\lim_{D \ni z \to a} (z - a)f(z) = A,$$

则

$$\lim_{\rho \to 0} \int_{\gamma_\rho} f(z)\mathrm{d}z = Ai(\theta_2 - \theta_1),$$

其中 γ_ρ：$z = a + \rho\mathrm{e}^{\mathrm{i}\theta}$，$\theta_1 \leqslant \theta \leqslant \theta_2$，$0 < \rho < r$.

证明 设 $(z-a)f(z) = A + \varepsilon(z)$，其中 $\lim_{z \to a}\varepsilon(z) = 0$，则

$$\int_{\gamma_\rho} f(z)\mathrm{d}z = \int_{\gamma_\rho} \frac{A}{z - a}\mathrm{d}z + \int_{\gamma_\rho} \frac{\varepsilon(z)}{z - a}\mathrm{d}z$$

$$= Ai(\theta_2 - \theta_1) + \int_{\gamma_\rho} \frac{\varepsilon(z)}{z - a}\mathrm{d}z.$$

因

$$\left| \int_{\gamma_\rho} \frac{\varepsilon(z)}{z - a}\mathrm{d}z \right| \leqslant \frac{\max\limits_{z \in r_\rho}|\varepsilon(z)|}{\rho} \cdot (\theta_2 - \theta_1)\rho \to 0 \quad (\rho \to 0),$$

所以

$$\lim_{\rho \to 0} \int_{r_\rho} f(z)\mathrm{d}z = Ai(\theta_2 - \theta_1).$$

证毕.

引理 2(Jordan) 若函数 $f(z)$ 在 $R_0 \leqslant |z| < +\infty$，$\mathrm{Im}z \geqslant 0$ 上连续(图 6-8)，且

$$\lim_{\substack{z \to \infty \\ \mathrm{Im}z \geqslant 0}} f(z) = 0,$$

a 是正常数，则

$$\lim_{R \to +\infty} \int_{\gamma_R} \mathrm{e}^{\mathrm{i}az} f(z)\mathrm{d}z = 0,$$

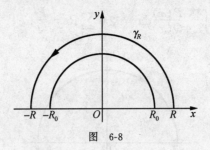

图 6-8

其中 $\gamma_R: z = Re^{i\theta}, 0 \leqslant \theta \leqslant \pi, R > R_0.$

证明 设 $M(R) = \max\limits_{z \in \gamma_R} |f(z)|$,则

$$\left| \int_{\gamma_R} e^{iaz} f(z) dz \right| \leqslant M(R) \int_0^\pi e^{-aR\sin\theta} R d\theta$$

$$= 2M(R) \int_0^{\frac{\pi}{2}} e^{-aR\sin\theta} R d\theta.$$

当 $0 \leqslant \theta \leqslant \dfrac{\pi}{2}$ 时,$\sin\theta \geqslant \dfrac{2}{\pi}\theta$,于是

$$\left| \int_{\gamma_R} e^{iaz} f(z) dz \right| \leqslant 2M(R) \int_0^{\frac{\pi}{2}} e^{-\frac{2aR}{\pi}\theta} R d\theta$$

$$= \frac{\pi M(R)}{a}(1 - e^{-aR}).$$

由条件 $\lim\limits_{R \to +\infty} M(R) = 0$,所以

$$\lim_{R \to +\infty} \int_{\gamma_R} e^{iaz} f(z) dz = 0.$$

证毕.

2. **有理函数的积分**

应用留数定理可以计算积分 $\displaystyle\int_{-\infty}^{+\infty} \frac{P(x)}{Q(x)} dx$,这里 $P(x), Q(x)$ 为多项式,且 $Q(x)$ 在实轴上无零点,其次数比 $P(x)$ 的次数至少大 2,则广义积分收敛. 设 $\dfrac{P(z)}{Q(z)}$ 在上半平面内的极点为 $a_1, \cdots, a_n$(图 6-9),则

$$\int_{-\infty}^{+\infty} \frac{P(x)}{Q(x)} \mathrm{d}x = 2\pi\mathrm{i} \sum_{k=1}^{n} \operatorname{Res}\left(\frac{P}{Q}; a_k\right).$$

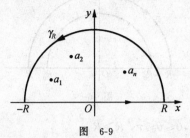

图 6-9

事实上取 R 充分大,使得上半圆: $|z| < R, \operatorname{Im}z > 0$ 包含 $\dfrac{P(z)}{Q(z)}$ 的极点 $a_1, \cdots, a_n$. 由留数定理得

$$\int_{-R}^{R} \frac{P(x)}{Q(x)} \mathrm{d}x + \int_{\gamma_R} \frac{P(z)}{Q(z)} \mathrm{d}z = 2\pi\mathrm{i} \sum_{k=1}^{n} \operatorname{Res}\left(\frac{P}{Q}; a_k\right). \quad (27)$$

因 $\dfrac{P(z)}{Q(z)} = O\left(\dfrac{1}{|z|^2}\right)$ ($|z| \to +\infty$),所以

$$\lim_{R \to +\infty} \int_{\gamma_R} \frac{P(z)}{Q(z)} \mathrm{d}z = 0,$$

这样令(27)中 $R \to +\infty$,取极限即得所证公式.

例 9 计算积分

$$I = \int_{-\infty}^{\infty} \frac{\mathrm{d}x}{(1 + x^2)^{n+1}},$$

n 是正整数.

解 函数 $\dfrac{1}{(1+z^2)^{n+1}}$ 在上半平面有唯一的孤立奇点 $z = \mathrm{i}$,它是函数的 $n+1$ 级极点,其留数为

$$\operatorname{Res}\left(\frac{1}{(1+z^2)^{n+1}}; \mathrm{i}\right) = \frac{1}{n!} \frac{\mathrm{d}^n}{\mathrm{d}z^n} \left\{ \frac{1}{(z+\mathrm{i})^{n+1}} \right\} \Bigg|_{z=\mathrm{i}}$$

$$= \frac{1}{n!} \cdot \frac{(-1)^n (n+1)(n+2)\cdots(2n)}{(2\mathrm{i})^{2n+1}}$$

$$= \frac{1}{\mathrm{i}} \frac{(2n)!}{2^{2n+1}(n!)^2} = \frac{1}{2\mathrm{i}} \frac{(2n-1)!!}{(2n)!!}.$$

由所证公式得到

$$I = 2\pi i \operatorname{Res}\left(\frac{1}{(1+z^2)^{n+1}}; i\right) = \frac{(2n-1)!!}{(2n)!!}\pi.$$

注 如果 $f(x)$ 是偶函数，则

$$\int_0^{+\infty} f(x)\mathrm{d}x = \frac{1}{2}\int_{-\infty}^{\infty} f(x)\mathrm{d}x;$$

如果 $f(x)$ 不是偶函数，我们可以选取适当的扇形角域的边界作为闭路 γ.

3. 三角函数有理式的积分

应用留数定理可以计算形如 $\int_0^{2\pi} R(\sin\theta, \cos\theta)\mathrm{d}\theta$ 的积分，其中 $R(x, y)$ 是两个变量 x 与 y 的有理函数. 对此积分只要令 $z = \mathrm{e}^{\mathrm{i}\theta}$，则

$$\cos\theta = \frac{1}{2}(\mathrm{e}^{\mathrm{i}\theta} + \mathrm{e}^{-\mathrm{i}\theta}) = \frac{1}{2}\left(z + \frac{1}{z}\right),$$

$$\sin\theta = \frac{1}{2\mathrm{i}}\left(z - \frac{1}{z}\right), \quad \mathrm{d}\theta = \frac{\mathrm{d}z}{\mathrm{i}z}. \tag{28}$$

所求积分化为单位圆周上有理函数的积分：

$$\int_0^{2\pi} R(\sin\theta, \cos\theta)\mathrm{d}\theta$$

$$= \int_{|z|=1} R\left[\frac{1}{2\mathrm{i}}\left(z - \frac{1}{z}\right), \frac{1}{2}\left(z + \frac{1}{z}\right)\right]\frac{\mathrm{d}z}{\mathrm{i}z}.$$

例 10 计算积分

$$I = \int_0^{2\pi} \frac{\mathrm{d}\theta}{a + b\cos\theta} \quad (a > b > 0).$$

解 将(28)变换式代入积分，得

$$I = \int_{|z|=1} \frac{1}{a + \frac{b}{2}\left(z + \frac{1}{z}\right)}\frac{\mathrm{d}z}{\mathrm{i}z} = \frac{2}{\mathrm{i}}\int_{|z|=1} \frac{\mathrm{d}z}{bz^2 + 2az + b}.$$

方程 $bz^2 + 2az + b = 0$ 的两个根为

$$\alpha = \frac{-a + \sqrt{a^2 - b^2}}{b}, \quad \beta = \frac{-a - \sqrt{a^2 - b^2}}{b}.$$

在 $|z|<1$ 内只有一根 α,由留数定理,

$$I = \frac{2}{i} \cdot 2\pi i \operatorname{Res}\left(\frac{1}{bz^2 + 2az + b}; \alpha\right)$$

$$= 4\pi\left[\frac{1}{2bz + 2a}\right]\Big|_{z=\alpha} = \frac{2\pi}{\sqrt{a^2 - b^2}}.$$

4. 有理函数乘正弦或余弦函数的积分

应用留数定理,我们可以计算形如 $\displaystyle\int_{-\infty}^{+\infty} R(x)\sin x \mathrm{d}x$ 和 $\displaystyle\int_{-\infty}^{\infty} R(x)\cos x \mathrm{d}x$ 的积分,其中 $R(x)$ 为有理函数,分母多项式在实轴上无零点,且其次数比分子多项式的次数至少大 1.

例 11 计算积分(Laplace)

$$I = \int_0^{+\infty} \frac{\cos ax}{1 + x^2}\mathrm{d}x \quad (a > 0).$$

解 取 $f(z) = \dfrac{e^{iaz}}{1+z^2}$(若取 $f(z) = \dfrac{\cos az}{1+z^2}$,以后回路积分不好估计),取回路 γ 如图 6-10. 由留数定理

$$\int_{-R}^{R} \frac{e^{iax}}{1+x^2}\mathrm{d}x + \int_{\gamma_R} \frac{e^{iaz}}{1+z^2}\mathrm{d}z = 2\pi i \operatorname{Res}(f; i)$$

$$= 2\pi i\left[\frac{e^{iaz}}{2z}\right]\Big|_{z=i} = \pi e^{-a}.$$

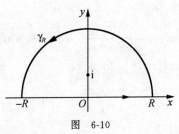

图 6-10

令 $R \to +\infty$,应用引理 2,得

$$\int_{-\infty}^{+\infty} \frac{e^{iax}}{1+x^2}\mathrm{d}x = \pi e^{-a}.$$

上式取实部即得

$$\int_0^{+\infty} \frac{\cos ax}{1+x^2} \mathrm{d}x = \frac{1}{2} \int_{-\infty}^{+\infty} \frac{\cos ax}{1+x^2} \mathrm{d}x = \frac{\pi}{2} \mathrm{e}^{-a}.$$

例 12　计算积分（Dirichlet）

$$I = \int_0^{+\infty} \frac{\sin x}{x} \mathrm{d}x.$$

解　取 $f(z) = \dfrac{\mathrm{e}^{\mathrm{i}z}}{z}$，因为 $z=0$ 是 $f(z)$ 的一级极点，所以不能取如上题的回路，为此取如图 6-11 所示的回路. 由 Cauchy 定理，

$$\int_{\mathrm{I}} f(z)\mathrm{d}z + \int_{\mathrm{II}} f(z)\mathrm{d}z + \int_{\gamma_R} f(z)\mathrm{d}z + \int_{\gamma_r} f(z)\mathrm{d}z = 0. \quad (29)$$

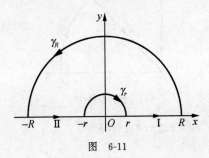

图　6-11

在 II 上，令 $z = -x$ 得

$$\int_{\mathrm{II}} \frac{\mathrm{e}^{\mathrm{i}z}}{z}\mathrm{d}z = \int_R^r \frac{\mathrm{e}^{-\mathrm{i}x}}{x}\mathrm{d}x = -\int_r^R \frac{\mathrm{e}^{-\mathrm{i}x}}{x}\mathrm{d}x,$$

将上式代入（29）式得

$$\int_r^R \frac{\mathrm{e}^{\mathrm{i}x} - \mathrm{e}^{-\mathrm{i}x}}{x}\mathrm{d}x + \int_{\gamma_R} f(z)\mathrm{d}z + \int_{\gamma_r} f(z)\mathrm{d}z = 0. \quad (30)$$

应用引理 2，可得

$$\lim_{R \to +\infty} \int_{\gamma_R} f(z)\mathrm{d}z = \lim_{R \to +\infty} \int_{\gamma_R} \frac{\mathrm{e}^{\mathrm{i}z}}{z}\mathrm{d}z = 0;$$

应用引理 1，可得

$$\lim_{r \to +0} \int_{\gamma_r} f(z)\mathrm{d}z = \lim_{r \to +0} \int_{\gamma_r} \frac{\mathrm{e}^{\mathrm{i}z}}{z}\mathrm{d}z = -\pi\mathrm{i}.$$

在(30)式中令 $R \to +\infty, \gamma \to +0$,利用上面结果,得到

$$\int_0^{+\infty} \frac{\sin x}{x} dx = \frac{\pi}{2}.$$

5. 利用函数 e^{cz^2}(c 为复常数)求积分

例 13 计算积分(Fresnel) $\int_0^{+\infty} \cos x^2 dx$ 与 $\int_0^{+\infty} \sin x^2 dx$.

解 取 $f(z) = e^{iz^2}$,并选取如图 6-12 的回路. 由 Cauchy 定理,

$$\int_{\mathrm{I}} f(z) dz + \int_{\mathrm{II}} f(z) dz + \int_{\gamma_R} f(z) dz = 0.$$

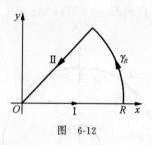

图 6-12

在 γ_R 上,$z = Re^{i\theta}, 0 \leqslant \theta \leqslant \pi/4, z^2 = R^2 e^{2i\theta}$,

$$|f(z)| = e^{-R^2 \sin 2\theta} \leqslant e^{-\frac{4R^2}{\pi}\theta},$$

由此得到

$$\left| \int_{\gamma_R} f(z) dz \right| \leqslant \int_0^{\pi/4} e^{-4R^2\theta/\pi} R d\theta$$

$$= \frac{\pi}{4R}(1 - e^{-R^2}) \to 0 \quad (R \to +\infty),$$

所以

$$\lim_{R \to +\infty} \left(\int_{\mathrm{I}} f(z) dz + \int_{\mathrm{II}} f(z) dz \right) = 0.$$

在 I 上,$z = x$;在 II 上,$z = xe^{\pi i/4}$,由上式得

$$\lim_{R \to +\infty} \left(\int_0^R e^{ix^2} dx + \int_R^0 e^{ix^2 e^{\pi i/2}} \cdot e^{\pi i/4} dx \right)$$

$$= \int_0^{+\infty} e^{ix^2} dx - \int_0^{+\infty} e^{-x^2} \cdot e^{\pi i/4} dx$$

$$= 0.$$

利用 $\int_0^{+\infty} e^{-x^2} dx = \dfrac{\sqrt{\pi}}{2}$，由上式可得

$$\int_0^{+\infty} e^{ix^2} dx = e^{\pi i/4} \int_0^{+\infty} e^{-x^2} dx = \dfrac{\sqrt{\pi}}{2} e^{\pi i/4}.$$

对上式取实部与虚部即得

$$\int_0^{+\infty} \cos x^2 dx = \int_0^{+\infty} \sin x^2 dx = \dfrac{\sqrt{2\pi}}{4}.$$

例 14 计算积分（Poisson）

$$\int_0^{+\infty} e^{-x^2} \cos 2bx\, dx \quad (b > 0).$$

解 取 $f(z) = e^{-z^2}$，并选取如图 6-13 所示的回路. 由 Cauchy 定理，

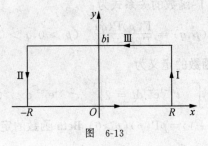

图 6-13

$$\int_{-R}^{R} e^{-x^2} dx + \int_{I} e^{-z^2} dz + \int_{II} e^{-z^2} dz + \int_{III} e^{-z^2} dz = 0.$$

在 I 上，$z = R + iy, 0 \leqslant y \leqslant b, z^2 = R^2 - y^2 + 2iRy$，所以在 I 上

$$|e^{-z^2}| = e^{-R^2 + y^2} \leqslant e^{-R^2 + b^2},$$

由此得到

$$\left| \int_{I} e^{-z^2} dt \right| \leqslant b e^{-R^2 + b^2} \to 0 \quad (R \to +\infty).$$

同理

$$\int_{\mathrm{II}} \mathrm{e}^{-z^2} \mathrm{d}z \to 0 \quad (R \to +\infty).$$

在 III 上，$z = x + \mathrm{i}b, -R \leqslant x \leqslant R$，

$$\mathrm{e}^{-z^2} = \mathrm{e}^{-(x+b\mathrm{i})^2} = \mathrm{e}^{-x^2+b^2-2\mathrm{i}bx},$$

所以得

$$\int_{-\infty}^{+\infty} \mathrm{e}^{-x^2} \mathrm{d}x + \mathrm{e}^{b^2} \int_{+\infty}^{-\infty} \mathrm{e}^{-x^2} \mathrm{e}^{-2\mathrm{i}bx} \mathrm{d}x = 0,$$

或

$$\int_{-\infty}^{+\infty} \mathrm{e}^{-x^2} \cdot \mathrm{e}^{-2\mathrm{i}bx} \mathrm{d}x = \mathrm{e}^{-b^2} \int_{-\infty}^{+\infty} \mathrm{e}^{-x^2} \mathrm{d}x = \sqrt{\pi}\, \mathrm{e}^{-b^2}.$$

取实部得

$$\int_{0}^{+\infty} \mathrm{e}^{-x^2} \cos 2bx \mathrm{d}x = \frac{1}{2} \int_{-\infty}^{+\infty} \mathrm{e}^{-x^2} \cos 2bx \mathrm{d}x = \frac{\sqrt{\pi}}{2} \mathrm{e}^{-b^2}.$$

6. 证明 B-函数与 Γ-函数的关系式

B-函数与 Γ-函数的关系式为：

$$\mathrm{B}(p,q) = \frac{\Gamma(p)\Gamma(q)}{\Gamma(p+q)} \quad (p > 0, q > 0). \tag{31}$$

Gamma 函数的定义为

$$\Gamma(p) = \int_{0}^{+\infty} t^{p-1} \mathrm{e}^{-t} \mathrm{d}t = 2 \int_{0}^{+\infty} x^{2p-1} \mathrm{e}^{-x^2} \mathrm{d}x \quad (p > 0).$$

容易得出 $\Gamma(p+1) = p\Gamma(p)(p>0)$. **Beta 函数**的定义为

$$\mathrm{B}(p,q) = \int_{0}^{1} x^{p-1} (1-x)^{q-1} \mathrm{d}x$$

$$= 2 \int_{0}^{\pi/2} \cos^{2p-1}\theta \sin^{2q-1}\theta \mathrm{d}\theta \quad (p > 0, q > 0).$$

不难证明 $\mathrm{B}(p+1, q+1) = \dfrac{pq}{(p+q+1)(p+q)} \mathrm{B}(p,q).$

证明公式(31)用数学分析的方法比用复分析方法简单. 为此如图 6-14 所示取区域 $D_1 \subset D_2 \subset D_3$，当 $p > 1, q > 1$ 时，由重积分的几何意义，显然有

$$4 \iint\limits_{D_1} x^{2p-1} y^{2q-1} \mathrm{e}^{-(x^2+y^2)} \mathrm{d}x\mathrm{d}y$$

$$\leqslant 4 \iint\limits_{D_2} x^{2p-1} y^{2q-1} \mathrm{e}^{-(x^2+y^2)} \mathrm{d}x\mathrm{d}y$$

$$\leqslant 4 \iint\limits_{D_3} x^{2p-1} y^{2q-1} \mathrm{e}^{-(x^2+y^2)} \mathrm{d}x\mathrm{d}y.$$

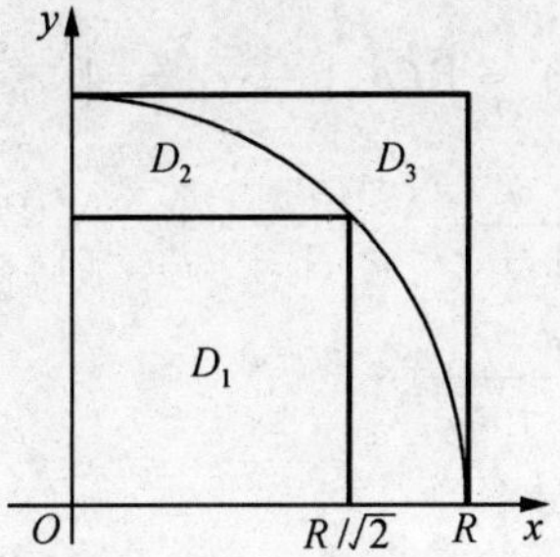

图 6-14

把 D_2 上重积分化为极坐标形式,得

$$2\int_0^{R/\sqrt{2}} x^{2p-1}\mathrm{e}^{-x^2}\mathrm{d}x \cdot 2\int_0^{R/\sqrt{2}} y^{2q-1}\mathrm{e}^{-y^2}\mathrm{d}y$$

$$\leqslant 4\int_0^R\int_0^{\pi/2} \cos^{2p-1}\theta\sin^{2q-1}\theta r^{2(p+q)-1}\mathrm{e}^{-r^2}\mathrm{d}r\mathrm{d}\theta$$

$$\leqslant 2\int_0^R x^{2p-1}\mathrm{e}^{-x^2}\mathrm{d}x \cdot 2\int_0^R y^{2q-1}\mathrm{e}^{-y^2}\mathrm{d}y.$$

上式令 $R \to +\infty$ 即得

$$\Gamma(p)\Gamma(q) \leqslant \mathrm{B}(p,q)\Gamma(p+q) \leqslant \Gamma(p)\Gamma(q).$$

所以当 $p>1, q>1$ 时,得到公式

$$\mathrm{B}(p,q) = \frac{\Gamma(p)\Gamma(q)}{\Gamma(p+q)}.$$

再分别应用递推公式知上式当 $p>0, q>0$ 时仍成立.

(31)式中令 $p=q=\dfrac{1}{2}$,$\mathrm{B}\left(\dfrac{1}{2}, \dfrac{1}{2}\right) = \pi$,所以

$$\Gamma\left(\frac{1}{2}\right)^2 = \pi\Gamma(1) = \pi,$$

即得

$$\int_0^{+\infty} e^{-x^2} dx = \frac{1}{2}\Gamma\left(\frac{1}{2}\right) = \frac{\sqrt{\pi}}{2}.$$

7. 利用多值函数求积分

当 $0 < p < 1$ 时，由(31)式得

$$\Gamma(p)\Gamma(1-p) = B(p, 1-p) = \int_0^1 x^{p-1}(1-x)^{-p} dx$$

$$= \int_0^{+\infty} \left(\frac{t}{1+t}\right)^{p-1}\left(\frac{1}{1+t}\right)^{-p} \frac{dt}{(1+t)^2}$$

$$= \int_0^{+\infty} \frac{t^{p-1}}{1+t} dt. \tag{32}$$

例 15 计算积分

$$I = \int_0^{+\infty} \frac{x^{p-1}}{1+x} dx \quad (0 < p < 1).$$

解 取 $f(z) = \dfrac{z^{p-1}}{1+z}$，函数 $f(z)$ 在 $\mathbb{C} \setminus [0, +\infty)$ 上可以取出单值分支，取切口 $[0, +\infty)$ 的上边沿 $f(z)$ 为正值的那个单值分支. 选取如图 6-15 所示的回路，其中 I 位于切口 $[0, +\infty)$ 的上边沿，II 位于切口 $[0, +\infty)$ 的下边沿. $z = -1$ 为 $f(z)$ 的一级极点，由留数定理

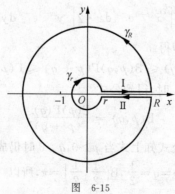

图 6-15

$$\int_{I} f(z)\mathrm{d}z + \int_{II} f(z)\mathrm{d}z + \int_{\gamma_r} f(z)\mathrm{d}z + \int_{\gamma_R} f(z)\mathrm{d}z$$

$$= 2\pi\mathrm{i}\mathrm{Res}(f; -1) = 2\pi\mathrm{i}(-1)^{p-1}$$

$$= 2\pi\mathrm{i}\mathrm{e}^{(p-1)\pi\mathrm{i}} = -2\pi\mathrm{i}\mathrm{e}^{p\pi\mathrm{i}}. \tag{33}$$

在 γ_R 和 γ_r 上的积分有估计式：

$$\left| \int_{\gamma_R} \frac{z^{p-1}}{1+z}\mathrm{d}z \right| \leqslant \int_{\gamma_R} \frac{|z|^{p-1}}{|z|-1}|\mathrm{d}z|$$

$$\leqslant \frac{R^{p-1}}{R-1}2\pi R \to 0 \quad (R \to +\infty),$$

$$\left| \int_{\gamma_r} \frac{z^{p-1}}{1+z}\mathrm{d}z \right| \leqslant \int_{\gamma_r} \frac{|z|^{p-1}}{1-|z|}|\mathrm{d}z|$$

$$\leqslant \frac{r^{p-1}}{1-r}2\pi r \to 0 \quad (r \to +0).$$

在 II 上，$z = x\mathrm{e}^{2\pi\mathrm{i}}$，所以

$$\int_{II} \frac{z^{p-1}}{1+z}\mathrm{d}z = \int_{R}^{r} \frac{x^{p-1}\mathrm{e}^{2p\pi\mathrm{i}}}{1+x}\mathrm{d}x.$$

在(33)式中令 $r \to +0, R \to +\infty$，得

$$\int_0^{+\infty} \frac{x^{p-1}}{1+x}\mathrm{d}x - \mathrm{e}^{2p\pi\mathrm{i}}\int_0^{+\infty} \frac{x^{p-1}}{1+x}\mathrm{d}x = -2\pi\mathrm{i}\mathrm{e}^{p\pi\mathrm{i}}.$$

化简得

$$\frac{\mathrm{e}^{p\pi\mathrm{i}} - \mathrm{e}^{-p\pi\mathrm{i}}}{2\mathrm{i}} \int_0^{+\infty} \frac{x^{p-1}}{1+x}\mathrm{d}x = \pi,$$

或

$$\int_0^{+\infty} \frac{x^{p-1}}{1+x}\mathrm{d}x = \frac{\pi}{\sin p\pi}.$$

利用上述结果，也就证明了公式：

$$\Gamma(p)\Gamma(1-p) = \frac{\pi}{\sin p\pi} \quad (0 < p < 1).$$

例 16 计算积分

$$I = \int_0^{+\infty} \frac{\log x}{(1+x^2)^2} dx.$$

解　取 $f(z) = \dfrac{\log z}{(1+z^2)^2}$, $\log z$ 在 $\mathbb{C} \setminus [0, +\infty)$ 上取主值. 取回路如图 6-11 所示. 由留数定理

$$\int_I f(z)dz + \int_{II} f(z)dz + \int_{\gamma_R} f(z)dz + \int_{\gamma_r} f(z)dz$$

$$= 2\pi i \operatorname{Res}(f;i) = 2\pi i \frac{d}{dz}\left(\frac{\log z}{(z+i)^2} \right)\Big|_{z=i}$$

$$= 2\pi i \left[\frac{1}{z(z+i)^2} - \frac{2\log z}{(z+i)^3} \right]\Big|_{z=i} = 2\pi i \left(\frac{i}{4} + \frac{\pi}{8} \right)$$

$$= -\frac{\pi}{2} + \frac{\pi^2}{4} i. \tag{34}$$

在 II 上, $z = -x$,

$$\int_{II} f(z)dz = -\int_R^r \frac{\log(-x)}{(1+x^2)^2} dx = \int_r^R \frac{\log x + \pi i}{(1+x^2)^2} dx,$$

在 γ_R 和 γ_r 上的积分有估计式

$$\left| \int_{\gamma_R} \frac{\log z}{(1+z^2)^2} dz \right| \leqslant \frac{\log R + \pi}{(R^2-1)^2} \cdot \pi R \to 0 \quad (R \to +\infty);$$

$$\left| \int_{\gamma_r} \frac{\log z}{(1+z^2)^2} dz \right| \leqslant \frac{\log \dfrac{1}{r} + \pi}{(1-r^2)^2} \cdot \pi r \to 0 \quad (r \to +0).$$

在 (34) 式中令 $R \to +\infty$, $r \to +0$, 得

$$2\int_0^{+\infty} \frac{\log x}{(1+x^2)^2} dx + i\int_0^{+\infty} \frac{\pi}{(1+x^2)^2} dx = -\frac{\pi}{2} + \frac{\pi^2}{4} i.$$

上式取实部得

$$\int_0^{+\infty} \frac{\log x}{(1+x^2)^2} dx = -\frac{\pi}{4},$$

取虚部得

$$\int_0^{+\infty} \frac{dx}{(1+x^2)^2} = \frac{\pi}{4}.$$

注　这题若采用上一题的回路, 在 I、II 上出现的含 $\log x$ 积分

正好抵消. 所以若采用上一题回路时,函数必须取

$$f(z) = \frac{\log^2 z}{(1 + z^2)^2}.$$

习　题

1. 求下列函数在指定点的留数:

(1) $\dfrac{\sin\alpha z}{z^3 \sin\beta z}$ $(\alpha \neq \beta, \beta \neq 0), z = 0$;

(2) $\log \dfrac{z - a}{z - b}$ $(a \neq b), z = \infty$;

(3) $e^{\frac{1}{z}} \cdot \dfrac{1}{1 - z}$, $z = 0, 1, \infty$.

2. 求下列积分:

(1) $\displaystyle\int_{|z|=1} \dfrac{dz}{z^3(z^2 - 2)}$;

(2) $\displaystyle\int_{|z|=R} \sqrt{(z - a)(z - b)} dz (a \neq b) R > \max(|a|, |b|)$,

平方根的分支取在 ∞ 邻域展开式为 $z + c_0 + \cdots$ 的那个分支.

3. 若 z_k 是 $f(z) = \dfrac{1}{z^4 + a^4} (a \neq 0)$ 的极点,则

$$\text{Res}(f; z_k) = -\frac{z_k}{4a^4}.$$

4. 设 $z_n = \left(n + \dfrac{1}{2}\right)\pi, f(z)$ 在包含实轴邻域内解析,求证

$$\text{Res}(f/\cos^2 z; z_n) = f'(z_n).$$

5. 设 $\varphi(z)$ 在 $z = a$ 点解析,$\varphi(a) \neq 0$,证明:

$$\frac{A}{\varphi'(a)} = \frac{1}{2\pi i} \int_{|z-a|=\rho} \frac{A}{\varphi(z) - \varphi(a)} dz \quad (\rho \text{ 充分小}, A \text{ 为常数}).$$

6. 设 $\varphi(z)$ 在 $z = a$ 点解析,且 $\varphi'(a) \neq 0, \zeta_0 = \varphi(a)$ 是函数 $f(\zeta)$ 的简单极点,其留数为 A,求

$$\text{Res}(f \circ \varphi; a).$$

7. 若 $f(z)$ 是偶函数,且是 $\mathbb{C}$ 上亚纯函数,证明:

(1) $\text{Res}(f; a) = -\text{Res}(f; -a)$;

(2) $\int_{|z|=R} f(z)\mathrm{d}z = 0, f(z)$ 在 $|z| = R$ 上无极点.

8. 求方程 $z^5 + 13z^2 + 15 = 0$ 在圆环 $1 < |z| < 2$ 和 $2 < |z| < \dfrac{5}{2}$ 内根的个数.

9. 求方程 $z^5 + 11z + 9 = 0$ 在下列区域内根的个数:

(1) $3/4 < |z| < 1$;　　　(2) $1 < |z| < 2$;

(3) $x > 0, y > 0$;　　　(4) $x < 0, y > 0$.

10. 证明方程 $(z+1)\mathrm{e}^{-z} = z + 2$ 在右半平面没有根.

11. 证明方程 $z^8 + 3z^3 + 7z + 5 = 0$ 在第一象限恰有两个根.

12. 证明 $z^4 + iz^3 + 1$ 的四个零点都在圆 $|z| < \dfrac{3}{2}$ 内,而第一象限内恰有一个零点.

13. 若多项式 $P(z) = z^n + a_1 z^{n-1} + \cdots + a_n$ 的系数满足 $|a_k| \leqslant M(1 \leqslant k \leqslant n)$. 证明:多项式 $P(z)$ 的零点皆位于圆 $|z| < 1 + M$ 内.

14. 若多项式 $P(z) = z^n + a_1 z^{n-1} + \cdots + a_n$ 在 $|z| \leqslant 1$ 上满足 $|P(z)| \leqslant M$,则多项式的零点皆位于圆 $|z| < 1 + M$ 内.

15. 设 a 是 $f(z)$ 的孤立奇点,证明:

(1) a 是 $f(z)$ 的可去奇点的充要条件是 a 为 $F(z) = \mathrm{e}^{f(z)}$ 的可去奇点;

(2) a 是 $f(z)$ 的极点或本性奇点,问 a 是 $F(z)$ 的什么奇点?

16. 用保域性定理证明最大模原理.

17. 设 $f: D \to G$ 是解析函数,$F: G \to \mathbb{C}$ 是非常数的解析函数,若 $F(f(z))$ 在 D 上为常数,证明 $f(z)$ 为常数.

18. 证明:如果 $\rho < 1$,则对于充分大的 n,多项式
$$P_n(z) = 1 + 2z + 3z^2 + \cdots + nz^{n-1}$$
在圆 $|z| < \rho$ 内无零点.

19. 设 $P_n(z) = 1 + z + \dfrac{z^2}{2!} + \cdots + \dfrac{z^n}{n!}$,$\delta_n$ 表示 $P_n(z)$ 的 n 个零点模的最小值,证明:$n \to +\infty$ 时,$\delta_n \to +\infty$.

20. 设 $f(z)$ 在 $D: |z| < 1$ 上单叶解析,$f(0) = 0, f'(0) = 1,$

且 $f(z)$ 不是恒等映射. 证明：像域 $f(D)$ 不可能覆盖 $|w|<1$.

21. 设 $f(z)$ 在 D：$|z|<1$ 上单叶解析，且映满单位圆 $|w|<1$. 试求 $f(z)$ 的表达式.

22. 设 $f(z)$ 在包含 $|z|\leqslant 1$ 的域内解析，证明：

(1) 当 $|z|=1$ 时，$|f(z)|<1$，则 $f(z)$ 在 $|z|<1$ 内有唯一的不动点 z_0，即 $f(z_0)=z_0$；

(2) 若 $|z|=1$ 时，$|f(z)|\leqslant 1$，问 $f(z)$ 在 $|z|<1$ 内是否有不动点，证明如果有不动点，则不动点唯一 ($f(z)$ 非恒等映射).

23. 求下列积分：

(1) $\displaystyle\int_0^{+\infty}\frac{x^2}{x^4+6x^2+13}\mathrm{d}x$；

(2) $\displaystyle\int_0^{+\infty}\frac{\mathrm{d}x}{1+x^n}$ (n 为自然数且 $n\geqslant 3$).

24. 求下列积分：

(1) $\displaystyle\int_0^{2\pi}\frac{\mathrm{d}\theta}{a-\sin\theta}$ ($|a|>1$)；

(2) $\displaystyle\frac{1}{2\pi}\int_0^{2\pi}\frac{\mathrm{d}\theta}{1-2a\cos\theta+a^2}$ ($|a|<1$).

25. 求下列积分：

(1) $\displaystyle\int_0^{+\infty}\frac{x\sin ax}{x^2+a^2}\mathrm{d}x$ ($a>0$)；

(2) $\displaystyle\int_0^{+\infty}\frac{\cos x-\mathrm{e}^{-x}}{x}\mathrm{d}x$.

26. 求下列积分：

(1) $\displaystyle\int_0^{+\infty}\frac{\log x}{x^2-1}\mathrm{d}x$；

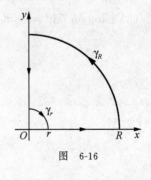

图 6-16

(2) $\displaystyle\int_0^{+\infty}x^{p-1}\cos x\mathrm{d}x$ ($0<p<1$).

(提示：考虑图 6-16 所示路径)

27. 计算积分 $\displaystyle\int_0^{+\infty}\mathrm{e}^{-x^2}\cos x^2\mathrm{d}x$. (提示：取 $f(z)=\mathrm{e}^{-(1-\mathrm{i})z^2}$，参考图 6-12，II：$z=r\mathrm{e}^{\mathrm{i}\frac{\pi}{8}}$.)

28. 设 γ_r 为 $|z-1|=r$ 在单位圆内的部分（图 6-17），γ_1 为单位圆周 $|z|=1$ 除去落在圆 $|z-1|<r$ 内的部分. 证明：

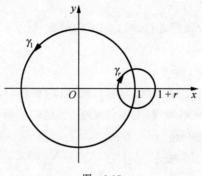

图　6-17

(1) $\displaystyle\lim_{r\to+0}\int_{\gamma_r}\frac{\log(1-z)}{z}dz=0$;

(2) 定义 $\displaystyle\int_{|z|=1}\frac{\log(1-z)}{z}dz=\lim_{r\to+0}\int_{\gamma_1}\frac{\log(1-z)}{z}dz$, 则

$$\int_0^{2\pi}\log|1-e^{i\theta}|d\theta=0;$$

(3) $\displaystyle\int_0^{\pi}\log\sin\theta d\theta=-\pi\log 2.$

第七章 调和函数

讨论解析函数就是讨论一对共轭的调和函数,但调和函数本身也是一个重要的研究课题.通过解析函数来研究调和函数的一些性质,处理起来比实分析方法要简单些.也有些调和函数的性质不能用解析函数来处理,正是这些性质使调和函数反过来成为研究解析函数的工具.如利用调和函数可解边界值问题,我们能构造多连通区域的保角映射函数,使其边界预先满足某种对应,然后通过辐角原理论证内部也满足某种对应.具体构造映射函数已超出基础课的要求,这一章我们只讨论调和函数的性质.

§1 共轭调和微分与 Green 公式

1.1 调和微分与共轭调和微分

先回顾一下关于调和函数的定义与性质.

定义 1 若区域 D 内的实函数 $u(z)=u(x,y)$ 在 D 内二次连续可微,且满足 Laplace 方程:

$$\Delta u = \frac{\partial^2 u}{\partial x^2} + \frac{\partial^2 u}{\partial y^2} = 4\frac{\partial^2 u}{\partial z \partial \bar{z}} = 0, \tag{1}$$

则称 $u(z)$ 为 D 内的**调和函数**.

若 D 内定义的复函数 $f(z)=u(z)+iv(z)$,其实部与虚部为 D 内的调和函数,则称 $f(z)$ 为**复调和函数**.若 $u_1(z),u_2(z)$ 是 D 内调和函数,c 为实常数,则 $u_1(z)\pm u_2(z),cu_1(z)$ 也是 D 内的调和函数.

引理 1 若 $u(\zeta)$ 是区域 Ω 内的调和函数,$f(z)$ 是区域 D 内的

解析函数,且 $f(D) \subset \Omega$,则函数 $u[f(z)]$ 是 D 内的调和函数.

证明　由复合函数求导公式得

$$\frac{\partial u}{\partial z} = \frac{\partial u}{\partial \zeta} \frac{\partial f}{\partial z} + \frac{\partial u}{\partial \bar{\zeta}} \frac{\partial \bar{f}}{\partial z} = \frac{\partial u}{\partial \zeta} \overline{f'(z)},$$

$$\frac{\partial^2 u}{\partial z \partial \bar{z}} = \left[\frac{\partial^2 u}{\partial \zeta \partial \bar{\zeta}} \frac{\partial f}{\partial z} + \frac{\partial^2 u}{\partial \bar{\zeta} \partial \bar{\zeta}} \frac{\partial \bar{f}}{\partial z} \right] \overline{f'(z)} + \frac{\partial u}{\partial \zeta} \frac{\partial \bar{f'}}{\partial z}$$

$$= \frac{\partial^2 u}{\partial \zeta \partial \bar{\zeta}} |f'(z)|^2.$$

根据条件知 $4 \dfrac{\partial^2 u}{\partial \zeta \partial \bar{\zeta}} = 0$,所以 $4 \dfrac{\partial^2 u}{\partial z \partial \bar{z}} = 0$,即 $u[f(z)]$ 在 D 内调和. 证毕.

引理 2　若 $z = 0$ 不属于区域 D,则 $u(z)$ 在 D 内调和的充要条件为

$$\frac{\partial^2 u}{\partial (\log r)^2} + \frac{\partial^2 u}{\partial \theta^2} = 0 \quad (z = r e^{i\theta}), \tag{2}$$

或

$$r \frac{\partial}{\partial r} \left(r \frac{\partial u}{\partial r} \right) + \frac{\partial^2 u}{\partial \theta^2} = 0.$$

证明　只要证明在 D 的每点 z_0 邻域 $V = V(z_0; \delta)$ 上 (2) 式与 (1) 式等价即成. 在 V 上对数函数可取出单值解析分支 $\zeta = \log z$,因 $\zeta' = \dfrac{1}{z} \neq 0$,无妨设 $\zeta = \log z$ 在 V 上单叶,且把 V 映为单连通邻域 U. 反函数 $z = e^{\zeta}$ 把 U 映为 V. 根据引理 1,函数 $u(z)$ 在 V 内调和的充要条件是函数 $u(e^{\zeta})$ 在 U 内调和,即

$$\frac{\partial^2 u}{\partial x^2} + \frac{\partial^2 u}{\partial y^2} = 0 \quad (z = x + iy \in V)$$

在 V 上成立与

$$\frac{\partial^2 u(e^{\zeta})}{\partial \xi^2} + \frac{\partial^2 u(e^{\zeta})}{\partial \eta^2} = 0 \quad (\zeta = \xi + i\eta \in U)$$

在 U 上成立等价. 对上式通过 $\zeta = \log z = \log r + i\theta$ 回到变量 z,得

$$\frac{\partial^2 u}{\partial (\log r)^2} + \frac{\partial^2 u}{\partial \theta^2} = 0$$

在 V 上成立. 证毕.

(2)式称为极坐标形式的 Laplace 方程. 由(2)可知 $\log r$ 在不含原点的区域 D 内调和.

对单连通区域 D 内的调和函数 $u(z)$,一定存在共轭调和函数 $v(z)$. 但对多连通区域 D,一般来说没有单值共轭调和函数. 我们只能退而求其次,不是从函数出发,而是从微分出发求共轭调和微分. 由

$$\mathrm{d}x = (\mathrm{d}z + \mathrm{d}\bar{z})/2, \quad \mathrm{d}y = (\mathrm{d}z - \mathrm{d}\bar{z})/2\mathrm{i}$$

和

$$\frac{\partial}{\partial z} = \frac{1}{2}\left(\frac{\partial}{\partial x} - \mathrm{i}\frac{\partial}{\partial y}\right), \quad \frac{\partial}{\partial \bar{z}} = \frac{1}{2}\left(\frac{\partial}{\partial x} + \mathrm{i}\frac{\partial}{\partial y}\right),$$

调和函数 $u(z)$ 的微分可写成:

$$\mathrm{d}u = \frac{\partial u}{\partial x}\mathrm{d}x + \frac{\partial u}{\partial y}\mathrm{d}y = \frac{\partial u}{\partial z}\mathrm{d}z + \frac{\partial u}{\partial \bar{z}}\mathrm{d}\bar{z}. \tag{3}$$

定义 2 设 $u(z)$ 是区域 D 内的调和函数,则称

$$-\frac{\partial u}{\partial y}\mathrm{d}x + \frac{\partial u}{\partial x}\mathrm{d}y = -\mathrm{i}\frac{\partial u}{\partial z}\mathrm{d}z + \mathrm{i}\frac{\partial u}{\partial \bar{z}}\mathrm{d}\bar{z}$$

为 $\mathrm{d}u$ 的**共轭调和微分**,记做 ${}^{*}\mathrm{d}u$,即

$$
\begin{aligned}
{}^{*}\mathrm{d}u &= -\frac{\partial u}{\partial y}\mathrm{d}x + \frac{\partial u}{\partial x}\mathrm{d}y \\
&= -\mathrm{i}\frac{\partial u}{\partial z}\mathrm{d}z + \mathrm{i}\frac{\partial u}{\partial \bar{z}}\mathrm{d}\bar{z}.
\end{aligned} \tag{4}
$$

若 D 是单连通区域,设 $v(z)$ 是 $u(z)$ 的共轭调和函数,则

$$
\begin{aligned}
\mathrm{d}v &= \frac{\partial v}{\partial x}\mathrm{d}x + \frac{\partial v}{\partial y}\mathrm{d}y \\
&= -\frac{\partial u}{\partial y}\mathrm{d}x + \frac{\partial u}{\partial x}\mathrm{d}y = {}^{*}\mathrm{d}u.
\end{aligned}
$$

定义 3 设 $f(z)$ 在区域 D 内解析,则称 $f(z)\mathrm{d}z$ 为 D 内的**全纯微分**.

引理 3 设 $u(z)$ 是区域 D 内的调和函数,令

$$f(z) = \frac{\partial u}{\partial x} - \mathrm{i}\frac{\partial u}{\partial y} = 2\frac{\partial u}{\partial z},$$

则 $f(z)\mathrm{d}z$ 是 D 内全纯微分,且

$$f(z)\mathrm{d}z = \mathrm{d}u + \mathrm{i}\ ^{*}\mathrm{d}u. \tag{5}$$

证明 由 $\dfrac{\partial f}{\partial \bar{z}} = 2\dfrac{\partial^2 u}{\partial z\partial \bar{z}} = 0$,所以 $f(z)$ 在 D 内解析,故 $f(z)\mathrm{d}z$ $= 2\dfrac{\partial u}{\partial z}\mathrm{d}z$ 为 D 内全纯微分,再由(3)$+\mathrm{i}\times$(4),即得

$$\mathrm{d}u + \mathrm{i}\ ^{*}\mathrm{d}u = 2\frac{\partial u}{\partial z}\mathrm{d}z = f(z)\mathrm{d}z.$$

证毕.

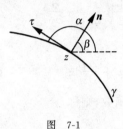

图 7-1

当 $\mathrm{d}u,\ ^{*}\mathrm{d}u$ 限制在 D 内的光滑曲线 γ 上时,我们可以给一几何解释. 设 γ 是由方程 $z = z(t)$ 给定的定向光滑曲线,$\alpha = \arg z'(t)$ 表示 $z(t)$ 点的单位切向量 τ 与正实轴的夹角. 已知 $\mathrm{d}s = |\mathrm{d}z|$, $\mathrm{d}x = \cos\alpha\,\mathrm{d}s, \mathrm{d}y = \sin\alpha\,\mathrm{d}s$. 设 $\boldsymbol{n}$ 为 $z(t)$ 点单位法向量,使 $(\boldsymbol{n}, \tau)$ 成右手系标架. 令 $\boldsymbol{n}$ 与正实轴的夹角为 β,则 $\beta = \alpha - \pi/2$(图 7-1). $\mathrm{d}x = -\sin\beta\,\mathrm{d}s, \mathrm{d}y = \cos\beta\,\mathrm{d}s$,所以

$$\begin{aligned}
\mathrm{d}u &= \frac{\partial u}{\partial x}\mathrm{d}x + \frac{\partial u}{\partial y}\mathrm{d}y \\
&= \left(\frac{\partial u}{\partial x}\cos\alpha + \frac{\partial u}{\partial y}\sin\alpha\right)\mathrm{d}s = \frac{\partial u}{\partial \tau}\mathrm{d}s, \tag{6}
\end{aligned}$$

$$\begin{aligned}
^{*}\mathrm{d}u &= -\frac{\partial u}{\partial y}\mathrm{d}x + \frac{\partial u}{\partial x}\mathrm{d}y \\
&= \left(\frac{\partial u}{\partial x}\cos\beta + \frac{\partial u}{\partial y}\sin\beta\right)\mathrm{d}s = \frac{\partial u}{\partial \boldsymbol{n}}\mathrm{d}s. \tag{7}
\end{aligned}$$

这说明 $\mathrm{d}u,\ ^{*}\mathrm{d}u$ 限制在 γ 上时,即为 $u(z)$ 的切向导数乘 $\mathrm{d}s$ 和法向导数乘 $\mathrm{d}s$.

引理 4 设 $u(z)$ 在区域 D 内调和,可求长 Jordan 曲线族 $\gamma =$

$\gamma_0 + \gamma_1^- + \cdots + \gamma_n^-$ 所围成的 $n+1$ 连通区域属于 D,则

$$\int_\gamma {}^*\mathrm{d}u = 0.$$

若 γ 为逐段光滑曲线族时,则

$$\int_\gamma \frac{\partial u}{\partial \boldsymbol{n}} \mathrm{d}s = 0.$$

证明　由引理 3,$\mathrm{d}u + \mathrm{i}\,{}^*\mathrm{d}u = f(z)\mathrm{d}z$ 为 D 内全纯微分,再由 Cauchy 定理得

$$\int_\gamma f(z)\mathrm{d}z = 0.$$

对上式取虚部,即得

$$\int_\gamma {}^*\mathrm{d}u = 0.$$

证毕.

下面讨论多连通区域 D 内调和函数有单值共轭调和函数的充要条件.

定义 4　设 $D \subset \mathbb{C}$ 为 $n+1$ 连通区域,$\overline{\mathbb{C}} \backslash D$ 的第 $n+1$ 个连通分支 E_{n+1} 包含 ∞ 点,Γ_j 为只环绕第 j 个连通分支 $E_j (j=1,2,\cdots, n)$ 的可求长 Jordan 曲线. $u(z)$ 在 D 内调和,则称

$$K_j = \int_{\Gamma_j} {}^*\mathrm{d}u \tag{8}$$

为**共轭调和微分的周期**,$\{\Gamma_j\}$ 称为一组**同调基**.

在周期定义中,周期 K_j 与具体的 Γ_j 取法无关(参看第四章第四节),称 $\{\Gamma_j\}$ 为同调基,意即对 D 内任一可求长闭曲线 Γ,总有

$$\int_\Gamma {}^*\mathrm{d}u = \sum_{j=1}^n n_j \int_{\Gamma_j} {}^*\mathrm{d}u, \quad n_j \in \mathbb{Z}.$$

定理 1　设 $D \subset \mathbb{C}$ 为 $n+1$ 连通区域,$\{\Gamma_j\}$ 为一组同调基,函数 $u(z)$ 在 D 内调和. 则 $u(z)$ 在 D 内有共轭调和函数的充分必要条件是:所有共轭调和微分的周期皆为零,即

$$K_j = \int_{\gamma_j} {}^*\mathrm{d}u = 0 \quad (j = 1, 2, \cdots, n). \tag{9}$$

证明 若 $u(z)$ 在 D 内有共轭调和函数 $v(z)$，则 ${}^*\mathrm{d}u = \mathrm{d}v$，由数学分析中线积分与路径无关的充要条件得

$$K_j = \int_{\gamma_j} {}^*\mathrm{d}u = \int_{\gamma_j} \mathrm{d}v = 0 \quad (j = 1, 2, \cdots, n).$$

反之，若(9)式成立和明显等式 $\int_{\gamma_j} \mathrm{d}u = 0$，得

$$\int_{\gamma_j} \mathrm{d}u + \mathrm{i} {}^*\mathrm{d}u = 0 \quad (j = 1, 2, \cdots, n).$$

由引理 3，$\mathrm{d}u + \mathrm{i} {}^*\mathrm{d}u = f(z)\mathrm{d}z$ 为 D 内全纯微分及第四章定理 10，知 $f(z)$ 在 D 内有单值原函数 $F(z)$：

$$F(z) = \int_{z_0}^{z} f(\zeta)\mathrm{d}\zeta, \quad z_0 \in D.$$

上式取实部得

$$\mathrm{Re}F(z) = \int_{z_0}^{z} \mathrm{d}u = u(z) - u(z_0).$$

这说明 $u(z)$ 与 $\mathrm{Re}F(z)$ 只差一常数，所以 $u(z)$ 或 $\mathrm{Re}F(z) + u(z_0)$ 在 D 内有共轭调和函数 $\mathrm{Im}F(z)$. 证毕.

1.2 Green 公式

定理 2 设函数 $u_1(z), u_2(z)$ 在区域 D 内调和，可求长 Jordan 曲线族 $\gamma = \gamma_0 + \gamma_1^- + \cdots + \gamma_n^-$ 所围的区域属于 D，则

$$\int_{\gamma} u_1 {}^*\mathrm{d}u_2 - u_2 {}^*\mathrm{d}u_1 = 0. \tag{10}$$

(称上式为 **Green 公式**)

证明 先设 D 是单连通的，这时 $u_j(z)$ 有共轭调和函数 $v_j(z)$，函数 $F_j(z) = u_j(z) + \mathrm{i}v_j(z)(j=1,2)$ 在 D 内解析. 由引理 3，$f_j(z)\mathrm{d}z = \mathrm{d}u_j + \mathrm{i} {}^*\mathrm{d}u_j = \mathrm{d}u_j + \mathrm{i}\mathrm{d}v_j$ 为 D 内的全纯微分. 现把(10)式中被积表达式分成两部分

$$u_1{}^*\mathrm{d}u_2 - u_2{}^*\mathrm{d}u_1 = u_1\mathrm{d}v_2 - u_2\mathrm{d}v_1$$
$$= u_1\mathrm{d}v_2 + v_1\mathrm{d}u_2 - \mathrm{d}(u_2v_1), \qquad (11)$$

第一部分 $u_1\mathrm{d}v_2 + v_1\mathrm{d}u_2$ 是全纯微分

$$(u_1 + \mathrm{i}v_1)(\mathrm{d}u_2 + \mathrm{i}\mathrm{d}v_2) = F_1(z)f_2(z)\mathrm{d}z$$

的虚部,由 Cauchy 定理得

$$\int_\gamma u_1\mathrm{d}v_2 + v_1\mathrm{d}u_2 = \mathrm{Im}\int_\gamma F_1(z)f_2(z)\mathrm{d}z = 0,$$

第二部分 $\mathrm{d}(u_2v_1)$ 显然有

$$\int_\gamma \mathrm{d}(u_2v_1) = 0,$$

因此由(11)式,有

$$\int_\gamma u_1{}^*\mathrm{d}u_2 - u_2{}^*\mathrm{d}u_1 = \int_\gamma u_1\mathrm{d}v_2 - u_2\mathrm{d}v_1 = 0.$$

若 D 是多连通的区域,用添加辅助线方法把 γ 分解成 $n+1$ 条简单闭曲线 $\Gamma_k(k=1,2,\cdots,n+1)$,每条简单闭曲线 Γ_k,总可看成单连通区域 $D_k \subset D$ 内的简单闭曲线(图 7-2),应用单连通区域的结果得

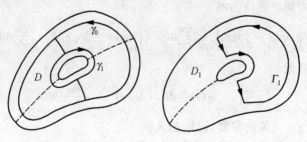

图 7-2

$$\int_{\Gamma_k} u_1{}^*\mathrm{d}u_2 - u_2{}^*\mathrm{d}u_1 = 0 \quad (k=1,2,\cdots,n+1).$$

将 $n+1$ 个等式相加,即得

$$\int_\gamma u_1{}^*\mathrm{d}u_2 - u_2{}^*\mathrm{d}u_1 = 0.$$

证毕.

§2 平均值性质

在第五章第三节,我们知道若 $f(z)$ 在圆环 $r<|z|<R$ 内解析,则积分

$$\frac{1}{2\pi i}\int_{|z|=\rho}\frac{f(z)}{z}dz = \frac{1}{2\pi}\int_0^{2\pi}f(\rho e^{i\theta})d\theta \quad (r<\rho<R)$$

与 ρ 无关,其值即为 $f(z)$ 的 Laurent 展式中的系数 c_0. 对圆环内调和函数有下面定理.

定理 3 若 $u(z)$ 在圆环 $R_0<|z|<R$ 内调和,则

$$\frac{1}{2\pi}\int_0^{2\pi}u(re^{i\theta})d\theta = \alpha\log r + \beta \quad (R_0<r<R), \tag{12}$$

其中 α,β 为实常数.

证明 取 γ_j: $|z|=r_j(j=1,2)(R_0<r_1<r_2<R)$. 记 $\gamma=\gamma_2+\gamma_1^-$,令 $u_1(z)=u(z),u_2(z)=\log r$,并注意到在圆周 γ_j 上

$$^*du = \frac{\partial u}{\partial \boldsymbol{n}}ds = \frac{\partial u}{\partial r}\cdot rd\theta.$$

所以应用公式(10)得

$$\int_{\gamma_2}ud\theta - \log r_2\int_{\gamma_2}r_2\frac{\partial u}{\partial r}d\theta = \int_{\gamma_1}ud\theta - \log r_1\int_{\gamma_1}r_1\frac{\partial u}{\partial r}d\theta.$$

这表明量

$$\int_{|z|=r}u(re^{i\theta})d\theta - \log r\int_{|z|=r}r\frac{\partial u}{\partial r}d\theta \tag{13}$$

为一与 r 无关的常数,记做 $2\pi\beta$.

同理令 $u_1(z)=u(z),u_2(z)=1$,代入公式(10)得

$$-\int_{\gamma_2}r_2\frac{\partial u}{\partial r}d\theta = -\int_{\gamma_1}r_1\frac{\partial u}{\partial r}d\theta.$$

这表明量 $\int_{|z|=r}r\frac{\partial u}{\partial r}d\theta$ 也是一个与 r 无关的常数,记做

$$\int_{|z|=r}r\frac{\partial u}{\partial r}d\theta = 2\pi\alpha. \tag{14}$$

由(13)与(14)式即得

$$\int_{|z|=r} u(re^{i\theta})d\theta = 2\pi\alpha\log r + 2\pi\beta,$$

或

$$\frac{1}{2\pi}\int_0^{2\pi} u(re^{i\theta})d\theta = \alpha\log r + \beta.$$

证毕.

推论 1 若 $u(z)$ 在 $|z|<R$ 内调和,则

$$u(0) = \frac{1}{2\pi}\int_0^{2\pi} u(re^{i\theta})d\theta \quad (0<r<R).$$

证明 在(12)式中,令 $r\to 0$,左端极限为 $u(0)$:

$$\lim_{z\to 0} \frac{1}{2\pi}\int_0^{2\pi} u(re^{i\theta})d\theta = u(0).$$

所以必有 $\alpha=0, \beta=u(0)$,(12)式即变为要证等式. 证毕.

推论 2 若 $u(z)$ 在 $0<|z|<R$ 内调和, 且 $|u(z)|\leqslant M$,则 $u(z)$ 可调和开拓到 $|z|<R$.

证明 在(12)式中,令 $r\to 0$,左端为一有界量,故必有 $\alpha=0$. 由(14)式,共轭调和微分的周期

$$K_1 = \int_{|z|=r} {}^*du = \int_0^{2\pi} r\frac{\partial u}{\partial r}d\theta = 2\pi\alpha = 0.$$

由定理 1 知 $u(z)$ 有共轭调和函数 $v(z)$,再由第五章例 6 知解析函数 $f(z)=u(z)+iv(z)$ 可解析开拓到 $|z|<R$ 内,故 $u(z)$ 可调和开拓到 $|z|<R$,即补充定义 $u(0)$,使 $u(z)$ 在 $|z|<R$ 内调和. 证毕.

一般来说 $u(z)$ 在圆 $|z-z_0|<R$ 内调和,则有

$$u(z_0) = \frac{1}{2\pi}\int_0^{2\pi} u(z_0 + re^{i\theta})d\theta \quad (0\leqslant r<R).$$

上述公式称为**平均值公式**. 平均值公式与函数的最大、最小值密切相关,有下面定理.

定理 4 区域上非常数的调和函数,在区域内取不到它的最大值和最小值.

证明 设 $u(z)$ 在区域 D 内调和,先证它取不到最大值. 令 $M=\sup\limits_{z\in D}u(z)$. 若 $M=+\infty$,结论显然成立. 设 $M<+\infty$,假设有一点 $z_0\in D$,使 $u(z_0)=M$,则由平均值公式

$$M = u(z_0) = \frac{1}{2\pi}\int_0^{2\pi} u(z_0 + re^{i\theta})\mathrm{d}\theta, \quad 0<r<d=d(z_0,\partial D),$$

或

$$\frac{1}{2\pi}\int_0^{2\pi}[M - u(z_0 + re^{i\theta})]\mathrm{d}\theta = 0, \quad 0<r<d.$$

由此推出

$$u(z_0 + re^{i\theta}) \equiv M \quad (0<r<d, \; 0\leqslant\theta\leqslant 2\pi).$$

令 $D_1=\{z\in D: u(z)=M\}$,$D_2=\{z\in D: u(z)<M\}$. 由上式知 D_1 为开集,又由连续性知 D_2 也为开集,显然有

$$D_1\bigcup D_2 = D, \quad D_1\bigcap D_2 = \varnothing.$$

根据 D 是连通区域,推出 D_1,D_2 必有一为空集. 若 $D_2=\varnothing$,$D_1=D$,这时 $u(z)$ 在 D 内恒为 M,与假设 $u(z)$ 非常数相矛盾. 所以 $D_1=\varnothing$,$D_2=D$,即 $u(z)$ 在 D 内取不到它的最大值.

因 $-u(z)$ 亦为 D 内调和函数,已知 $-u(z)$ 在 D 内取不到它的最大值,所以 $u(z)$ 在 D 内取不到它的最小值. 证毕.

类似于解析函数最大模原理的推论,我们有下面推论.

推论 3 设 D 为有界区域,$u(z)$ 在 D 内调和,在 $\overline{D}$ 上连续,则

$$\min_{z\in\partial D}u(z) \leqslant u(z) \leqslant \max_{z\in\partial D}u(z), \quad z\in D.$$

若 $u(z)$ 不为常数,上式中严格不等号成立.

推论 4 设 D 为区域,函数 $u(z)$ 在 D 内调和,$\forall\,\zeta\in\partial D(\zeta$ 可以为 $\infty)$,

$$\varlimsup_{D\ni z\to\zeta} u(z) \leqslant M, \quad \varliminf_{D\ni z\to\zeta} u(z) \geqslant m,$$

则

$$m \leqslant u(z) \leqslant M, \quad \forall\, z\in D.$$

若 $u(z)$ 不为常数,上式中严格不等号成立.

§3 Poisson 公式与 Poisson 积分

3.1 Poisson 公式

若函数 $u_1(z),u_2(z)$ 在有界区域 D 内调和,在 $\overline{D}$ 上连续,且在边界 ∂D 上两函数值相等,则由推论 3 可得出在 D 内 $u_1(z) \equiv u_2(z)$. 这说明调和函数的边界值唯一地决定其内部的值. Poisson 公式就是用调和函数在圆周上的值来表示其圆内的值. 给出 Poisson 公式前,先要做些准备工作.

定理 5(Schwarz 公式) 设函数 $f(z) = u(z) + \mathrm{i}v(z)$ 在圆 $|z| < R$ 内解析,在闭圆 $|z| \leqslant R$ 上连续,则

$$f(z) = \frac{1}{2\pi} \int_{|\zeta|=R} \frac{\zeta+z}{\zeta-z} u(\zeta) \mathrm{d}\theta + \mathrm{iIm} f(0)$$

$$= \frac{1}{2\pi\mathrm{i}} \int_{|\zeta|=R} \frac{\zeta+z}{\zeta-z} u(\zeta) \frac{\mathrm{d}\zeta}{\zeta} + \mathrm{iIm} f(0),$$

$$|z| < R, \quad \zeta = R\mathrm{e}^{\mathrm{i}\theta}.$$

证明 当 $|z| < R$ 时,由 Cauchy 公式得

$$f(z) = \frac{1}{2\pi\mathrm{i}} \int_{|\zeta|=R} \frac{f(\zeta)}{\zeta-z} \mathrm{d}\zeta = \frac{1}{2\pi} \int_{|\zeta|=R} \frac{\zeta f(\zeta)}{\zeta-z} \mathrm{d}\theta. \tag{15}$$

又由 Cauchy 定理

$$\int_{|\zeta|=R} \frac{f(\zeta)}{\zeta-R^2/\bar{z}} \mathrm{d}\zeta = 0.$$

注意到 $R^2 = \zeta\bar{\zeta}$,将上式化简得

$$\int_{|\zeta|=R} \frac{\bar{z}f(\zeta)}{\bar{\zeta}-\bar{z}} \mathrm{d}\theta = 0.$$

对上式取共轭得

$$\int_{|\zeta|=R} \frac{z\overline{f(\zeta)}}{\zeta-z} \mathrm{d}\theta = 0. \tag{16}$$

(15)+(16)式得

$$f(z) = \frac{1}{2\pi} \int_{|\zeta|=R} \frac{\zeta f(\zeta) + z \overline{f(\zeta)}}{\zeta - z} \mathrm{d}\theta$$

$$= \frac{1}{2\pi} \int_{|\zeta|=R} \frac{\zeta + z}{\zeta - z} u(\zeta) \mathrm{d}\theta + \frac{\mathrm{i}}{2\pi} \int_{|\zeta|=R} v(\zeta) \mathrm{d}\theta$$

$$= \frac{1}{2\pi} \int_{|\zeta|=R} \frac{\zeta + z}{\zeta - z} u(\zeta) \mathrm{d}\theta + \mathrm{i}\mathrm{Im} f(0).$$

证毕.

引理 5 设 $u(z)$ 在 $|z| < R_1$ 内调和, $R < R_1$, 则当 $|z| < R$ 时,

$$u(z) = \frac{1}{2\pi} \int_{|\zeta|=R} \frac{R^2 - |z|^2}{|\zeta - z|^2} u(\zeta) \mathrm{d}\theta, \quad \zeta = R\mathrm{e}^{\mathrm{i}\theta}. \quad (17)$$

证明 在单连通区域 $|z| < R_1$ 内, 调和函数 $u(z)$ 有共轭调和函数 $v(z)$, 所以 $f(z) = u(z) + \mathrm{i}v(z)$ 在 $|z| < R_1$ 内解析, 特别在 $|z| \leqslant R$ 上解析. 由 Schwarz 公式得

$$f(z) = \frac{1}{2\pi} \int_{|\zeta|=R} \frac{\zeta + z}{\zeta - z} u(\zeta) \mathrm{d}\theta + \mathrm{i}\mathrm{Im} f(0), \quad |z| < R,$$

上式取实部, 即得

$$u(z) = \frac{1}{2\pi} \int_{|\zeta|=R} \mathrm{Re}\, \frac{\zeta + z}{\zeta - z} u(\zeta) \mathrm{d}\theta$$

$$= \frac{1}{2\pi} \int_{|\zeta|=R} \frac{R^2 - |z|^2}{|\zeta - z|^2} u(\zeta) \mathrm{d}\theta.$$

证毕.

定理 6（Poisson 公式） 设函数 $u(z)$ 在 $|z| < R$ 内调和, 在 $|z| \leqslant R$ 上连续, 则当 $|z| < R$ 时,

$$u(z) = \frac{1}{2\pi} \int_{|\zeta|=R} \frac{R^2 - |z|^2}{|\zeta - z|^2} u(\zeta) \mathrm{d}\theta, \quad \zeta = R\mathrm{e}^{\mathrm{i}\theta}.$$

证明 任取 $0 < r < 1$, 则 $u(rz)$ 在 $|z| < \frac{R}{r} = R_1$ 内调和, 由引理 5, 当 $|z| < R$ 时有

$$u(rz) = \frac{1}{2\pi} \int_{|\zeta|=R} \frac{R^2 - |z|^2}{|\zeta - z|^2} u(r\zeta) \mathrm{d}\theta, \quad \zeta = R\mathrm{e}^{\mathrm{i}\theta}. \quad (18)$$

因 $u(z)$ 在 $|z| \leqslant R$ 上连续, 所以 $r \to 1$ 时, 在 $|\zeta| = R$ 上 $u(r\zeta)$ 一致地

趋于 $u(\zeta)$. 又因 z 固定时,

$$\frac{R^2 - |z|^2}{|\zeta - z|^2} \leqslant \frac{R + |z|}{R - |z|},$$

即 $\dfrac{R^2 - |z|^2}{|\zeta - z|^2}$ 在 $|\zeta| = R$ 上一致有界,所以 $r \to 1$ 时,在 $|\zeta| = R$ 上一致地有

$$\frac{R^2 - |z|^2}{|\zeta - z|^2} u(r\zeta) \to \frac{R^2 - |z|^2}{|\zeta - z|^2} u(\zeta).$$

这样对(18)式令 $r \to 1$ 取极限,即得

$$u(z) = \frac{1}{2\pi} \int_{|\zeta| = R} \frac{R^2 - |z|^2}{|\zeta - z|^2} u(\zeta) \mathrm{d}\theta, \quad \zeta = R\mathrm{e}^{\mathrm{i}\theta}.$$

证毕.

注 1　在(17)式中,令 $z = r\mathrm{e}^{\mathrm{i}\varphi}$,得

$$u(r\mathrm{e}^{\mathrm{i}\varphi}) = \frac{1}{2\pi} \int_0^{2\pi} \frac{R^2 - r^2}{R^2 - 2Rr\cos(\theta - \varphi) + r^2} u(R\mathrm{e}^{\mathrm{i}\theta}) \mathrm{d}\theta.$$

在实变函数中常用上面形式的 Poisson 公式,而在复变函数中常用(17)形式的 Poisson 公式.

注 2　在(17)式中,令 $u(z) \equiv 1$,得

$$1 = \frac{1}{2\pi} \int_{|\zeta| = R} \frac{R^2 - |z|^2}{|\zeta - z|^2} \mathrm{d}\theta, \quad \zeta = R\mathrm{e}^{\mathrm{i}\theta}.$$

说明 Poisson 核是正的,即 $\dfrac{1}{2\pi} \cdot \dfrac{R^2 - |z|^2}{|\zeta - z|^2} > 0$,而且积分为 1.

注 3　当 $|z| < R$ 换成 $|z - a| < R$ 时,Schwarz 公式应为(设 $\operatorname{Im} f(a) = 0$)

$$f(z) = \frac{1}{2\pi} \int_{|\zeta - a| = R} \frac{\zeta + z - 2a}{\zeta - z} u(\zeta) \mathrm{d}\theta, \quad \zeta = a + R\mathrm{e}^{\mathrm{i}\theta};$$

Poisson 公式应为:

$$u(z) = \frac{1}{2\pi} \int_{|\zeta - a| = R} \frac{R^2 - |z - a|^2}{|\zeta - z|^2} u(\zeta) \mathrm{d}\theta, \quad \zeta = a + R\mathrm{e}^{\mathrm{i}\theta}.$$

3. 2　Poisson 积分

Poisson 积分要解决如下问题:在圆域的边界上给定一实连

续函数,问是否存在一函数 $u(z)$,它在圆内调和,在闭圆上连续,并在边界上取给定连续函数的值. 这个问题称为 Dirichlet 问题.

定理 7(Poisson 积分) 设函数 $u(\zeta)$ 在 $|\zeta|=1$ 上逐段连续,则函数

$$u(z) = \frac{1}{2\pi}\int_{|\zeta|=1} \frac{1-|z|^2}{|\zeta-z|^2}u(\zeta)\mathrm{d}\theta, \quad \zeta = \mathrm{e}^{\mathrm{i}\theta} \tag{19}$$

在 $|z|<1$ 内调和,在 $u(\zeta)$ 的连续点 ζ_0,有

$$\lim_{\substack{z\to\zeta_0 \\ |z|<1}} u(z) = u(\zeta_0). \tag{20}$$

证明 先证 $u(z)$ 在 $|z|<1$ 内调和. 当 $|z|<1$ 时,

$$\frac{1}{2\pi}\int_{|\zeta|=1} \frac{1-|z|^2}{|\zeta-z|^2}u(\zeta)\mathrm{d}\theta = \frac{1}{2\pi}\int_0^{2\pi} \frac{1-|z|^2}{|\mathrm{e}^{\mathrm{i}\theta}-z|^2}u(\mathrm{e}^{\mathrm{i}\theta})\mathrm{d}\theta,$$

根据数学分析中黎曼可积性,它确定 $|z|<1$ 内函数 $u(z)$. 因积分

$$\frac{1}{2\pi}\int_{|\zeta|=1} \frac{\zeta+z}{\zeta-z}u(\zeta)\mathrm{d}\theta = \frac{1}{2\pi\mathrm{i}}\int_{|\zeta|=1} \frac{\zeta+z}{\zeta-z}u(\zeta)\frac{\mathrm{d}\zeta}{\zeta}$$

$$= \frac{1}{2\pi\mathrm{i}}\int_{|\zeta|=1} \frac{u(\zeta)}{\zeta-z}\mathrm{d}\zeta + \frac{z}{2\pi\mathrm{i}}\int_{|\zeta|=1} \frac{u(\zeta)/\zeta}{\zeta-z}\mathrm{d}\zeta$$

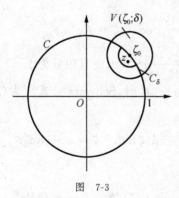

图 7-3

为 Cauchy 型积分,由第四章引理 2(引理 2 中假定边界函数连续,事实上逐段连续时引理 2 仍成立),上述两个积分表示 $|z|<1$ 内的解析函数,所以函数

$$f(z) = \frac{1}{2\pi}\int_{|\zeta|=1} \frac{\zeta+z}{\zeta-z}u(\zeta)\mathrm{d}\theta$$

在 $|z|<1$ 内解析,而 $u(z) = \mathrm{Re}f(z)$,故 $u(z)$ 在 $|z|<1$ 内调和.

其次证(20)式,由条件知 $\forall\ \varepsilon>0, \exists\ \delta>0$,当 $|\zeta-\zeta_0|<\delta$ 时,$|u(\zeta)-u(\zeta_0)|<\varepsilon$. 令 $M=\sup\limits_{|\zeta|=1}|u(\zeta)|$. 把单位圆周记为 C,将 C 分

成两段 C_δ 与 $C \backslash C_\delta$，其中 $C_\delta = C \bigcap V(\zeta_0; \delta)$（图 7-3）. 由注 2 有

$$u(z) - u(\zeta_0) = \frac{1}{2\pi} \int_{|\zeta|=1} \frac{1 - |z|^2}{|\zeta - z|^2} [u(\zeta) - u(\zeta_0)] \mathrm{d}\theta$$

$$= \frac{1}{2\pi} \int_{C_\delta} \frac{1 - |z|^2}{|\zeta - z|^2} [u(\zeta) - u(\zeta_0)] \mathrm{d}\theta$$

$$+ \frac{1}{2\pi} \int_{C \backslash C_\delta} \frac{1 - |z|^2}{|\zeta - z|^2} [u(\zeta) - u(\zeta_0)] \mathrm{d}\theta$$

$$= \mathrm{I} + \mathrm{II}.$$

估计积分 I：

$$|\mathrm{I}| \leqslant \frac{1}{2\pi} \int_{C_\delta} \frac{1 - |z|^2}{|\zeta - z|^2} \varepsilon \mathrm{d}\theta$$

$$\leqslant \frac{\varepsilon}{2\pi} \int_{|\zeta|=1} \frac{1 - |z|^2}{|\zeta - z|^2} \mathrm{d}\theta = \varepsilon;$$

估计积分 II：我们限制 z，使 $|z - \zeta_0| < \delta/2$，则当 $\zeta \in C \backslash C_\delta$ 时，$|\zeta - z| \geqslant \delta/2$，所以

$$|\mathrm{II}| \leqslant \frac{1}{2\pi} \int_{C \backslash C_\delta} \frac{1 - |z|^2}{|\zeta - z|^2} 2M \mathrm{d}\theta = \frac{M}{\pi} \int_{C \backslash C_\delta} \frac{1 - |z|^2}{|\zeta - z|^2} \mathrm{d}\theta$$

$$\leqslant \frac{M}{\pi} \cdot \frac{4}{\delta^2} (1 - |z|^2) \cdot 2\pi = \frac{8M}{\delta^2} (1 - |z|^2).$$

取 $\delta_1 = \min\left(\frac{\delta^2 \varepsilon}{16M}, \frac{\delta}{2}\right)$，当 $|z - \zeta_0| < \delta_1$ 时，

$$|\mathrm{II}| < \frac{8M}{\delta^2} (1 - |z|^2) \leqslant \frac{8M}{\delta^2} \cdot 2|\zeta_0 - z| < \frac{16M}{\delta^2} \delta_1 < \varepsilon.$$

这样当 $|z - \zeta_0| < \delta_1$ 时，

$$|u(z) - u(\zeta_0)| \leqslant |\mathrm{I}| + |\mathrm{II}| < 2\varepsilon,$$

即

$$\lim_{z \to \zeta_0} u(z) = u(\zeta_0).$$

证毕.

推论 5 若 $f(\zeta)$ 在 $|\zeta| = 1$ 上连续，则存在函数 $u(z)$，它在 $|z| < 1$ 内调和，在 $|z| \leqslant 1$ 上连续，且在 $|\zeta| = 1$ 上取值为 $f(\zeta)$.

证明 定义

$$u(z) = \begin{cases} \dfrac{1}{2\pi}\displaystyle\int_{|\zeta|=1} \dfrac{1-|z|^2}{|\zeta-z|^2}f(\zeta)\mathrm{d}\theta \ (\zeta = \mathrm{e}^{\mathrm{i}\theta}), & \text{当 } |z| < 1, \\ f(z), & \text{当 } |z| = 1. \end{cases}$$

由上一定理即可看出函数 $u(z)$ 满足推论要求. 证毕.

上述 $u(z)$ 也记做 $P_f(z)$.

§4 几个等价命题与 Harnack 原理

4.1 调和函数的几个等价命题

在叙述命题之前,先定义两个术语.

设函数 $u(z)$ 在区域 D 内连续.

(1) $\forall\, z_0 \in D$,$\exists$ 邻域 $V(z_0;\delta) \subset D$,使得

$$u(z_0) = \frac{1}{2\pi}\int_0^{2\pi} u(z_0 + r\mathrm{e}^{\mathrm{i}\theta})\mathrm{d}\theta \quad (0 < r < \delta), \tag{21}$$

则称函数 $u(z)$ 在 D 内具有**平均值性质**.

若(21)式中"$=$"换成"$\leqslant$",则称 $u(z)$ 在 D 内具有**次平均值性质**.

(2) 若 $u(z)$ 在 D 内不为常数,函数在 D 内必取不到它的最大、最小值,则称 $u(z)$ 在 D 内满足最大、最小值原理.

定理 8 若函数 $u(z)$ 在区域 D 内连续,则下列三个命题等价:

(1) 函数 $u(z)$ 是 D 内的调和函数;

(2) 函数 $u(z)$ 在 D 内具有平均值性质;

(3) 对任一子区域 $\Omega \subset D$ 和 Ω 内任一调和函数 $h(z)$,函数 $u(z) - h(z)$ 在 Ω 内满足最大、最小值原理.

证明 (1)$\Longrightarrow$(2)的证明见第 2 节推论 1.

(2)$\Longrightarrow$(3) 因函数 $u(z) - h(z)$ 和 $-u(z) + h(z)$ 在区域 Ω 内具有平均值性质,根据第 2 节定理 4 的证明方法,可证 $u(z) -$

$h(z)$ 和 $-u(z)+h(z)$ 在 Ω 内满足最大值原理,所以 $u(z)-h(z)$ 在 Ω 内满足最大、最小值原理.

(3)$\Longrightarrow$(1)　只要证 $u(z)$ 在 D 的每点邻域内调和. 为此 $\forall\, z_0$ $\in D$,取 $V(z_0;\delta)$,使 $\overline{V}(z_0;\delta)\subset D$. 利用函数 $u(z)$ 在圆周 $|\zeta-z_0|=$ δ 的值 $u(\zeta)$,构造调和函数

$$h(z)=\frac{1}{2\pi}\int_{|\zeta-z_0|=\delta}\frac{\delta^2-|z-z_0|^2}{|\zeta-z|^2}u(\zeta)\mathrm{d}\theta,\quad \zeta=z_0+\delta\mathrm{e}^{i\theta}.$$

如推论 5 补充定义 $|\zeta-z_0|=\delta$ 上的值后,$h(z)$ 在 $|\zeta-z_0|<\delta$ 内调和,在 $|\zeta-z_0|\leqslant\delta$ 上连续,且在 $|\zeta-z_0|=\delta$ 上 $h(\zeta)=u(\zeta)$. 由假设函数 $u(z)-h(z)$ 在 $V(z_0;\delta)$ 内满足最大、最小值原理,因此在边界 $|\zeta-z_0|=\delta$ 上取到它的最大、最小值. 而函数 $u(z)-h(z)$ 在 $|\zeta-z_0|=\delta$ 上恒为零,故在 $V(z_0;\delta)$ 内也恒为零,即在 $V(z_0;\delta)$ 内 $u(z)\equiv h(z)$,这说明函数 $u(z)$ 在 $V(z_0;\delta)$ 内调和. 证毕.

4.2　Harnack 原理

定理 9(Harnack)　设函数 $u_n(z)(n=1,2,\cdots)$ 在圆 $|z-z_0|<$ R 内调和,且在圆内满足 $u_n(z)\leqslant u_{n+1}(z)(n=1,2,\cdots)$. 则函数序列 $\{u_n(z)\}$ 在圆内或内闭一致趋于 $+\infty$,或内闭一致收敛于调和函数 $u(z)$.

证明　考虑递增数列 $\{u_n(z_0)\}$. 若 $\lim\limits_{n\to+\infty}u_n(z_0)=+\infty$,证 $\{u_n(z)\}$ 在圆内内闭一致趋于 $+\infty$;若 $\lim\limits_{n\to+\infty}u_n(z_0)<+\infty$,证序列 $\{u_n(z)\}$ 在圆内内闭一致收敛.

$\forall\, r<R,\exists\,\rho$,满足 $r<\rho<R$. 当 $|z-z_0|\leqslant r$ 及 $n>m$ 时,由 Poisson 公式得

$$u_n(z)-u_m(z)=\frac{1}{2\pi}\int_{|\zeta-z_0|=\rho}\frac{\rho^2-|z-z_0|^2}{|\zeta-z|^2}$$

$$\cdot\,[u_n(\zeta)-u_m(\zeta)]\mathrm{d}\theta$$

$$(\zeta=z_0+\rho\mathrm{e}^{i\theta}).$$

利用 Poisson 核的正值性和序列递增性可得

$$\frac{\rho^2 - |z - z_0|^2}{(\rho + |z - z_0|)^2}[u_n(z_0) - u_m(z_0)] \leqslant u_n(z) - u_m(z)$$

$$\leqslant \frac{\rho^2 - |z - z_0|^2}{(\rho - |z - z_0|)^2}[u_n(z_0) - u_m(z_0)].$$

因此当 $|z - z_0| \leqslant r$ 时,有

$$\frac{\rho - r}{\rho + r}[u_n(z_0) - u_m(z_0)] \leqslant u_n(z) - u_m(z)$$

$$\leqslant \frac{\rho + r}{\rho - r}[u_n(z_0) - u_m(z_0)]. \tag{22}$$

若 $\lim\limits_{n \to +\infty} u_n(z_0) = +\infty$,固定 m 及 $u_m(z)$ 在 $|z - z_0| \leqslant r$ 上有界,由 (22) 式左端不等式即可看出序列 $\{u_n(z)\}$ 在 $|z - z_0| \leqslant r$ 上一致趋于 $+\infty$,所以序列 $\{u_n(z)\}$ 在 $|z - z_0| < R$ 内内闭一致趋于 $+\infty$.

若 $\lim\limits_{n \to +\infty} u_n(z_0) < +\infty$,由 (22) 式右端不等式和收敛原理,即可看出序列 $\{u_n(z)\}$ 在 $|z - z_0| \leqslant r$ 上一致收敛,所以序列在 $|z - z_0| < R$ 内内闭一致收敛.设内闭一致收敛于函数 $u(z)$.

余下证 $u(z)$ 在 $|z - z_0| < R$ 内调和.容易证明函数 $u(z)$ 在 $|z - z_0| < R$ 内连续. $\forall\, r < R$,当 $|z - z_0| < r$ 时,由 Poisson 公式

$$u_n(z) = \frac{1}{2\pi}\int_{|\zeta - z_0| = r} \frac{r^2 - |z - z_0|^2}{|\zeta - z|^2} u_n(\zeta)\mathrm{d}\theta, \quad \zeta = z_0 + re^{i\theta},$$

因 $\{u_n(z)\}$ 在 $|z - z_0| \leqslant r$ 上一致收敛于 $u(z)$,所以对上式取极限得

$$u(z) = \frac{1}{2\pi}\int_{|\zeta - z_0| = r} \frac{r^2 - |z - z_0|^2}{|\zeta - z|^2} u(\zeta)\mathrm{d}\theta, \quad \zeta = z_0 + re^{i\theta}.$$

根据 Poisson 积分定理,$u(z)$ 在 $|z - z_0| < r$ 内调和,由 r 的任意性知 $u(z)$ 在 $|z - z_0| < R$ 内调和.证毕.

§5 次(下)调和函数

调和函数的基本问题是 Dirichlet 问题.当区域是圆时,我们

用 Poisson 积分解决了 Dirichlet 问题. 解决一般区域的 Dirichlet 问题，需要用到次调和函数概念. 次调和函数本身也有独立的意义，如解析函数的模是区域内的次调和函数.

在一维情形，调和函数即为线性函数，凸函数就是次调和函数. 区间 (a,b) 上凸函数 $f(x)$ 的定义为：对 (a,b) 上任一子区间 $[x_1,x_2]$，过 $(x_1,f(x_1))$ 和 $(x_2,f(x_2))$ 两点作线性函数（即直线段）$l(x)$，若 $x\in(x_1,x_2)$ 时，有 $f(x)\leqslant l(x)$，则称 $f(x)$ 为凸函数. 定义用到在区间 $[x_1,x_2]$ 端点取指定值的线性函数 $l(x)$ 一定存在. 对二维情形，在子区域 $\Omega\subset D$ 边界上取指定值的调和函数是否存在，正是我们要解决的问题，所以上述凸函数定义无法移植到二维情形. 为此，我们修改凸函数的定义为：对任一子区间 (x_1,x_2) 和子区间上任一线性函数 $h(x)$，若 $f(x)-h(x)$ 在 (x_1,x_2) 上满足最大值原理（即如果有一点 $x_0\in(x_1,x_2)$ 取到它的最大值，则 $f(x)-h(x)$ 在 (x_1,x_2) 上为常数），则称 $f(x)$ 为区间 (a,b) 上的凸函数. 可以证明这两个凸函数定义是等价的，而后一定义可推广到二维情形.

定义 5　函数 $v(z)$ 在区域 D 内连续，若对任一子区域 $\Omega\subset D$，和 Ω 内任一调和函数 $h(z)$，函数 $v(z)-h(z)$ 在 Ω 内满足最大值原理，则称 $v(z)$ 是 D 内的**次（下）调和函数**.

定义中取 $\Omega=D, h(z)\equiv 0$，得到次调和函数 $v(z)$ 若不为常数，则在 D 内取不到它的最大值. 由定义可知调和函数也是次调和函数.

引理 6　函数 $v(z)$ 在区域 D 内连续，则 $v(z)$ 是 D 内次调和函数的充要条件为：$v(z)$ 在 D 内每点的一个邻域内为次调和.

证明　必要性显然. 证充分性. 对 $\forall \Omega\subset D$，和 Ω 内任一调和函数 $h(z)$，要证 $v(z)-h(z)$ 在 Ω 内满足最大值原理，只要证若 $z_0\in\Omega, v(z)-h(z)$ 在 z_0 点取到最大值 M：

$$v(z)-h(z)\leqslant v(z_0)-h(z_0)=M, \quad \forall z\in\Omega,$$

则 $v(z)-h(z)$ 在 Ω 内为常数 M. 为此令

$$\Omega_1=\{z\in\Omega: v(z)-h(z)=M\},$$

$$\Omega_2 = \{z \in \Omega: v(z) - h(z) < M\}.$$

若 $z_1 \in \Omega_1$，由条件 $\exists\, V(z_1;\delta) \subset D$，函数 $v(z)$ 在 $V(z_1;\delta)$ 内为次调和，无妨设 $V(z_1;\delta) \subset \Omega$（否则可缩小 δ），函数 $v(z) - h(z)$ 在 $V(z_1;\delta)$ 内满足最大值原理，而 $v(z_1) - h(z_1) = M$，故 $v(z) - h(z)$ 在 $V(z_1;\delta)$ 内为常数 M，即 $V(z_1;\delta) \subset \Omega_1$，这说明 Ω_1 为开集. 又由连续性知 Ω_2 也是开集. 因 $\Omega_1 \bigcup \Omega_2 = \Omega, \Omega_1 \bigcap \Omega_2 = \varnothing$ 及 Ω 的连通性，所以 Ω_1, Ω_2 中必有一个为空集，而 $z_0 \in \Omega_1$，故 $\Omega_2 = \varnothing, \Omega_1 = \Omega$，这证明了 $v(z) - h(z)$ 在 Ω 内为常数. 证毕.

定理 10 若函数 $v(z)$ 在区域 D 内连续，则 $v(z)$ 是 D 内次调和函数的充要条件为：$\forall\, z_0 \in D, \exists$ 邻域 $V(z_0;\delta) \subset D$，使得

$$v(z_0) \leqslant \frac{1}{2\pi} \int_0^{2\pi} v(z_0 + re^{i\theta}) d\theta, \quad 0 < r < \delta(z_0).$$

即 $v(z)$ 在 D 内具有次平均值性质.

证明 **必要性** $\forall\, z_0 \in D$，取 $\delta = d(z_0, \partial D) > 0, \forall\, r < \delta$，在 $\overline{V}(z_0;r)$ 上利用 Poisson 积分构造函数

$$h(z) = \frac{1}{2\pi} \int_{|\zeta - z_0| = r} \frac{r^2 - |z - z_0|^2}{|\zeta - z|^2} v(\zeta) d\theta, \quad \zeta = z_0 + re^{i\theta}.$$

由推论 5 知 $h(z)$ 在 $V(z_0;r)$ 内调和，在 $\overline{V}(z_0;r)$ 上连续，且在边界 $|\zeta - z_0| = r$ 上 $h(\zeta) = v(\zeta)$. 由定理假设，函数 $v(z) - h(z)$ 在 $V(z_0;r)$ 内满足最大值原理，因此 $v(z) - h(z)$ 在 $\overline{V}(z_0;r)$ 的最大值在边界的点取到，而 $v(z) - h(z)$ 在边界上恒为零，所以在 $V(z_0;r)$ 内

$$v(z) - h(z) \leqslant 0.$$

特别在 z_0 点有

$$v(z_0) \leqslant h(z_0) = \frac{1}{2\pi} \int_{|\zeta - z_0| = r} v(\zeta) d\theta$$

$$= \frac{1}{2\pi} \int_0^{2\pi} v(z_0 + re^{i\theta}) d\theta.$$

充分性 任给子区域 $\Omega \subset D$，和 Ω 内任一调和函数 $h(z)$，要

证 $v(z)-h(z)$ 在 Ω 内满足最大值原理. 由定理假设, $\forall\, z_0\in\Omega$, $\exists\, V(z_0;\delta)\subset\Omega$, 使得

$$v(z_0) - h(z_0) \leqslant \frac{1}{2\pi}\int_0^{2\pi}\big[v(z_0 + re^{i\theta}) - h(z_0 + re^{i\theta})\big]\mathrm{d}\theta$$

$$(0 < r < \delta),$$

即函数 $v(z)-h(z)$ 在 Ω 内具有次平均值性质. 然后用引理 6 中连通性方法, 若 $v(z)-h(z)$ 在 Ω 内一点取到最大值, 则它在 Ω 内恒为常数(参看解析函数的最大模原理证明), 即 $v(z)-h(z)$ 在 Ω 内满足最大模原理. 证毕.

根据定理 10, 容易推出次调和函数的下列性质:

性质 1 若 $v(z)$ 是区域 D 内的次调和函数, $c\geqslant 0$, 则 $cv(z)$ 是 D 内的次调和函数;

性质 2 若 $v_1(z),v_2(z)$ 是区域 D 内的次调和函数, 则

(1) $v_1(z)+v_2(z)$ 是 D 内的次调和函数;

(2) $v(z)=\max(v_1(z),v_2(z))$ 是 D 内的次调和函数;

性质 3 若 $v(z)$ 是区域 D 内的次调和函数, $\overline{V}(z_0;r)\subset D$, $P_v(z)$ 表示以 $v(\zeta)(|\zeta-z_0|=r)$ 为边值的 Poisson 积分, 则函数

$$\tilde{v}(z) = \begin{cases} P_v(z), & z\in\overline{V}(z_0;r), \\ v(z), & z\in D\backslash V(z_0;r) \end{cases}$$

为 D 内的次调和函数.

证明 我们只证性质 3. 显然函数 $\tilde{v}(z)$ 在 D 内连续. 当 z_1 满足 $|z_1-z_0|=r$ 时, 由假设 $\exists\,\delta_1>0$, 有

$$v(z_1) \leqslant \frac{1}{2\pi}\int_0^{2\pi}v(z_1 + \rho e^{i\theta})\mathrm{d}\theta, \quad 0 < \rho < \delta_1.$$

从次调和函数定义不难看出在 D 内 $v(z)\leqslant\tilde{v}(z)$, 和 $v(z_1)=\tilde{v}(z_1)$, 所以 $0<\rho<\delta_1$ 时有

$$\tilde{v}(z_1) \leqslant \frac{1}{2\pi}\int_0^{2\pi}\tilde{v}(z_1 + \rho e^{i\theta})\mathrm{d}\theta.$$

当 z_1 属于 $V(z_0,r)$ 或 $D\backslash V(z_0;r)$ 时, $\exists\,\delta_1>0$, 使 $0<\rho<\delta_1$ 时上式

成立. 这说明函数 $\tilde{v}(z)$ 在 D 内具有次平均值性质, 由定理 10 得出 $\tilde{v}(z)$ 为 D 内次调和函数. 证毕.

类似于调和函数三个等价命题, 对于次调和函数除了定理 10 所述两个等价命题外, 也有下面定理.

定理 11 若函数 $v(z)$ 在区域 D 内二次连续可微, 则函数 $v(z)$ 是 D 内的次调和函数的充要条件为:

$$\Delta v = \frac{\partial^2 v}{\partial x^2} + \frac{\partial^2 v}{\partial y^2} \geqslant 0$$

在 D 内成立.

证明 **充分性** 先设 $\Delta v > 0$. $\forall$ 子区域 $\Omega \subset D$ 和 Ω 内任一调和函数 $h(z)$, 在 Ω 内有

$$\Delta(v - h) > 0, \tag{23}$$

则 $v(z) - h(z)$ 在 Ω 内取不到它的最大值. 如其不然, 存在 $z_0 \in \Omega$, 函数 $v(z) - h(z)$ 在 z_0 取到它的最大值, 由数学分析中极值必要条件得

$$\left. \frac{\partial^2(v-h)}{\partial x^2} \right|_{z_0} \leqslant 0, \quad \left. \frac{\partial^2(v-h)}{\partial y^2} \right|_{z_0} \leqslant 0.$$

因此 $\Delta(v-h)|_{z_0} \leqslant 0$, 这与条件 (23) 相矛盾, 所以 $v(z)$ 是 D 内次调和函数.

其次设 $\Delta v \geqslant 0$, 令 $v_\varepsilon(z) = v(z) + \varepsilon |z|^2$, 则 $\Delta v_\varepsilon > 0$. 由上面证明知 $v_\varepsilon(z)$ 是 D 内的次调和函数. 当 $\varepsilon \to 0$ 时, $v_\varepsilon(z)$ 在 D 内内闭一致收敛于 $v(z)$. 所以由 $v_\varepsilon(z)$ 在 D 内具有次平均值性质, 可得 $v(z)$ 在 D 内具有次平均值性质, 即得 $v(z)$ 是 D 内次调和函数.

必要性 用反证法. 若 $\exists z_0 \in D$, $\Delta v|_{z_0} < 0$, 由连续性 $\exists \overline{V}(z_0; r) \subset D$, 使得在 $V(z_0; r)$ 内有 $\Delta v(z) < 0$. 由充分性证明知函数 $-v(z)$ 在 $V(z_0; r)$ 内为次调和函数, 记 $h(z)$ 是以 $v(\zeta)$ $(|\zeta - z_0| = r)$ 为边值的 Poisson 积分, 则 $-v(z) + h(z)$ 在 $V(z_0; r)$ 内满足最大值原理, 而它在边界 $|\zeta - z_0| = r$ 上恒为零, 所以在 $V(z_0; r)$ 内

$$- v(z) + h(z) \leqslant 0 \quad \text{或} \quad h(z) \leqslant v(z).$$

由定理假设 $v(z)$ 是 $V(z_0;r)$ 内的次调和函数,同理可得在 $V(z_0;r)$ 内

$$v(z) - h(z) \leqslant 0 \quad \text{或} \quad v(z) \leqslant h(z).$$

由此推出在 $V(z_0;r)$ 内 $v(z) \equiv h(z)$,即有 $\Delta v = 0$,这与 $\Delta v < 0$ 矛盾.这矛盾说明反证法假设不成立,即 $\Delta v \geqslant 0$.证毕.

注 上面次调和函数定义中,前提是函数 $v(z)$ 连续.其实一般的次调和函数定义中,只要求 $v(z)$ 为 D 内的上半连续函数.设 D 为区域,D 上给定函数 $v: D \rightarrow [-\infty, +\infty)$, $\forall z_0 \in D$,有

$$\varlimsup_{z \to z_0} v(z) \leqslant v(z_0),$$

则称 $v(z)$ 为 D 内的**上半连续函数**.这时前面的定义,定理和性质仍成立.如函数 $f(z)$ 在区域 D 内解析,则 $\log|f(z)|$ 是上半连续函数. $\forall z_0 \in D$,若 $f(z_0) \neq 0$,$\log|f(z)|$ 在 z_0 邻域调和;若 $f(z_0) = 0$,$\log|f(z_0)| = -\infty$,所以 $\log|f(z)|$ 在 D 内具有次平均值性质,故 $\log|f(z)|$ 为 D 内的次调和函数.

§6 Dirichlet 问题

这节讨论一般区域上的 Dirichlet 问题.设 D 为有界区域,边界 ∂D 记为 Γ,可以由几条简单闭曲线组成,函数 $f(\zeta)$ 在 Γ 上连续.所谓 **Dirichlet 问题**,即求方程

$$\begin{cases} \Delta u = 0, \\ u|_\Gamma = f(\zeta) \end{cases}$$

的边值问题解.下面讨论时对 $f(\zeta)$ 只假定逐段连续,且

$$|f(\zeta)| \leqslant M, \quad \zeta \in \Gamma.$$

记满足下列条件的函数集合为 $\mathscr{B}(f)$:

(1) $v(z)$ 是 D 内的次调和函数;

(2) $\forall \zeta \in \Gamma, \varlimsup_{D \ni z \to \zeta} v(z) \leqslant f(\zeta).$

(2)中不等式是说：$\forall\, \varepsilon > 0$，$\exists\, V(\zeta;\delta)$，当 $z \in V(\zeta;\delta) \bigcap D$ 时，有 $v(z) < f(\zeta) + \varepsilon$.

容易看出函数集合 $\mathscr{B}(f)$ 具有下列性质：

性质 1　$\mathscr{B}(f)$ 非空，事实上 $v(z) \equiv -M \in \mathscr{B}(f)$；

性质 2　若 $v_1, v_2 \in \mathscr{B}(f)$，则 $v = \max(v_1, v_2) \in \mathscr{B}(f)$，一般地若 $v_1, v_2, \cdots, v_n \in \mathscr{B}(f)$，则 $v = \max(v_1, v_2, \cdots, v_n) \in \mathscr{B}(f)$；

性质 3　若 $v \in \mathscr{B}(f)$，则在邻域 $\overline{V}(z_0;r) \subset D$ 上修改成调和函数的函数

$$\tilde{v}(z) = \begin{cases} P_v(z), & z \in \overline{V}(z_0;r), \\ v(z), & z \in D \backslash V(z_0;r), \end{cases}$$

仍属于 $\mathscr{B}(f)$；

性质 4　若 $v \in \mathscr{B}(f)$，则在 D 内有 $v(z) \leqslant M$.

定理 12　令 $u(z) = \sup\limits_{v \in \mathscr{B}(f)} v(z)$，则函数 $u(z)$ 在区域 D 内调和.

证明　由函数类 $\mathscr{B}(f)$ 的性质 4，知 $u(z) \leqslant M$. 要证它在 D 内调和，只要证 $\forall\, z_0 \in D$，$\exists\, \overline{V}(z_0;r) \subset D$，函数 $u(z)$ 在 $V(z_0;r)$ 内调和.

由 $u(z_0)$ 定义，$\exists\, v_n \in \mathscr{B}(f)$，使得

$$\lim_{n \to \infty} v_n(z_0) = u(z_0). \tag{24}$$

令 $V_1 = v_1, V_2 = \max(v_1, v_2), \cdots, V_n = \max(v_1, v_2, \cdots, v_n), \cdots$，由于性质 2，知 $V_n \in \mathscr{B}(f)(n = 1, 2, \cdots)$，且序列 $\{V_n(z)\}$ 在 D 内递增. 再令

$$\tilde{V}_n(z) = \begin{cases} P_{V_n}(z), & z \in \overline{V}(z_0;r), \\ V_n(z), & z \in D \backslash V(z_0;r). \end{cases}$$

由于性质 3，$\tilde{V}_n \in \mathscr{B}(f)$，序列 $\{\tilde{V}_n(z)\}$ 仍在 D 内递增且在 $V(z_0;r)$ 内调和. 根据 Harnack 原理，$\{\tilde{V}_n(z)\}$ 在 $V(z_0;r)$ 内内闭一致收敛于一调和函数 $U(z)$. 在 D 内有

$$v_n(z) \leqslant V_n(z) \leqslant \tilde{V}_n(z) \leqslant u(z).$$

由(24)式与上式可得

$$\begin{cases} U(z_0) = \lim_{n \to \infty} \widetilde{V}_n(z_0) = u(z_0), \\ U(z) \leqslant u(z), \quad z \in V(z_0;r). \end{cases} \tag{25}$$

要证 $u(z)$ 在 $V(z_0;r)$ 内调和,只要证在该邻域内 $U(z) \equiv u(z)$,也就是证对 $V(z_0;r)$ 内任意一点 z_1,有

$$U(z_1) = u(z_1). \tag{26}$$

为了证明(26),我们故技重演. 由 $u(z_1)$ 的定义,$\exists\, w_n \in \mathscr{B}(f)$,使得

$$\lim_{n \to \infty} w_n(z_1) = u(z_1). \tag{27}$$

令 $W_1 = \max(w_1, \widetilde{V}_1), W_2 = \max(w_1, w_2, \widetilde{V}_2), \cdots, W_n = \max(w_1, w_2, \cdots, w_n, \widetilde{V}_n), \cdots$,则 $W_n \in \mathscr{B}(f) (n=1,2,\cdots)$,且序列 $\{W_n(z)\}$ 在 D 内递增. 再令

$$\widetilde{W}_n(z) = \begin{cases} P_{W_n}(z), & z \in \overline{V}(z_0;r), \\ W_n(z), & z \in D \backslash V(z_0;r). \end{cases}$$

则 $\widetilde{W}_n \in \mathscr{B}(f)$,序列 $\{\widetilde{W}_n(z)\}$ 仍在 D 内递增,且 $\{\widetilde{W}_n(z)\}$ 在 $V(z_0;r)$ 内调和. 由 Harnack 原理,序列 $\{\widetilde{W}_n(z)\}$ 在 $V(z_0;r)$ 内内闭一致收敛于调和函数 $U_1(z)$. 因在 D 内有

$$\left.\begin{array}{c} \widetilde{V}_n(z) \\ w_n(z) \end{array}\right\} \leqslant W_n(z) \leqslant \widetilde{W}_n(z) \leqslant u(z).$$

由(27)式与上式可得

$$\begin{cases} U_1(z_1) = \lim_{n \to \infty} \widetilde{W}_n(z_1) = u(z_1), \\ U(z) \leqslant U_1(z) \leqslant u(z), \quad z \in V(z_0;r). \end{cases} \tag{28}$$

再由(25)与(28)式得

$$U(z_0) = U_1(z_0) = u(z_0). \tag{29}$$

从(28)与(29)我们得出 $V(z_0;r)$ 内调和函数 $U(z) - U_1(z) \leqslant 0$,但在 z_0 点取到它的最大值,所以调和函数 $U(z) - U_1(z)$ 在 $V(z_0;r)$ 内恒为零,即

$$U(z) \equiv U_1(z), \quad z \in V(z_0;r).$$

将上式与(28)式结合起来得

$$U(z_1) = U_1(z_1) = u(z_1).$$

这就证明了(26)式. 由 z_1 的任意性, 证得在 $V(z_0;r)$ 内

$$U(z) \equiv u(z).$$

证毕.

讨论调和函数取边值时, 只有 $f(\zeta)$ 在 $\zeta_0 \in \Gamma$ 连续, 得不出

$$\lim_{D \ni z \to \zeta_0} u(z) = f(\zeta_0),$$

它还与区域 D 的几何形状有关. 为此引入 ζ_0 点闸函数的概念.

定义 6 设 D 为有界区域, 若存在函数 $\omega(z)$, 它在 D 内调和, 在 $\overline{D}$ 上连续, 并满足

$$\begin{cases} \omega(\zeta_0) = 0, & \zeta_0 \in \Gamma = \partial D, \\ \omega(z) > 0, & z \in \overline{D} \setminus \{\zeta_0\}, \end{cases}$$

则称 $\omega(z)$ 为 ζ_0 点的一个**闸函数**.

定理 13 设 D 为有界区域, $\zeta_0 \in \Gamma = \partial D$ 点有闸函数存在, $f(\zeta)$ 在 Γ 上有界: $|f(\zeta)| \leqslant M$, 在 ζ_0 点连续, 则上一定理中的调和函数 $u(z)$ 满足:

$$\lim_{D \in z \to \zeta_0} u(z) = f(\zeta_0).$$

证明 只要证

$$\overline{\lim_{z \to \zeta_0}} u(z) \leqslant f(\zeta_0), \quad \underline{\lim_{z \to \zeta_0}} u(z) \geqslant f(\zeta_0). \tag{30}$$

先证(30)中第一式. 可能会想到构造一在 D 内调和、$\overline{D}$ 上连续, 在边界 Γ 上大于等于 $f(\zeta)$, 在 ζ_0 点取值为 $f(\zeta_0)$ 的上控制函数. 但具体构造时会遇到很大困难, 其实要得到第一式, 只要上控制函数在 ζ_0 点取值为 $f(\zeta_0) + \varepsilon$ 即成. 下面我们来构造此函数. $\forall \varepsilon > 0$, 由 $f(\zeta)$ 在 ζ_0 点连续, $\exists V(\zeta_0;\delta)$, 使得当 $\zeta \in V(\zeta_0;\delta) \bigcap \Gamma$ 时, 有

$$|f(\zeta) - f(\zeta_0)| < \varepsilon. \tag{31}$$

设 $\omega(z)$ 为 ζ_0 点的闸函数, 它在 $\overline{D} \setminus V(\zeta_0;\delta)$ 上有正的下确界 ω_0. 取

上控制函数为：

$$W(z) = f(\zeta_0) + \varepsilon + \frac{\omega(z)}{\omega_0}(M - f(\zeta_0)).$$

当 $\zeta \in \Gamma \bigcap V(\zeta_0;\delta)$ 时，由 (31) 式得

$$W(\zeta) \geqslant f(\zeta_0) + \varepsilon \geqslant f(\zeta);$$

当 $\zeta \in \Gamma \backslash V(\zeta_0;\delta)$ 时，

$$W(\zeta) \geqslant f(\zeta_0) + \varepsilon + M - f(\zeta_0) = M + \varepsilon \geqslant f(\zeta).$$

所以当 $\zeta \in \Gamma$ 时，

$$W(\zeta) \geqslant f(\zeta).$$

$\forall\, v \in \mathscr{B}(f)$，由 $\mathscr{B}(f)$ 类的条件 (2) 与上式，得 $\forall\, \zeta \in \Gamma$，

$$\varlimsup_{z \to \zeta}[v(z) - W(z)] \leqslant \varlimsup_{z \to \zeta} v(z) - \varliminf_{z \to \zeta} W(z)$$

$$\leqslant f(\zeta) - W(\zeta) \leqslant 0,$$

根据下调和函数的最大值原理，在 D 内有

$$v(z) \leqslant W(z).$$

也就有

$$u(z) = \sup_{v \in \mathscr{B}(f)} v(z) \leqslant W(z), \quad z \in D.$$

因此得

$$\varlimsup_{z \to \zeta_0} u(z) \leqslant \varlimsup_{z \to \zeta_0} W(z) = f(\zeta_0) + \varepsilon.$$

由 ε 的任意性，即得

$$\varlimsup_{z \to \zeta_0} u(z) \leqslant f(\zeta_0). \tag{32}$$

再证 (30) 式中第二式. 先构造在 D 内调和、$\overline{D}$ 上连续，在边界 Γ 上小于等于 $f(\zeta)$，在 ζ_0 点取值为 $f(\zeta_0) - \varepsilon$ 的下控制函数. 取下控制函数为：

$$V(z) = f(\zeta_0) - \varepsilon - \frac{\omega(z)}{\omega_0}(M + f(\zeta_0)),$$

当 $\zeta \in \Gamma \bigcap V(\zeta_0;\delta)$ 时，

$$V(\zeta) \leqslant f(\zeta_0) - \varepsilon < f(\zeta);$$

当 $\zeta \in \Gamma \backslash V(\zeta_0;\delta)$ 时，

$$V(\zeta) \leqslant f(\zeta_0) - \varepsilon - (M + f(\zeta_0)) = -M - \varepsilon \leqslant f(\zeta).$$

所以当 $\zeta \in \Gamma$ 时，$V(\zeta) \leqslant f(\zeta)$. 由 $\mathscr{B}(f)$ 定义知 $V \in \mathscr{B}(f)$. 故在 D 内有

$$u(z) \geqslant V(z),$$

对上式取下极限得

$$\varliminf_{z \to \zeta_0} u(z) \geqslant \varliminf_{z \to \zeta_0} V(z) = f(\zeta_0) - \varepsilon,$$

由 ε 的任意性，即得

$$\varliminf_{z \to \zeta_0} u(z) \geqslant f(\zeta_0). \tag{33}$$

结合(32)与(33)式证得

$$\lim_{D \ni z \to \zeta_0} u(z) = f(\zeta_0).$$

证毕.

什么样的区域其边界点有闸函数存在呢？下面我们给出一个充分条件.

引理 7　设 D 为有界区域，$\zeta_0 \in \Gamma = \partial D$，若存在以 ζ_0 为端点的线段 $[\zeta_0, \zeta_1]$，除 ζ_0 外该线段落在 $\overline{D}$ 的外部，即

$$(\zeta_0, \zeta_1] \subset \mathbb{C} \setminus \overline{D}.$$

则 ζ_0 点的闸函数存在.

证明　作分式线性变换 $\xi = \dfrac{z - \zeta_0}{z - \zeta_1}$，它把 $[\zeta_0, \zeta_1]$ 变为 ξ 平面上负实轴 $[-\infty, 0]$，把 D 变为 $\overline{\mathbb{C}} \setminus [-\infty, 0]$ 中区域 G，原点 $\xi = 0$ 为 G 的边界点，且

$$\overline{G} \setminus \{0\} \subset \overline{\mathbb{C}} \setminus [-\infty, 0].$$

再作 $w = \sqrt{\xi}$ 变换，把 $\overline{\mathbb{C}} \setminus [-\infty, 0]$ 变为 w 平面上的右半平面，把 G 变为右半平面上区域 Ω，$w = 0$ 是 Ω 的边界点，且

$$\overline{\Omega} \setminus \{0\} \subset \{w: \operatorname{Re} w > 0\}.$$

所以映射 $w = \sqrt{\dfrac{z - \zeta_0}{z - \zeta_1}}$ 在 D 内解析，在 $\overline{D}$ 上连续，把 $\overline{D}$ 变为 $\overline{\Omega}$，把 ζ_0 变为 $w = 0$(图 7-4). 显然取

$$w(z) = \text{Re} \sqrt{\frac{z - \zeta_0}{z - \zeta_1}},$$

符合闸函数的所有条件. 证毕.

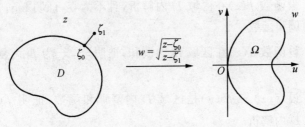

图 7-4

综合上面讨论, 我们已证明了下面定理.

定理 14 设 D 为有界区域, Γ 为 D 的边界, 若 Γ 上每一点 ζ 是 $\overline{D}$ 外部开集中一线段的端点, $f(\zeta)$ 在 Γ 上连续, 则存在函数 $u(z)$, 它在 D 内调和, 在 $\overline{D}$ 上连续, 且 $u(\zeta) = f(\zeta) (\zeta \in \Gamma)$.

若 D 是由 Jordan 曲线族 $\gamma = \gamma_0 + \gamma_1^- + \cdots + \gamma_n^-$ 围成的 $n+1$ 连通区域, D 可以不满足定理 14 中的条件, 但我们能证明 Dirichlet 问题仍有解. 当然, D 不满足定理 14 中条件时, Dirichlet 问题可以无解, 如区域 D: $0 < |z| < R$, 给定边值函数

$$f(\zeta) = \begin{cases} 1, & \zeta = 0, \\ 0, & |\zeta| = R. \end{cases}$$

则 Dirichlet 问题无解. 如果有解 $u(z)$, 它在 $0 < |z| < R$ 内调和, 在 $0 \leqslant |z| \leqslant R$ 上连续, $u(0) = 1, u(\zeta) = 0 (|\zeta| = R)$, 则由推论 2, 事实上函数 $u(z)$ 在 $|z| < R$ 内调和, 再由最大最小值原理, 知 $u(z)$ 恒为零, 这与 $u(0) = 1$ 矛盾.

习 题

1. 设函数 $u(z)$ 在区域 D 内调和, 满足 $\frac{\partial u}{\partial x} = 0, \frac{\partial u}{\partial y} = 0$ 的点 z_0 称为 $u(z)$ 的**临界点**. 证明: 若临界点的集合 E 在 D 内有一极限

点,则 $u(z)$ 为常数.

2. 设函数 $u(z)$ 在区域 D 内调和,且在邻域 $V(z_0;\delta)\subset D$ 内恒为零,证明 $u(z)$ 在 D 内恒为零.

3. 设函数 $f(z)$ 在区域 D 内解析,且不为零,证明 $\log|f(z)|$ 为 D 内调和函数.

4. 设函数 $u(z)$ 在区域 D 内调和,证明 $\dfrac{\partial u}{\partial z},\dfrac{\partial u}{\partial \bar{z}}$ 为 D 内复调和函数.

5. 设 $f(z)$ 与 $f^2(z)$ 是区域 D 内复调和函数,证明 $f(z)$ 或 $\overline{f(z)}$ 在 D 内解析.

6. 设函数 $u(z)$ 在 $0<|z|<R$ 内调和,在 $0<|z|\leqslant R$ 上连续有界,且 $u(Re^{i\theta})=0(0\leqslant\theta\leqslant2\pi)$,证明 $u(z)\equiv0$.

（提示：考虑函数 $u(z)+\epsilon\log|z|$）

7. 证明 $|z|<1$ 内调和函数

$$u(z) = \mathrm{Im}\left[\left(\frac{1-z}{1+z}\right)^2\right]$$

的径向极限为零：

$$\lim_{r\to1}u(re^{i\theta}) = 0 \quad (0\leqslant\theta\leqslant2\pi).$$

8. 若函数 $u(z)$ 是 $|z|<1$ 内正的调和函数,$u(0)=1$,证明：

$$\frac{1}{3} \leqslant u\left(\frac{1}{2}\right) \leqslant 3,$$

且上述不等式不能改进.

9. 设函数 $f(z)=u(z)+iv(z)$ 在 $|z|<R$ 内解析,证明：

$$f'(z) = \frac{1}{\pi i}\int_{|\zeta|=\rho}\frac{u(\zeta)}{(\zeta-z)^2}\mathrm{d}\zeta, \quad |z|<\rho<R.$$

10. 设 $f(z)$ 为整函数,满足

$$\lim_{z\to\infty}\frac{\mathrm{Re}f(z)}{z} = 0,$$

证 $f(z)$ 为常数.

11. 设函数 $u(z)$ 在 $|z|<1$ 内调和,在 $|z|\leqslant1$ 上除 $z=1$ 点外

连续、有界. 证明当 $|z|<1$ 时, Poisson 公式成立:

$$u(z) = \frac{1}{2\pi} \int_{|\zeta|=1} \frac{1-|z|^2}{|\zeta-z|^2} u(\zeta) \mathrm{d}\theta, \quad \zeta = \mathrm{e}^{\mathrm{i}\theta}.$$

12. 令 $w = \dfrac{z-\mathrm{i}}{z+\mathrm{i}}$ 把上半平面 $\mathrm{Im}z>0$ 映为单位圆 $|w|<1$, 把上半平面内点 $z=x+\mathrm{i}y$ 映为单位圆内一点 w, 把边界点 $z=t$ 映为单位圆周上点 ζ. 证明:

$$\frac{1-|w|^2}{|\zeta-w|^2} \frac{\mathrm{d}\zeta}{\mathrm{i}\zeta} = \frac{2y}{(x-t)^2+y^2} \mathrm{d}t.$$

13. 设函数 $u(z)$ 在 $\mathrm{Im}z>0$ 内调和, 在 $\mathrm{Im}z\geqslant0$ 上连续、有界. 则 $\mathrm{Im}z>0$ 时,

$$u(z) = \frac{1}{\pi} \int_{-\infty}^{\infty} \frac{y}{(x-t)^2+y^2} u(t) \mathrm{d}t.$$

14. 设函数 $u(z)$ 在区域 D 内调和, 证明 $u^2(z)$ 为 D 内次调和函数.

15. 设 $f(z)$ 在区域 D 内解析, $p>0$, 证明 $|f(z)|^p$ 为 D 内次调和函数.

(提示: 证每点次平均值不等式成立).

16. 设函数 $u(z)$ 在区域 D 内调和, $p\geqslant1$, 证明 $|u(z)|^p$ 为 D 内次调和函数.

(提示: 若 $u(z_0)\neq0$, 则在 z_0 某邻域上 $|u|=u$ 或 $-u$)

17. 设 $v_1(z), v_2(z)$ 为区域 D 内次调和函数, 证明

$$v(z) = \max(v_1(z), v_2(z))$$

为 D 内次调和函数.

18. 设 $u(z)$ 在区域 D 内调和, 证明:

(1) $\forall\, z_0 \in D$, 有

$$\mathrm{e}^{u(z_0)} \leqslant \frac{1}{2\pi} \int_0^{2\pi} \mathrm{e}^{u(z_0+r\mathrm{e}^{\mathrm{i}\theta})} \mathrm{d}\theta, \quad 0<r<d(z_0,\partial D);$$

(2) $\left|\dfrac{\partial u}{\partial z}\right| \mathrm{e}^{u(z)}$ 为 D 内次调和函数.

第八章 解析开拓

这章讨论的问题是：区域 D 内的解析函数 $f(z)$ 能否解析地开拓成更大区域 $G \supset D$ 内的解析函数. 首先给出什么样的解析函数一定具有某种不可开拓性, 其次说明什么样的解析函数一定能够开拓, 最后讨论在什么条件下, 开拓得到的函数是单值解析函数.

§1 解析开拓概念与幂级数解析开拓

1.1 解析开拓概念

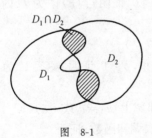

图 8-1

前面都是在给定区域内讨论解析函数, 解析开拓事实上是讨论两个不同区域内两解析函数的关系, 所以我们把区域 D 和 D 内的解析函数 $f(z)$ 合在一起称为一个**解析元素**, 记做 (f, D). 若两个解析元素 $(f_1, D_1), (f_2, D_2)$, 且 $D_1 \bigcap D_2 \neq \varnothing$ (图 8-1), 对 $\forall z \in D_1 \bigcap D_2$, 有

$$f_1(z) = f_2(z),$$

则称一个解析元素是另一个解析元素的**直接解析开拓**, 记做

$$(f_1, D_1) \sim (f_2, D_2).$$

如令 $G = D_1 \bigcup D_2$, 在 G 内定义函数

$$F(z) = \begin{cases} f_1(z), & z \in D_1, \\ f_2(z), & z \in D_2, \end{cases}$$

则 $F(z)$ 在 G 内解析. 这就把 D_1 内解析函数 $f_1(z)$ 解析开拓到更大的区域 G, 且开拓是唯一的. 事实上, 假如还有另一种方法把 $f_1(z)$ 解析开拓成 G 内解析函数 $\tilde{F}(z)$, 根据解析函数唯一性定理, 两函数在 $D_1\subset G$ 内恒等, 必在 G 内恒等, 即 $F(z)\equiv\tilde{F}(z)$.

若有一串解析元素

$$(f_1,D_1),(f_2,D_2),\cdots,(f_n,D_n), \tag{1}$$

其中 (f_k,D_k) 与 $(f_{k+1},D_{k+1})(k=1,2,\cdots,n-1)$ 彼此是直接解析开拓, 则称(1)是**解析元素链**, 解析元素 (f_n,D_n) 是解析元素 (f_1,D_1) 的**解析开拓**. 当然, (f_1,D_1) 也是 (f_n,D_n) 的解析开拓.

在解析开拓定义中, 当 $D_1\bigcap D_n\neq\varnothing$ 时, 得不出 (f_n,D_n) 是 (f_1,D_1) 的直接解析开拓. 例如我们考虑三个解析元素 $(f_i,D_i)(i=1,2,3)$, D_1,D_2,D_3 分别是以 1, $\omega=\mathrm{e}^{\frac{2\pi}{3}\mathrm{i}},\omega^2=\mathrm{e}^{\frac{4\pi}{3}\mathrm{i}}$ 为心、以 1 为半径的圆, $f_1(z)$ 为 $\sqrt{z}$ 在 D_1 上取 $f_1(1)=1$ 的单值分支, $f_2(z)$ 为 $\sqrt{z}$ 在 D_2 上取 $f_2(\omega)=\mathrm{e}^{\frac{\pi}{3}\mathrm{i}}$ 的那个单值分

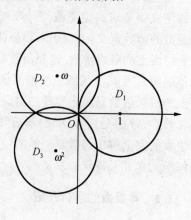

图 8-2

支, $f_3(z)$ 为 $\sqrt{z}$ 在 D_3 上取 $f_3(\omega^2)=\mathrm{e}^{\frac{2\pi}{3}\mathrm{i}}$ 的那个单值分支(图 8-2). 可以看出

$$(f_1,D_1)\sim(f_2,D_2), \quad (f_2,D_2)\sim(f_3,D_3).$$

这时 $D_1\bigcap D_3\neq\varnothing$, 但在 $D_1\bigcap D_3$ 上有 $f_3(z)=-f_1(z)$, 所以 (f_3,D_3) 不是 (f_1,D_1) 的直接解析开拓.

引理 1 若 D_i 为圆域 $(i=1,2,3)$, 且 $D_1\bigcap D_2\bigcap D_3\neq\varnothing$. 又设解析元素 $(f_1,D_1)\sim(f_2,D_2),(f_2,D_2)\sim(f_3,D_3)$, 则有

$$(f_1,D_1)\sim(f_3,D_3).$$

证明 记 $\Delta = D_1 \bigcap D_2 \bigcap D_3$，由条件 Δ 为区域，且在 Δ 内有

$$f_1(z) = f_2(z) = f_3(z) \quad (\forall z \in \Delta). \tag{2}$$

当 D_i 为圆域时，$D_1 \bigcap D_3$ 是连通区域，$\Delta \subset D_1 \bigcap D_3$，所以由（2）式和解析函数唯一性定理得

$$f_1(z) = f_3(z), \quad \forall z \in D_1 \bigcap D_3,$$

即 $(f_1, D_1) \sim (f_3, D_3)$. 证毕.

定义 1 一个解析元素 (f_1, D_1) 的全部解析开拓形成一个集，这个集称为解析元素 (f_1, D_1) 所生成的**完全解析函数**.

完全解析函数定义与通常函数定义是不一致的，因为它没有函数定义中要求的定义域与对应规则. 要使完全解析函数定义符合通常的函数定义，必须引入黎曼曲面，完全解析函数可以看成是黎曼曲面上的解析函数. 这超出基础课的范围. 因为我们只讨论最简单曲面 $\mathbb{C}$ 及其子区域上的解析函数，而讨论任意具有复结构曲面上的解析函数是属于黎曼曲面课程的内容.

若 (f_n, D_n) 是 (f_1, D_1) 的解析开拓，显然由 (f_1, D_1) 和 (f_n, D_n) 所生成的完全解析函数是一样的，所以在完全解析函数定义中，初始解析元素并无特殊的意义.

1.2 幂级数的解析开拓

设幂级数

$$f(z) = \sum_{n=0}^{\infty} c_n z^n \tag{3}$$

的收敛半径为 $R(0 < R < +\infty)$，它的和函数 $f(z)$ 在收敛圆 $|z| < R$（记做 D）内解析. 我们讨论解析元素 (f, D) 的开拓性质.

定义 2 设 D 为圆域，$f(z)$ 在 D 内解析，$\zeta_0 \in \partial D$，若存在邻域 $V = V(\zeta_0; \delta)$ 及 V 内解析函数 $g(z)$，使得

$$(f, D) \sim (g, V),$$

则称 ζ_0 为函数 $f(z)$ 的**正则点**，∂D 上的非正则点称为 $f(z)$ 的**奇异点**.

从定义不难看出下列诸点：

(1) 函数 $f(z)$ 的正则点集是 ∂D 上的开集，因此奇异点集就是 ∂D 上的闭集；

(2) 设 D 是以原点为心、R 为半径的圆，$\zeta_0 \in \partial D$，在半径 $[0, \zeta_0]$ 内任取一点 z_0，$f(z)$ 在 z_0 的邻域内可展为 Taylor 级数：

$$f(z) = \sum_{n=0}^{\infty} \frac{f^{(n)}(z_0)}{n!} (z - z_0)^n.$$

设上式幂级数有收敛半径 ρ. 则当 ζ_0 是正则点时，$\rho > R - |z_0|$，当 ζ_0 是奇异点时，$\rho = R - |z_0|$；

(3) $f(z)$ 的导函数 $f'(z)$ 和原函数 $F(z)$ 有相同的正则点与奇异点；

(4) $f(z)$ 的正则点可以是幂级数(3)的收敛点或发散点，$f(z)$ 的奇异点也可以是幂级数(3)的收敛点或发散点.

定理 1　在幂级数(3)的收敛圆周上，至少有一个和函数的奇异点.

证明　用反证法. 假设收敛圆周 $C: |z| = R$ 上每个点都是正则点，则由 C 的紧性，存在圆心在 C 上的 n 个邻域 $V_k = V(\zeta_k; \delta_k)$ 和 V_k 内解析函数 $f_k(z)$，使得

$$C \subset \bigcup_{k=1}^{n} V_k, \quad (f, D) \sim (f_k, V_k) \ (k = 1, 2, \cdots, n).$$

若 $V_i \bigcap V_j \neq \varnothing$，考查 ζ_i, ζ_j 两点的连线，即知 $V_i \bigcap V_j \bigcap D \neq \varnothing$. 由引理 1 得

$$(f_i, V_i) \sim (f_j, V_j).$$

所以在 $\Omega = D \bigcup V_1 \bigcup \cdots \bigcup V_n$ 内可以定义解析函数 $g(z)$：

$$g(z) = \begin{cases} f(z), & z \in D, \\ f_k(z), & z \in V_k (k = 1, 2, \cdots, n). \end{cases}$$

由于 $\overline{D} \subset \Omega$，$\exists \varepsilon > 0$，使圆 $|z| < R + \varepsilon$ 包含在 Ω 内，函数 $g(z)$ 在 $|z| < R + \varepsilon$ 内可展为 Taylor 级数，显然该 Taylor 级数即为(3)中幂级数，从而推出(3)中幂级数收敛半径 $\geqslant R + \varepsilon$，这与已知幂级数

收敛半径为 R 相矛盾. 此矛盾说明在收敛圆周上必有和函数的奇异点. 证毕.

定理说明在收敛圆内一定存在一条半径,和函数不能沿该半径方向解析开拓到收敛圆外. 已知在收敛圆周上至少有和函数的一个奇异点,那么至多可以有几个奇异点呢?我们来看例子.

例 证明:幂级数
$$f(z) = z^{1!} + z^{2!} + \cdots + z^{n!} + \cdots$$
的收敛圆周上的每个点都是 $f(z)$ 的奇异点.

证明 由
$$c_n = \begin{cases} 1, & n = k!, \\ 0, & n \neq k!, \end{cases}$$
得 $\varlimsup\limits_{n \to \infty} \sqrt[n]{c_n} = 1$,所以收敛半径 $R = 1$. 要证 $|z| = 1$ 上的每个点皆为 $f(z)$ 的奇异点,只要证 $|z| = 1$ 上有一稠密集 E 的点为 $f(z)$ 的奇异点. 因为 $f(z)$ 的奇异点集为 $|z| = 1$ 上的闭集,所以该奇异点集应包含 $\overline{E} = \{z: |z| = 1\}$,即 $|z| = 1$ 上的每个点皆为 $f(z)$ 的奇异点.

考虑集合
$$E = \{e^{2\pi i p/q}: 整数 \ p \geqslant 0, 整数 \ q > 0, p/q \ 为既约数\},$$
显然集合 E 是 $|z| = 1$ 上的稠密集. 任取 $\zeta_1 = e^{2\pi i p/q} \in E$,
$$f(r\zeta_1) = \sum_{n=1}^{q-1} r^{n!} \zeta_1^{n!} + \sum_{n=q}^{\infty} r^{n!}. \tag{4}$$
记
$$\varphi(r) = \sum_{n=q}^{\infty} r^{n!},$$
它是 $[0, 1)$ 区间上的递增函数,我们来证
$$\lim_{r \to 1^-} \varphi(r) = +\infty. \tag{5}$$
如果不然,设 $\lim\limits_{r \to 1^-} \varphi(r) = M < +\infty$,则 $N > q$ 时,
$$\sum_{n=q}^{N} r^{n!} \leqslant \sum_{n=q}^{\infty} r^{n!} = \varphi(r),$$

得

$$\sum_{n=q}^{N} r^{n!} \leqslant M,$$

令 $r \to 1^-$，可得

$$N - q \leqslant M,$$

由 N 的任意性即得矛盾. 所以(5)式成立；再由(4)式得

$$|f(r\zeta_1)| \geqslant \varphi(r) - \left| \sum_{n=1}^{q-1} r^{n!} \zeta_1^{n!} \right|,$$

令 $r \to 1^-$ 有

$$\lim_{r \to 1^-} |f(r\zeta_1)| = +\infty,$$

这表明 ζ_1 是 $f(z)$ 的奇异点. 由 ζ_1 任意性，E 为 $f(z)$ 的奇异点集. 证毕.

定义 3 若区域 D 内存在一个解析函数 $f(z)$，它不可能开拓成更大区域内的解析函数，则称 D 为**全纯域**，∂D 称为该函数的**自然边界**.

例子说明单位圆是全纯域，$|z| = 1$ 是例子中函数的自然边界. 可以证明复平面上的任意区域 D 都是全纯域. 证明思路是：任取 D 的内点集 E，使 ∂D 的每一点都是 E 的极限点，而在 D 内无 E 的极限点，然后构造 D 内不恒为零的解析函数 $f(z)$，它仅以 E 中的点为其零点. 显然 $f(z)$ 不可能解析开拓到更大的区域上去.

§2 对 称 原 理

在讨论什么样的解析函数可开拓前，先证两个引理.

引理 2 设区域 Ω 被可求长开弧 γ 分成两个区域 D_1, D_2：$\Omega \setminus \gamma = D_1 \bigcup D_2$. 函数 $f(z)$ 在 Ω 内连续，在 $D_j (j = 1, 2)$ 内解析，则 $f(z)$ 在 Ω 内解析(图 8-3).

证明 由 Morera 定理，只要证对任一可求长简单闭曲线 l，其内部属于 Ω，有

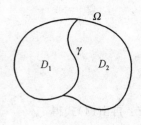

图 8-3

$$\int_l f(z)\mathrm{d}z = 0 \qquad (6)$$

即成. 若 $l \subset D_j \bigcup \gamma\,(j=1,2)$, 则由 Cauchy 定理知(6)式成立. 若 l 同时属于 D_1 和 D_2, 记 l_j 是 l 属于 D_j 的那部分$(j=1,2)$, γ 在 l 内部那部分记做 l_0, 取定 l_0 定向, 使 l_1+l_0 构成一简单闭路, 此时 $l_2+l_0^{-1}$ 也为一简单闭路, 应用 Cauchy 定理, 得

$$\int_l f(z)\mathrm{d}z = \int_{l_1+l_0} f(z)\mathrm{d}z + \int_{l_2+l_0^{-1}} f(z)\mathrm{d}z = 0,$$

故(6)式成立. 证毕.

引理 3　设区域 Ω 关于实轴对称, 实轴上的区间 $(a,b)\subset\Omega$. 函数 $F(z)$ 在 Ω 内解析, 在区间 (a,b) 内取实值, 则

$$F(z) \equiv \overline{F(\bar{z})}.$$

证明　记 $G(z)=\overline{F(\bar{z})}$, 由 Ω 的对称性, 知 $G(z)$ 在 Ω 内定义. $\forall z_0\in\Omega$, 有

$$\lim_{z\to z_0}\frac{G(z)-G(z_0)}{z-z_0} = \lim_{z\to z_0}\frac{\overline{F(\bar{z})}-\overline{F(\bar{z}_0)}}{z-z_0}$$

$$= \lim_{z\to z_0}\overline{\left(\frac{F(\bar{z})-F(\bar{z}_0)}{\bar{z}-\bar{z}_0}\right)} = \overline{F'(\bar{z}_0)}.$$

这表明 $G'(z_0)=\overline{F'(\bar{z}_0)}$ 存在, 由 z_0 的任意性, 得 $G(z)$ 在 Ω 内解析. 又由条件在 (a,b) 上 $F(z)$ 与 $G(z)$ 的值相等, 根据解析函数的唯一性定理, 在 Ω 内 $F(z)\equiv G(z)=\overline{F(\bar{z})}$. 证毕.

定理说明若映射 F 把实区间映为实区间, 则一定把关于实轴的对称点映为关于实轴的对称点(图 8-4). 初等函数 $e^z, \sin z,$ $\cos z, \log z, z^\alpha\,(\alpha\in\mathbb{R})$ 都有此性质.

定理 2　设区域 D 位于实轴的一侧, 其边界包含实轴上的开线段 S, D' 是 D 关于实轴的对称区域. 若函数 $f(z)$ 在 D 内解析, 在 $D\bigcup S$ 上连续, 且在 S 上取实值. 则存在函数 $F(z)$, 满足:

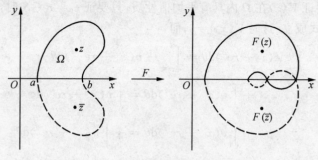

图 8-4

(1) 在区域 $\Omega = D \cup S \cup D'$ 内解析,且在 D 内 $F(z) = f(z)$;

(2) $F(z) = \overline{F(\bar{z})}$.

证明 定义

$$F(z) = \begin{cases} f(z), & z \in D \cup S, \\ \overline{f(\bar{z})}, & z \in D'. \end{cases}$$

从引理 3 的证明知 $F(z)$ 在 D' 内解析. 当 $z \in D'$ 趋于 $x \in S$ 时,由条件得

$$\lim_{D' \ni z \to x} F(z) = \lim_{D' \ni z \to x} \overline{f(\bar{z})} = \overline{\lim_{D' \ni \bar{z} \to x} f(\bar{z})}$$

$$= f(x) = \lim_{D \ni z \to x} F(z).$$

上式说明 $F(z)$ 在 Ω 内连续,应用引理 2 得 $F(z)$ 在 Ω 内解析,定理第一个结论证完. 第二个结论由引理 3 即得. 证毕.

定理 3 记号 D, D', S 同定理 2,若函数 $v(z)$ 在 D 内调和,在 $D \cup S$ 上连续,且在 S 上取值为零,则函数

$$V(z) = \begin{cases} v(z), & z \in D \cup S, \\ -v(\bar{z}), & z \in D' \end{cases}$$

在区域 $\Omega = D \cup S \cup D'$ 内调和.

证明 因 $v(\bar{z}) = v(x, -y)$,直接计算可验证其在 D' 内满足 Laplace 方程,所以 $V(z)$ 在 D' 内调和. 容易看出 $V(z)$ 在 Ω 内连

续. 要证 $V(z)$ 在 Ω 内具有平均值性质，只要证 $z_0=x_0\in S$ 时，平均值公式成立. 这时 $V(x_0)=0$，而

$$\int_{-\pi}^{\pi} V(x_0+r\mathrm{e}^{\mathrm{i}\theta})\mathrm{d}\theta = \int_{-\pi}^{0} -v(x_0+r\mathrm{e}^{-\mathrm{i}\theta})\mathrm{d}\theta$$

$$+\int_{0}^{\pi} v(x_0+r\mathrm{e}^{\mathrm{i}\theta})\mathrm{d}\theta = \int_{\pi}^{0} v(x_0+r\mathrm{e}^{\mathrm{i}\varphi})\mathrm{d}\varphi$$

$$+\int_{0}^{\pi} v(x_0+r\mathrm{e}^{\mathrm{i}\theta})\mathrm{d}\theta = -\int_{0}^{\pi} v(x_0+r\mathrm{e}^{\mathrm{i}\theta})\mathrm{d}\theta$$

$$+\int_{0}^{\pi} v(x_0+r\mathrm{e}^{\mathrm{i}\theta})\mathrm{d}\theta = 0.$$

因此 $V(z)$ 在 Ω 内具有平均值性质，所以 $V(z)$ 在 Ω 内调和. 证毕.

利用定理 3 我们可以将定理 2 中条件稍加减弱.

定理 4　记号 D,D',S,Ω 同定理 2，函数 $f(z)$ 在 D 内解析，$v(z)=\mathrm{Im}f(z)$ 在 $D\cup S$ 上连续，且在 S 上取值为零. 则 $f(z)$ 可解析开拓到 Ω（开拓后函数仍记为 $f(z)$），且 $f(z)=\overline{f(\bar{z})}$.

证明　只要证得 $u(z)=\mathrm{Re}f(z)$ 在 $D\cup S$ 上连续，本命题可归结为定理 2. 为此作单连通区域 G，使

$$S\subset G\subset\Omega.$$

由定理 3，调和函数 $v(z)$ 可调和开拓到 Ω（开拓后函数仍记为 $v(z)$），因此它在 G 内调和，所以在 G 内存在 $v(z)$ 的共轭调和函数 $-\tilde{u}(z)$（即 $\tilde{u},v$ 满足 C-R 方程）. 而在 $D\cap G$ 内已知 $v(z)$ 有共轭调和函数 $-u(z)$，所以在 $D\cap G$ 内 $u(z)=\tilde{u}(z)+\alpha$，其中 α 为实常数，这表明 $u(z)$ 可以连续开拓到 $D\cup S$. 证毕.

由于直线只是圆周的特殊情形，我们不难把上面解析函数的对称原理推广到一般情形.

定理 5　设区域 D 为圆周 C 内的区域，D 的边界一部分为 C 上圆弧 S，D' 为 D 关于 C 的对称区域. 函数 $f(z)$ 在 D 内解析，在 $D\cup S$ 上连续，$f(S)$ 为圆周 K 上一段圆弧 Γ（图 8-5）. 若 K 的圆心 b 不属于 $f(D)$，则 $f(z)$ 可解析开拓到区域 $\Omega=D\cup S\cup D'$；若 K 的圆心 b 属于 $f(D)$，则 $f(z)$ 可半纯地开拓到区域 Ω.

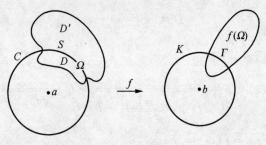

图 8-5

证明 设圆周 C 的圆心为 a, 半径为 r. 圆周 K 的圆心为 b, 半径为 R. 在 $\Omega = D \cup S \cup D'$ 上考查函数

$$F(z) = \begin{cases} f(z), & z \in D \cup S, \\ b + \dfrac{R^2}{f\left(a + \dfrac{r^2}{z-a}\right) - b}, & z \in D'. \end{cases}$$

我们来说明 $F(z)$ 或是 Ω 内解析函数, 或是半纯函数. 为此令

$$E = \{z \in D: f(z) = b\},$$

记 E 关于 C 的对称点集为 $E' \subset D'$. 则 $F(z)$ 在 $\Omega \setminus E'$ 上取有限值, 在 E' 上取值为 ∞.

在 $D' \setminus E'$ 上, 记 $\zeta = a + \dfrac{r^2}{z-a} \in D$, 则有

$$\frac{\partial F}{\partial \bar{z}} = - \frac{R^2}{\left(f\left(a + \dfrac{r^2}{z-a}\right) - b\right)^2} \left[\overline{\frac{\partial f(\zeta)}{\partial \zeta}} \frac{\partial \zeta}{\partial \bar{z}}\right.$$

$$\left. + \overline{\frac{\partial f(\zeta)}{\partial \zeta}} \cdot \frac{\partial \bar{\zeta}}{\partial \bar{z}}\right] = 0.$$

所以 $F(z)$ 在 $D' \setminus E'$ 上解析, E' 为 $F(z)$ 的孤立奇点集. 由函数的连续性, 知 E' 为 $F(z)$ 的极点集.

讨论 $F(z)$ 在 S 上的解析性, 首先注意 $F(z)$ 在 S 上连续. 事实上只要说明 $D' \ni z \to z_0 \in S$ 时, $F(z) \to F(z_0) \in \Gamma$. 因

$$D \ni a + \frac{r^2}{z-a} \to z_0,$$

和定理的假设,可得

$$F(z) = b + \cfrac{R^2}{f\left(a + \cfrac{r^2}{z-a}\right) - b} \to b + \cfrac{R^2}{f(z_0) - b}$$

$$= f(z_0) = F(z_0),$$

故 $F(z)$ 在 z_0 点连续. 由 z_0 的任意性,$F(z)$ 在 S 上连续. 再由引理 2,得 $F(z)$ 在 S 的每点邻域内解析.

总之,若 $b \bar{\in} f(D)$,集合 $E = E' = \varnothing$,这时 $f(z)$ 可解析开拓到区域 Ω;若 $b \in f(D)$,集合 $E \neq \varnothing$,也就有 $E' \neq \varnothing$,这时 $f(z)$ 可半纯地开拓到区域 Ω. 证毕.

注 若 K 为直线时,类似可证 $f(z)$ 可解析开拓到区域 Ω.

定理 6 记号 D, D', S, C 同定理 5,设函数 $f(z)$ 在 D 内解析,$v(z) = \mathrm{Im} f(z)$ 在 $D \cup S$ 上连续,且 $v(z)$ 在圆弧 S 上取值为零. 则 $f(z)$ 可解析开拓到区域 $\Omega = D \cup S \cup D'$.

§3 单值性定理

3.1 沿曲线的解析开拓

设 $f_0(z)$ 在圆域 D_0 内解析,$a \in D_0$,$\gamma : [0,1] \to \mathbb{C}$ 为一连续曲线,$a = \gamma(0)$,$b = \gamma(1)$. 我们要定义解析元素 (f_0, D_0) 沿曲线 γ 解析开拓的概念.

给定一串圆域

$$D_0, D_1, \cdots, D_n, \tag{7}$$

若 $D_k \cap D_{k+1} \neq \varnothing (k = 0, 1, \cdots, n-1)$,则称 (7) 为一**圆链**. 若存在区间 $[0,1]$ 的分法 T:

$$0 = t_0 < t_1 < \cdots < t_n = 1 = t_{n+1},$$

使 $\gamma([t_k,t_{k+1}])\subset D_k(k=0,$
$1,\cdots,n)$,则称(7)是一覆盖曲线 γ 的圆链(图 8-6).几何上表示 γ 的第 k 个子弧段包含在第 k 个圆域内,且 γ 的每一个分点对应一个圆域.

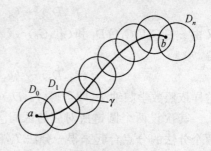

图 8-6

定义 4 给定解析元素 (f_0,D_0) 和连续曲线 γ:$[0,1]\rightarrow\mathbb{C}$,$a=\gamma(0)\in D_0$,$b=\gamma(1)$. 若存在覆盖 γ 的圆链 $\{D_0,D_1,\cdots,D_n\}$ 和相应的解析元素链

$$(f_0,D_0),(f_1,D_1),\cdots,(f_n,D_n),$$

则称 (f_0,D_0) 可以**沿曲线 γ 解析开拓**.也称上述解析元素链为 (f_0,D_0) 沿 γ 的解析开拓,(f_n,D_n) 是 (f_0,D_0) 沿 γ 解析开拓到 b 点的解析元素.

要说明定义 4 有意义,必须证明沿曲线 γ 的解析开拓只与 (f_0,D_0) 和 γ 有关,而与覆盖 γ 的圆链取法无关.下面引理即说明这一事实.

引理 4 设 $\{D_0,D_1,\cdots,D_n\}$ 和 $\{G_0,G_1,\cdots,G_m\}$ 为覆盖 γ:$[0,1]\rightarrow\mathbb{C}$ 的两个圆链,$a=\gamma(0)\in D_0\bigcap G_0$,$b=\gamma(1)\in D_n\bigcap G_m$. 相应有两个解析元素链:

$$(f_0,D_0),(f_1,D_1),\cdots,(f_n,D_n)$$

和

$$(g_0,G_0),(g_1,G_1),\cdots,(g_m,G_m).$$

若 $(f_0,D_0)\sim(g_0,G_0)$,则 $(f_n,D_n)\sim(g_m,G_m)$.

证明 首先设两个覆盖 γ 的圆链所对应的区间 $[0,1]$ 的分法 T 相同,这时 $n=m$,且记 T 为:

$$0=t_0<t_1<\cdots<t_n=1=t_{n+1}.$$

由条件 $z_1=\gamma(t_1)\in D_0\bigcap D_1\bigcap G_0$,和 $(f_0,D_0)\sim(f_1,D_1)$,$(f_0,D_0)\sim(g_0,G_0)$.根据引理 1 得

$$(f_1, D_1) \sim (g_0, G_0).$$

又由 $z_1 \in G_0 \bigcap G_1 \bigcap D_1$ 和 $(g_0, G_0) \sim (g_1, G_1)$ 及上式,再根据引理 1 得

$$(f_1, D_1) \sim (g_1, G_1).$$

这样依照数学归纳法,即可得 $(f_n, D_n) \sim (g_n, G_n)$.

其次设两个圆链所对应的区间 $[0,1]$ 的分法 T_1, T_2 不同. 把两个分法的分点合起来得一分法 T,使问题转化为对应于同一分法 T 的两个圆链. T 看成由 T_1 添加 T_2 的分点所得,设 T_1 的第 k 个小区间内部有 T_2 的 $j_k (j_k \geqslant 0, k=1,2,\cdots,n)$ 个分点,则分法 T 对应一解析元素链:

$$(f_0, \underbrace{D_0), \cdots, (f_0}_{j_1+1 \uparrow}, D_0), (f_1, \underbrace{D_1), \cdots, (f_1}_{j_2+1 \uparrow}, D_1), \cdots,$$

$$(f_{n-1}, \underbrace{D_{n-1}), \cdots, (f_{n-1}}_{j_n+1 \uparrow}, D_{n-1}), (f_n, D_n). \tag{8}$$

同理 T 也可看成由 T_2 添加 T_1 的分点所得,设 T_2 的第 k 个小区间内部有 T_1 的 $l_k (l_k \geqslant 0, k=1,2,\cdots,m)$ 个分点,则分法 T 也对应一解析元素链:

$$(g_0, \underbrace{G_0), \cdots, (g_0}_{l_1+1 \uparrow}, G_0), (g_1, \underbrace{G_1), \cdots, (g_1}_{l_2+1 \uparrow}, G_1), \cdots,$$

$$(g_{m-1}, \underbrace{G_{m-1}), \cdots, (g_{m-1}}_{l_m+1 \uparrow}, G_{m-1}), (g_m, G_m). \tag{9}$$

(若 l_k, j_k 中为零时,表示第 k 个解析元素不重复). 然后应用已证明的第一部分结果,即得

$$(f_n, D_n) \sim (g_m, G_m).$$

证毕.

引理说明若 f_0 与 g_0 在起点 a 的邻域内的函数值相同,若解析元素可以沿覆盖 γ 的圆链解析开拓,则所得函数 f_n 与 g_m 在终点 b 的邻域内的值也相同. 因此定义解析元素 (f_0, D_0) 沿 γ 的解析开拓,可以用 (f_0, D_0) 沿任一覆盖 γ 的圆链的解析元素链来定义.

设 (f_0, D_0) 为解析元素,$a \in D_0 \subset \Omega$. 如果对于起点在 a 的任一

连续曲线 $\gamma \subset \Omega,(f_0,D_0)$ 沿 γ 的解析开拓总存在,则称 (f_0,D_0) 在 Ω 内可以无限制地解析开拓.

3.2 单值性定理

单值性定理就是要讨论如下问题:设 (f_0,D_0) 在区域 Ω 内可以无限制地解析开拓,γ_0,γ_1 为 Ω 内两条连接 a,b 的连续曲线,问 (f_0,D_0) 沿 γ_0 与 γ_1 解析开拓到 b 点的解析元素,在 b 点邻域内是否恒等.如果对 γ_0,γ_1 不附加条件,回答是否定的.如果 γ_0 在 Ω 内可以连续地变为 γ_1,则回答是肯定的.为此需要下面定义.

定义 5 设 γ_0,γ_1 为 Ω 内连接 a,b 两点的两条曲线.若存在连续映射 $\varphi:[0,1]\times[0,1]\to\Omega$,满足:

$$\begin{cases} \varphi(0,s)=a,\varphi(1,s)=b,s\in[0,1], \\ \varphi(t,0)=\gamma_0(t), \\ \varphi(t,1)=\gamma_1(t), \end{cases}$$

则称曲线 γ_0,γ_1 在 Ω 内**同伦**.

令 $\gamma_s=\varphi(t,s)$,它是 Ω 内连接 a,b 的一条曲线.当 s 由 0 变到 1 时,曲线 γ_0 通过曲线 γ_s 连续地变为曲线 γ_1(图 8-7).这就是同伦的几何意义.

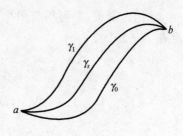

图 8-7

定理 7(单值性定理) 设 (f_0,D_0) 为一解析元素,$a\in D_0$ $\subset\Omega,(f_0,D_0)$ 在区域 Ω 内可以无限制地解析开拓.γ_0,γ_1 为 Ω 内连接 a,b 的两条曲线,且在 Ω 内同伦.记 (f_{s,n_s},D_{s,n_s}) 为 (f_0,D_0) 沿 γ_s 解析开拓到 b 点的解析元素(其中 n_s 为正整数),则

$$(f_{0,n_0},D_{0,n_0})\sim(f_{1,n_1},D_{1,n_1}).$$

证明 由条件在 $[0,1]\times[0,1]$ 上存在二元连续函数 $\varphi(t,s)$.记 $\gamma_s(t)=\varphi(t,s)$,固定 $s\in[0,1]$,由已知条件存在覆盖 γ_s 的圆链

$\{D_{s,0}, D_{s,1}, \cdots, D_{s,n_s}\}, a \in D_0 = D_{s,0}, b \in D_{s,n_s}$. 记域

$$G = D_{s,0} \bigcup D_{s,1} \bigcup \cdots \bigcup D_{s,n_s},$$

则紧集 $\gamma_s([0,1])$ 包含在 G 内, 所以

$$\varepsilon = \mathrm{dist}(\partial G, \gamma_s([0,1])) > 0.$$

再由 $\varphi(t,s)$ 的一致连续性, $\exists \delta > 0$, 当 $|s - s'| < \delta$ 时, 有

$$|\gamma_s(t) - \gamma_{s'}(t)| = |\varphi(t,s) - \varphi(t,s')| < \varepsilon.$$

这说明圆链 $\{D_{s,0}, D_{s,1}, \cdots, D_{s,n_s}\}$ 同样覆盖曲线 $\gamma_{s'}, s' \in [0,1] \bigcap (s - \delta, s + \delta)$. 所以 (f_{s,n_s}, D_{s,n_s}) 也是 (f_0, D_0) 沿 $\gamma_{s'}$ 解析开拓到 b 点的解析元素. 根据引理 4 得

$$(f_{s,n_s}, D_{s,n_s}) \sim (f_{s',n_s}, D_{s',n_s}).$$

由此得出, 区间 $[0,1]$ 上每点 s, 存在一邻域 $\Delta = (s - \delta, s + \delta)$, 对参数 s 属于此邻域内的任意两条曲线 $\gamma_{s'}, \gamma_{s''}$, (f_0, D_0) 沿曲线 $\gamma_{s'}$, $\gamma_{s''}$ 解析开拓到 b 点的解析元素满足

$$(f_{s',n_{s'}}, D_{s',n_{s'}}) \sim (f_{s'',n_{s''}}, D_{s'',n_{s''}}).$$

$[0,1]$ 为紧集, 总可用有限个开邻域 $\Delta_1, \cdots, \Delta_N$ 覆盖它, 所以总存在 $N+1$ 个点:

$$s = 0 < s_1 < s_2 < \cdots < s_{N-1} < s_N = 1,$$

使

$$(f_{0,n_0}, D_{0,n_0}) \sim (f_{s_1,n_{s_1}}, D_{s_1,n_{s_1}}) \sim (f_{s_2,n_{s_2}}, D_{s_2,n_{s_2}})$$
$$\sim \cdots \sim (f_{1,n_1}, D_{1,n_1}).$$

证毕.

由于单连通区域内连接任意两点的任意两条连续曲线是同伦的(证明略), 所以我们可得下面结论.

推论 设 Ω 为单连通区域, (f_0, D_0) 为一解析元素, $a \in D_0 \subset \Omega$. 若 (f_0, D_0) 可以在 Ω 内无限制地解析开拓, 则存在 Ω 内单值解析函数 $f(z)$, 在 D_0 内, $f(z) = f_0(z)$.

证明 $\forall b \in \Omega$, 用位于 Ω 内的曲线 γ 连接 a, b. 设 (f_0, D_0) 沿

γ 解析开拓为

$$(f_0, D_0), (f_1, D_1), \cdots, (f_n, D_n), \quad b \in D_n.$$

则定义

$$f(b) = f_n(b).$$

由单值性定理, $f(b)$ 与曲线 γ 的取法无关, 所以 $f(b)$ 由 b 点唯一确定. 由 b 的任意性, 即得 Ω 内定义的单值函数 $f(z)$, 显然在 D_0 内, $f(z) = f_0(z)$. 其次证 $f(z)$ 在 Ω 内解析. 如上取 b, γ 和 $z \in D_n$, 及连接 a, z 的曲线 $\gamma \cup [b, z]$, 则 (f_0, D_0) 沿该曲线的解析开拓为:

$$(f_0, D_0), (f_1, D_1), \cdots, (f_n, D_n), (f_n, D_n).$$

根据 $f(z)$ 定义, 得 $z \in D_n$ 时,

$$f(z) = f_n(z).$$

所以 $f(z)$ 在 b 点邻域解析. 由 b 点的任意性, 得 $f(z)$ 在 Ω 内解析. 证毕.

注 1 推论主要应用之一是证明 Picard 小定理(见第四章第三节), 我们只介绍证明的思路. 证明关键是构造模函数 $\lambda(z)$, 它在单位圆 D 内解析, $\lambda'(z) \neq 0$, 把单位圆映满区域 $\Omega = \mathbb{C} \setminus \{0, 1\}$, 反函数 $\lambda^{-1}(w)$ 为多值函数, 可用如下办法得到. 因 $\lambda'(z_0) \neq 0 (z_0 \in D)$, 函数 $\lambda(z)$ 在 $w_0 = \lambda(z_0)$ 的邻域内可求出反函数, 然后沿 Ω 内自 w_0 点出发的连续曲线解析开拓, 设想对所有可能的这种曲线已经解析开拓, 于是得 Ω 上多值函数 $\lambda^{-1}(w)$, 其值域为 D. 若整函数 $f(z)$ 不取值 $0, 1$, 设 $f(0) = w_0 \in \Omega$, 则在原点邻域 $\lambda^{-1}(f(z))$ 可取出单值分支, 然后在 $\mathbb{C}$ 内沿自原点出发的连续曲线解析开拓, 由单值性定理, 得到 $\mathbb{C}$ 上单值解析函数, 仍记为 $\lambda^{-1}(f(z))$. 再由 Liouville 定理得 $\lambda^{-1}(f(z))$ 为常数, 从而 $f(z)$ 为常数.

注 2 推论的条件中除要求 Ω 是单连通区域外, 还要求对任意一点 $z \in \Omega$, 任意一条连接 a, z 的曲线 γ, (f_0, D_0) 都可沿 γ 解析开拓. 若条件改为任意一点 $z \in \Omega$, 存在一条连接 a, z 的曲线 γ, 解析元素 (f_0, D_0) 可以沿 γ 解析开拓, 则推论的结论可以不成立. 我

们考查下面例子.

函数 $w = z^3 - 3z$ 把 $\mathbb{C}$ 映满 $\mathbb{C}$, $w'(0) = -3 \neq 0$, 所以在 $z = 0$ 邻域内单叶, 在 $w(0) = 0$ 的邻域 $D_0 = V(0; \delta)$ 内反函数 $z = f_0(w)$ 存在.

为了说明对于 $\mathbb{C}$ 中每一点 w, 存在一条连接 $0, w$ 的曲线 γ, 使 (f_0, D_0) 可以沿 γ 解析开拓. 我们来看 $w = z^3 - 3z$ 的反函数的黎曼曲面. 因 $w'(\pm 1) = 0$, 所以 $w(\pm 1) = \mp 2$ 为反函数的分支点. 映射 $w = z^3 - 3z$ 把 $z = x + \mathrm{i}y$ 映为

$$(x + \mathrm{i}y)^3 - 3(x + \mathrm{i}y) = x(x^2 - 3y^2 - 3) + \mathrm{i}y(3x^2 - y^2 - 3).$$

可见映射把双曲线 $3x^2 - y^2 = 3$ 映为 w 平面上的实区间. 把双曲线的右边一支映为 w 平面上区间 $(-\infty, -2]$; 把双曲线的左边一支映为区间 $[2, +\infty)$. 根据解析函数把区域映为区域和把边界正定向映为边界正定向. 所以把右边一支以右的区域 D_1 映为 $G_1 = \mathbb{C} \setminus (-\infty, -2]$, 把左边一支以左的区域 D_3 映为 $G_3 = \mathbb{C} \setminus [2, +\infty)$, 把中间区域 D_2 映为 $G_2 = \mathbb{C} \setminus \{(-\infty, -2] \cup [2, +\infty)\}$ (图 8-8).

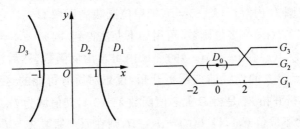

图 8-8

当把 D_1, D_2 的公共边界粘合在一起, 相应地把 G_1, G_2 的切口 $(-\infty, -2]$ 的上、下边沿交叉地粘在一起. 同样把 D_2, D_3 的公共边界粘在一起, 相应地把 G_2, G_3 的切口 $(2, +\infty)$ 的上、下边沿交叉地粘在一起. 这样由 G_1, G_2, G_3 构造出一张黎曼曲面 S, 函数 $w = z^3 - 3z$ 的反函数 $z = f(w)$ 在 S 上解析. 回到解析元素 (f_0, D_0), $D_0 \subset G_2$. 当 $w \in \mathbb{C} \setminus \{\pm 2\}$ 时, 对任意一条连接 $0, w$ 的连续曲线 $\gamma \subset$

$\mathbb{C}\setminus\{\pm 2\}$, 总可将它放置到黎曼面 S 上, 看成 S 上的一条从 $w=0$ $\in G_2$ 出发的连续曲线 γ, 所以 (f_0, D_0) 可以沿 γ 解析开拓. 当 $w=2$ 时, 线段 $[0,2]$ 不能放置到 S 上, 看成 S 上一条从 $w=0 \in G_2$ 出发的曲线, 所以 (f_0, D_0) 不能沿线段 $[0,2]$ 解析开拓, 但可以沿如图 8-9 中的曲线 γ 解析开拓. 这说明 (f_0, D_0) 对每一点 $w \in \mathbb{C}$, 存在一条连接 $0, w$ 的曲线 γ, (f_0, D_0) 可以沿 γ 解析开拓, 但反函数为三值函数, 显然不可能在 $\mathbb{C}$ 上单值解析.

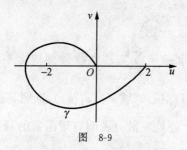

图 8-9

习 题

1. 设 $a=\mathrm{i}$, 证明级数
$$1 + az + a^2 z^2 + \cdots + a^n z^n + \cdots$$
与级数
$$\frac{1}{1-z} - \frac{(1-a)z}{(1-z)^2} + \frac{(1-a)^2 z^2}{(1-z)^3} - \cdots$$
所定义的函数互为直接解析开拓.

2. 设函数 $f(z)$ 在 $|z|<1$ 内解析, 且 $|z|<\dfrac{1}{2}$ 时满足
$$f(2z) = 2f(z)f'(z).$$
证明 $f(z)$ 可解析开拓到 $\mathbb{C}$.

3. 设函数 $f(z)$ 除 $z_0 \in D$ 外在 D 内解析, z_0 为 $f(z)$ 的一级极点, 留数为 α, 则函数
$$f(z) - \frac{\alpha}{z - z_0}$$

在 D 内解析.

4. 证明：若和函数 $f(z) = \sum\limits_{n=0}^{\infty} c_n z^n$ 在收敛圆周上有一奇异点 z_0，并可解析开拓到 $\{z: |z| < R_1\} \setminus \{z_0\}(|z_0| < R_1)$，$z_0$ 为 $f(z)$ 的一级极点，则

(1) 幂级数 $\sum\limits_{n=0}^{\infty} c_n z^n$ 在收敛圆周上处处发散；

(2) $\lim\limits_{n \to \infty} \dfrac{c_n}{c_{n+1}} = z_0$.

（提示：利用上一题）

5. 若函数 $f(z) = \sum\limits_{n=0}^{\infty} c_n z^n$ 在收敛圆周上有一个极点 z_1（即 $f(z)$ 可解析开拓到空心邻域 $V^*(z_1; \delta)$），证明幂级数 $\sum\limits_{n=0}^{\infty} c_n z^n$ 在收敛圆周 $|z| = R$ 上处处发散.（说明有理函数的幂级数在收敛圆周上处处发散）.

（提示：设 ζ 为 $|z| = R$ 上任意一点，则当 z 沿半径 $[0, \zeta]$ 趋于 ζ 时，证明 $\lim\limits_{z \to \zeta} (z - \zeta) f(z) = 0$.）

6. 若 $\sum\limits_{n=0}^{\infty} c_n z^n = f(z)$ 的收敛半径 $R = 1$，$c_n \geqslant 0 (n = 1, 2, \cdots)$. 证明：

(1) $a_k = \dfrac{f^{(k)}\left(\dfrac{1}{2}\right)}{k!} \geqslant 0 \quad (k = 0, 1, 2, \cdots)$；

(2) 令 $\tilde{a}_k = \dfrac{f^{(k)}\left(\dfrac{1}{2} e^{i\theta}\right)}{k!} (k = 0, 1, 2, \cdots)$，有 $|\tilde{a}_k| \leqslant a_k$；

(3) $z = 1$ 是 $f(z)$ 的一个奇异点.

7. 设 $f(z)$ 在二连通区域 D 内解析，D 的边界由两条可求长 Jordan 曲线 γ_1, γ_2 围成，且 γ_2 位于 γ_1 的内部，证明
$$f(z) = f_1(z) + f_2(z),$$
其中 $f_1(z)$ 在 γ_1 内部解析，$f_2(z)$ 在 γ_2 外部解析.

8. 设 $f(z)$ 为整函数,在实轴上取实值,在虚轴上取纯虚数. 证明: $f(z)$ 为奇函数.

9. 设 $f(z)$ 在关于实轴对称区域 Ω 内解析,证明

$$f(z) = f_1(z) + \mathrm{i} f_2(z),$$

其中 $f_1(z), f_2(z)$ 在 Ω 内解析,且在实轴上取实值.

10. 设 $f(z)$ 在 $|z| < 1$ 内解析,在 $|z| \leqslant 1$ 上连续,且当 $|z| = 1$ 时 $|f(z)| = 1$. 证明: $f(z)$ 为有理函数.

11. 设 $f(z)$ 在圆环 D: $\gamma < |z| < R$ 内解析, γ 为 $|z| = R$ 上一开圆弧, $f(z)$ 在 $D \cup \gamma$ 上连续,且在 γ 上取值为零,证明

$$f(z) \equiv 0, \quad z \in D.$$

第九章 共形映射

这章要证明任一不是全平面的单连通区域,一定存在单叶解析函数,将此区域保角地映为单位圆. 如果单连通区域由 Jordan 曲线围成,则映射函数可以连续扩充到边界,建立闭区域与闭单位圆之间双方单值、双方连续的映射. 如果单连通区域由闭折线围成,则映射函数的逆函数可用变上限积分公式给出.

§1 共形映射的例子

1.1 单连通区域情形

根据下节的黎曼映射定理,非全平面的单连通区域,一定可以保角地映为单位圆. 所以两个非全平面的单连通区域,一定存在单叶解析函数 $f(z)$,把一个保角地映为另一个. 定理只证明 $f(z)$ 的存在性,并未给出 $f(z)$ 的求法. 一般来说,映射函数 $f(z)$ 不能用初等函数复合来表示. 对于如下面例中的简单区域,可以用分式线性变换、幂函数、指数函数、儒可夫斯基函数等初等函数复合来表示.

例1 设 H 表示上半平面,令 $D=H\setminus[ih,0](h>0)$. 求把 D 映为 H 的保角映射函数.

解 首先利用函数

$$z_1 = z^2$$

把 D 映为 $D_1 = \mathbb{C}\setminus[-h^2,+\infty)$;再作平移变换

$$z_2 = z_1 + h^2$$

把 D_1 映为 $D_2 = \mathbb{C}\setminus[0,+\infty)$;最后作变换

$$w = \sqrt{z_2}$$

将 D_2 映为上半平面 H，这里根式是取 $\sqrt{-1} = \mathrm{i}$ 的那个分支. 所以函数

$$w = \sqrt{z^2 + h^2}$$

把 D 保角地映为上半平面 H（图 9-1）. 把 D 的边界 $(-\infty, 0)$ 和 $(0, +\infty)$ 映为 H 的边界 $(-\infty, -h)$ 和 $(h, +\infty)$.

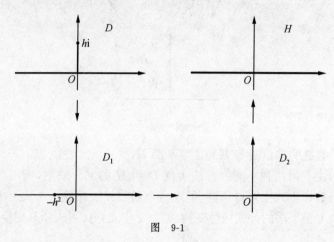

图 9-1

例 2　将单位圆 $|z| < 1$ 内去掉线段 $[1/2, 1)$ 的区域 D 映为上半平面 H.

解　作分式线性变换

$$z_1 = \mathrm{i}\,\frac{1-z}{1+z},$$

把 D 映为 $D_1 = H \setminus [\mathrm{i}/3, 0]$；由例 1 知，变换

$$w = \sqrt{z_1^2 + \frac{1}{9}}$$

把 D_1 映为上半平面 H（图 9-2）. 所以变换

$$w = \sqrt{-\left(\frac{1-z}{1+z}\right)^2 + \frac{1}{9}} = \frac{2\mathrm{i}}{3(1+z)}\sqrt{(2z-1)(z-2)}$$

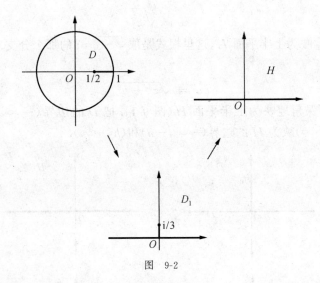

图 9-2

把带裂缝的单位圆 D 映为上半平面 H.

注 用两种不同的方法实现 D 到 H 的共形映射,所得的映射函数在形式上可以不同,但这两个函数只能相差一个从上半平面到上半平面的分式线性变换.如例 2 中先作儒可夫斯基变换

$$z_1 = \frac{1}{2}\left(z + \frac{1}{z}\right),$$

把 D 映为 $D_1 = \mathbb{C} \setminus [-1, 5/4]$;再作变换

$$z_2 = \frac{8}{9}\left(z_1 - \frac{1}{8}\right),$$

把 D_1 映为 $D_2 = \mathbb{C} \setminus [-1, 1]$;然后作儒可夫斯基变换的逆变换

$$z_3 = z_2 + \sqrt{z_2^2 - 1},$$

把 D_2 映为 $|z_3| < 1$,其中根式取 $z_2 > 1$ 时为负的那个分支;最后作变换

$$w_1 = \mathrm{i}\frac{1 + z_3}{1 - z_3},$$

把 $|z_3| < 1$ 映为上半平面 H.所以复合函数

$$w_1 = \mathrm{i}\,\frac{\sqrt{2}\,(z+1)}{\sqrt{(2z-1)(z-2)}}$$

把 D 映为 H. w 与 w_1 只相差从 H 到 H 的分式线性变换：

$$w = -\frac{2\sqrt{2}}{3w_1}.$$

下面讨论由两个圆周所决定的区域. 当两个圆周相切、相交时决定单连通区域, 当两个圆周不交时围成二连通区域. 二连通区域放到稍后讨论.

例 3　设 D 是圆周 $\left|z-\dfrac{1}{2}\right| = \dfrac{1}{2}$ 和虚轴围成的无界区域, 求把 D 映为上半平面 H 的保角映射函数.

解　先作变换

$$z_1 = \frac{1}{z},$$

它把虚轴变为虚轴, 实轴变为实轴. 因此把与实轴正交的圆周 $\left|z-\dfrac{1}{2}\right| = \dfrac{1}{2}$ 映为与实轴正交的直线 $\mathrm{Re}\,z_1 = 1$, 把 D 映为 D_1: $0 < \mathrm{Re}\,z_1 < 1$; 再作变换

$$z_2 = \pi \mathrm{i} z_1,$$

它把垂直带域 D_1 变为水平带域 D_2: $0 < \mathrm{Im}\,z_2 < \pi$; 最后作变换

$$w = \mathrm{e}^{z_2},$$

把带域 D_2 变为上半平面 H. 所以函数

$$w = \mathrm{e}^{\frac{\pi \mathrm{i}}{z}}$$

把 $D \to H$(图 9-3).

例 4　求把圆 $|z-1| < 2$ 和圆 $|z+1| < 2$ 的公共部分 D 保角地映为上半平面 H 的映射函数.

解　容易求出圆周 $|z+1| = 2$ 和 $|z-1| = 2$ 的交点为 $z = \pm\sqrt{3}\,\mathrm{i}$. 作分式线性变换

$$z_1 = \frac{z - \sqrt{3}\,\mathrm{i}}{z + \sqrt{3}\,\mathrm{i}},$$

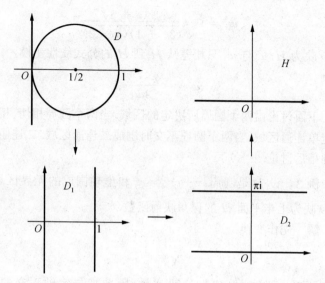

图 9-3

它把 $z=-1 \mapsto z_1=-\dfrac{1}{2}+\dfrac{\sqrt{3}}{2}i$，$z=0 \mapsto z_1=-1$，$z=1 \mapsto z_1=$

$-\dfrac{1}{2}-\dfrac{\sqrt{3}}{2}i$. 所以它将圆周 $|z-1|=2$ 变为直线 L_1，将圆周

$|z+1|=2$ 变为直线 L_2，将域 D 变为角域 D_1：$\dfrac{2\pi}{3}<\arg z_1<\dfrac{4\pi}{3}$

（图 9-4）. 再作旋转变换

$$z_2=e^{-\frac{2\pi i}{3}}z_1,$$

它把 D_1 变为角域 D_2：$0<\arg z_2<\dfrac{2\pi}{3}$. 最后作变换

$$w=z_2^{3/2},$$

它把角域 D_2 变为 H. 所以复合函数

$$w=-\left(\frac{z-\sqrt{3}\,i}{z+\sqrt{3}\,i}\right)^{3/2}$$

把 $D \to H$（图 9-4）.

· 240 ·

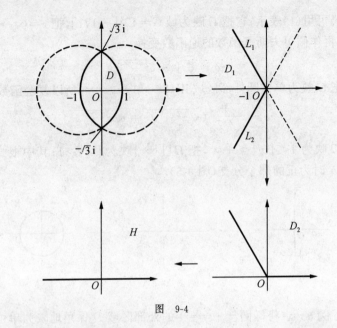

图 9-4

例 5 $\mathbb{C}$ 上除去线段 $\{x+\mathrm{i}y: -a\leqslant x\leqslant a, y=0\}$ 和 $\{x+\mathrm{i}y: -a\leqslant y\leqslant a, x=0\}$ 的区域记做 Ω，试求将 Ω 映为单位圆外部区域 $1<|w|<+\infty$ 的映射函数.

解 Ω 在上半平面和下半平面的部分分别记做 D 和 D'. 由例 1，函数

$$\zeta = \frac{1}{\sqrt{2}\,a}\sqrt{z^2+a^2} \tag{1}$$

把 D 映为上半平面 H，把 D 的边界 $(-\infty,-a)$ 和 $(a,+\infty)$ 分别映为 H 的边界 $(-\infty,-1)$ 和 $(1,+\infty)$. 记集合 $S=(-\infty,-a)\cup(a,+\infty)$，则 (1) 式表示的函数在 D 内解析，在 $D\cup S$ 上连续，且在 S 上取实值，所以由对称原理，(1) 中函数可解析开拓到 $\Omega = D\cup S\cup D'$. 由于函数 $\zeta = \frac{1}{\sqrt{2}\,a}\sqrt{(z-a\mathrm{i})(z+a\mathrm{i})}$ 在 Ω 内可取出单值解析分支，和解析函数的唯一性定理，所以开拓后的函数在 Ω

内仍可用(1)表示,它把 Ω 映为域 $G=\mathbb{C}\setminus[-1,1]$,把 $z=\infty\mapsto\zeta=\infty$. 再作儒可夫斯基函数的逆函数变换

$$w=\zeta+\sqrt{\zeta^2-1},$$

它把 G 映为单位圆外部区域 W,$\zeta=\infty\mapsto w=\infty$. 所以复合函数

$$w=\frac{1}{\sqrt{2}\,a}(\sqrt{z^2+a^2}+\sqrt{z^2-a^2})$$

把 Ω 映为 $1<|w|<+\infty$,把 $\Omega\cup\{\infty\}$ 映为 $|w|>1$;其中根式取 $z>a$ 时为正的那个分支(图 9-5).

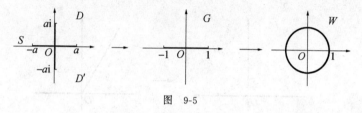

图 9-5

例 6　求将椭圆 $\dfrac{x^2}{5^2}+\dfrac{y^2}{4^2}=1$ 的外部区域 D 保角地映为单位圆的外部区域.

解　已知儒可夫斯基函数把以原点为心的圆周映为以 ±1 为焦点的椭圆. 题中椭圆的焦点为

$$c=\pm\sqrt{a^2-b^2}=\pm 3.$$

所以先作变换

$$\zeta=\frac{1}{3}z\quad(\zeta=\xi+\mathrm{i}\eta),$$

它把椭圆 $\dfrac{x^2}{5^2}+\dfrac{y^2}{4^2}=1$ 变为以 ±1 为焦点的椭圆

$$\frac{\xi^2}{\left(\dfrac{5}{3}\right)^2}+\frac{\eta^2}{\left(\dfrac{4}{3}\right)^2}=1,\tag{2}$$

且把 D 映为椭圆(2)的外部区域. 已知函数

$$\zeta=\frac{1}{2}\left(\omega+\frac{1}{\omega}\right),$$

将 $|\omega|=r(r>1)$ 的外部区域映为椭圆

$$\frac{\xi^2}{\left[\frac{1}{2}\left(r+\frac{1}{r}\right)\right]^2}+\frac{\eta^2}{\left[\frac{1}{2}\left(r-\frac{1}{r}\right)\right]^2}=1$$

的外部区域. 为了使上式是椭圆(2), 只要解方程

$$\frac{1}{2}\left(r+\frac{1}{r}\right)=\frac{5}{3}, \quad \frac{1}{2}\left(r-\frac{1}{r}\right)=\frac{4}{3},$$

得 $r=3$. 所以 $\zeta=\frac{1}{2}\left(\omega+\frac{1}{\omega}\right)$ 把 $|\omega|=3$ 的外部区域映为(2)的外部区域, 其反函数

$$\omega=\zeta+\sqrt{\zeta^2-1}$$

将(2)的外部区域映为 $|\omega|=3$ 的外部区域. 再作变换

$$w=\frac{1}{3}\omega=\frac{1}{3}(\zeta+\sqrt{\zeta^2-1}),$$

它把(2)的外部区域映为单位圆的外部区域. 所以函数

$$w=\frac{1}{9}(z+\sqrt{z^2-9})$$

将 D 映为 $|w|>1$.

1.2 二连通区域情形

设 D 为二连通区域, $\overline{\mathbb{C}}\setminus D$ 由两个连通分支组成, 若每个分支都不退化为一点时, 一定存在单叶解析函数 $f(z)$, 把 D 保角地映为圆环 $1<|w|<R$, 其中 R 由二连通区域 D 所决定, 不能任意选取. 所以两个二连通区域 D_1,D_2, 设 D_j 映射成标准二连通区域 $1<|w|<R_j(j=1,2)$, 只有当 $R_1=R_2$ 时, 才能把一个保角地映为另一个, 具体求出把二连通区域 D 映为标准二连通区域 $1<|w|<R$ 的映射函数 $f(z)$, 是一个很困难的问题. 这里我们只考查最简单情形. 设 D 是由两个不交的圆周所围成的二连通区域, 则一定可以用分式线性变换将其映为圆环.

例 7 求将圆周 $|z|=1$ 和圆周 $|z-1|=\frac{5}{2}$ 所围成的二连通区

域 D 保角地映为某一圆环 $1<|w|<R$ 的映射函数.

解　**方法一**　先求出两个圆周的公共对称点 z_1, z_2. 显然 z_1, z_2 应位于自外圆周的圆心出发，且过内圆周的圆心的射线上. 在现在情形下, z_1, z_2 应在负实轴上(图 9-6). 由对称点的定义, z_1, z_2 应满足方程组:

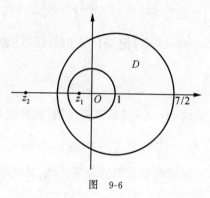

图　9-6

$$\begin{cases} z_1 \cdot z_2 = 1, \\ (z_1 - 1)(z_2 - 1) = \left(\dfrac{5}{2}\right)^2. \end{cases}$$

由此解出 $z_1 = -\dfrac{1}{4}$, $z_2 = -4$. 所以分式线性变换

$$w = k\,\frac{z + \dfrac{1}{4}}{z + 4} = k_1\,\frac{4z + 1}{z + 4} \quad (k, k_1 \text{ 为常数})$$

把偏心圆环 D 映为同心圆环. 要使 $z=1$ 时 $w=1$，可取 $k_1 = 1$. 由于 $z = \dfrac{7}{2}$ 时, $w = 2$, 故 $w = \dfrac{4z+1}{z+4}$ 把偏心圆环 D 映为 $1<|w|<2$.

方法二　因公共对称点在实轴上，所以存在实系数的分式线性变换，把偏心圆环 D 映为 $1<|w|<R$. 设在该变换下点与点之间的对应为:

$$-1 \mapsto -1, \quad 1 \mapsto 1, \quad -\frac{3}{2} \mapsto -R, \quad \frac{7}{2} \mapsto R.$$

由分式线性变换下交比的不变性得
$$(-R,-1,1,R)=(-3/2,-1,1,7/2),$$
化简得
$$2R^2-5R-2=0,$$
解出 $R=2,1/2$. $R=2$ 即为所求的解. 映射函数为：
$$(w,-1,1,2)=(z,-1,1,7/2),$$
化简得
$$w=\frac{4z+1}{z+4}.$$

例 8　将圆周 $|z+2|=1$ 和圆周 $|z-3|=2$ 所围成的区域 D 映为圆环 $1<|w|<R$.

解　设两圆周的公共对称点 z_1,z_2 如图 9-7 所示. 作分式线性变换把 $z_1\mapsto 0,z_2\mapsto\infty$，则把 D 变为圆环 $1<|w|<R$，该变换下点与点之间的对应为

$$1\mapsto R,\quad 5\mapsto -R,\quad -3\mapsto -1,\quad -1\mapsto 1.$$

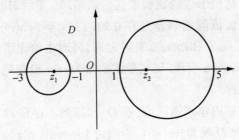

图　9-7

由分式线性变换下交比的不变性得
$$(-R,-1,1,R)=(5,-3,-1,1).$$
化简得
$$R^2-10R+1=0,$$
解出 $R=5\pm 2\sqrt{6}$. $R=5+2\sqrt{6}$ 即为所求. 映射函数为：
$$(w,-1,1,5+2\sqrt{6})=(z,-3,-1,1).$$

化简得

$$w = -\frac{(7 + 3\sqrt{6})z + (13 + 5\sqrt{6})}{(1 + \sqrt{6})z - (5 + \sqrt{6})}.$$

反过来可求出公共对称点：

$$z_1 = -\frac{13 + 5\sqrt{6}}{7 + 3\sqrt{6}} = \frac{1 - 4\sqrt{6}}{5},$$

$$z_2 = \frac{5 + \sqrt{6}}{1 + \sqrt{6}} = \frac{1 + 4\sqrt{6}}{5}.$$

§2 黎曼存在定理

Riemann 映射定理是复变函数几何理论的中心定理. 早在 1851 年 Riemann 就证明了这一定理. 证明中他假定了 Dirichlet 积分的某类极值问题的解存在,但这一存在性不是无条件成立的. Weierstrass 指出了他的证明中这一缺陷. 50 年后 Hilbert 证明了这类变分的极值问题解总是存在的. 1869 年 Schwarz 用不同方法,严格地证明了 Riemann 映射定理,同时也给出了关于单叶解析函数的 Schwarz 引理. 现在形式的 Schwarz 引理是 Poincaré 在 1884 年给出的.

设 D 是 $\mathbb{C}$ 内单连通区域. 若 $D = \mathbb{C}$,则不存在 D 内单叶解析函数 $f(z)$,把 D 映为 $|w| < 1$. 否则由 Liouville 定理, $f(z)$ 应为常数. 若 $D \neq \mathbb{C}$,黎曼证明了一定存在 D 内单叶解析函数 $f(z)$,把 D 映为 $|w| < 1$. 怎么来证明 $f(z)$ 存在呢? 先来考查如果映射函数 $f(z)$ 存在,它应具有什么特征. 设 $z_0 \in D$,考虑所有在 D 内单叶解析函数 $g(z)$,且满足

$$g(z_0) = 0, \quad g'(z_0) > 0, \quad |g(z)| < 1$$

的函数集合 $\mathcal{M}$. 显然映满单位圆的函数 $f \in \mathcal{M}$,复合函数 $g(f^{-1}(w))$ 满足 Schwarz 引理条件,所以

$$|g'(z_0)(f^{-1})'(0)| \leqslant 1 \quad \text{或} \quad |g'(z_0)| \leqslant |f'(z_0)|.$$

称函数到数的对应为泛函,考虑正泛函

$$\mathscr{F}: \mathscr{M} \to \mathbb{R}, \quad g \mapsto g'(z_0).$$

则映射函数 f 使泛函 $\mathscr{F}$ 达到最大值. 这就给出了 Riemann 映射定理证明的思路. 第一步考虑函数集合 $\mathscr{M}$ 和正泛函 $\mathscr{F}$;第二步证明该泛函在 $\mathscr{M}$ 上一点 f 取到它的最大值 $f'(z_0)$;第三步证 f 把 D 映满单位圆;最后一步证明这种 f 唯一. 这几步中第二步最困难. 我们知道实连续函数在紧集上能取到最大值,现在正泛函 $\mathscr{F}$ 在集合 $\mathscr{M}$ 上能否取到最大值,关键要证 $\mathscr{M}$ 是否有"紧"性. Montel 定理就是要解决集合 $\mathscr{M}$ 的"紧"性问题.

2.1 Montel 定理

我们知道有界点列必有收敛子列. 现在要把这一性质推广到函数集合上去.

定义 1 设 $\{f_n(z)\}$ 是定义于区域 D 内的函数列,若任给紧集 $K \subset D$,存在常数 $M = M(K) > 0$,使得对任意 n 和 $\forall z \in K$,有

$$|f_n(z)| \leqslant M, \tag{3}$$

则称 $\{f_n(z)\}$ 在 D 内**内闭一致有界**.

若 D 为圆域 $|z - a| < R$,则函数列在 D 内内闭一致有界,等价于任给 $r(0 < r < R)$,函数列在圆 $|z - a| \leqslant r$ 上一致有界. 若函数列在区域 D 内一致有界,必在 D 内内闭一致有界. 反之不然,如函数列 $f_n(z) = nz^n$ 在 $|z| < 1$ 内内闭一致有界,但在 $|z| < 1$ 内不一致有界.

定义 2 设 $\{f_n(z)\}$ 是在区域 D 内定义的函数列,若任给紧集 $K \subset D$,$\forall \varepsilon > 0$,$\exists \delta = \delta(\varepsilon, K) > 0$,使得当 $|z_1 - z_2| < \delta$,$z_1, z_2 \in K$ 时,对任意自然 n,有

$$|f_n(z_1) - f_n(z_2)| < \varepsilon, \tag{4}$$

则称 $\{f_n(z)\}$ 在 D 内**内闭等度连续**.

如函数列 $f_n(z) = z^n$ 在 $|z| < 1$ 内内闭等度连续.

下面讨论的函数列为解析函数列,函数列 $f_n(z)$ 在紧集 K 上一致连续,所以对每个 $f_n(z)$,存在 $\delta>0$ 使(4)式成立.内闭等度连续性要求对所有的 $f_n(z)$,有公共的 δ 存在使(4)式成立.

定理 1 设 $\{f_n(z)\}$ 是在区域 D 内定义的函数列.若

(1) $\{f_n(z)\}$ 在 D 内内闭等度连续;

(2) 点集 E 在 D 内稠密,且 $\{f_n(z)\}$ 在 E 上收敛,

则 $\{f_n(z)\}$ 在 D 内内闭一致收敛.

证明 只要证任给紧集 $K\subset D,\forall\,\varepsilon>0,\exists\,N$,当 $n,m\geqslant N$ 时,有

$$|f_n(z)-f_m(z)|<\varepsilon, \quad z\in K. \tag{5}$$

记 $\rho=\mathrm{dist}(K,\partial D)>0$.考虑紧集 F:

$$F=\{z: \mathrm{dist}(z,K)\leqslant\rho/2\},$$

显然 $K\subset F\subset D$.由条件 $\{f_n(z)\}$ 在 F 上等度连续,所以对于给定的 $\varepsilon,\exists\,\delta=\delta(\varepsilon,F)>0$,当 $|z_1-z_2|<\delta,z_1,z_2\in F$ 时,有

$$|f_n(z_1)-f_n(z_2)|<\frac{\varepsilon}{3}, \quad \forall\,n\in\mathbb{N}. \tag{6}$$

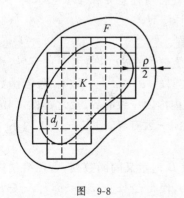

图 9-8

在 $\mathbb{C}$ 上作边平行于坐标轴的正方形网格,其间距为 $\min\{\rho/4,\delta/2\}$.由于 K 为有界闭集,所以与 K 相交的闭网格至多为有穷多个,记做 $d_1,d_2,\cdots,d_p$(图 9-8),$K\subset\bigcup\limits_{j=1}^{p}d_j$.闭正方形 d_j 的直径满足:

$$\mathrm{diam}\,d_j<\min\{\rho/2,\delta\}$$

$(j=1,2,\cdots,p)$.可见 $d_j\subset F(j=1,2,\cdots,p)$.又由于集合 E 在 D 内稠密,所以在每一 d_j 上必可求出 E 的点 $z_j(1\leqslant j\leqslant p)$,序列 $\{f_n(z)\}$ 在 $\{z_1,z_2,\cdots,z_p\}$ 上收敛,所以存在 N,当 $n,m\geqslant N$ 时,就有

$$|f_n(z_j) - f_m(z_j)| < \frac{\varepsilon}{3} \quad (1 \leqslant j \leqslant p). \tag{7}$$

$\forall z \in K$,它一定属于某一网格 d_j 及 $\mathrm{diam}\, d_j < \delta$,由(6)式得

$$|f_n(z) - f_n(z_j)| < \frac{\varepsilon}{3}, \quad |f_m(z) - f_m(z_j)| < \frac{\varepsilon}{3}. \tag{8}$$

所以当 $n, m \geqslant N$ 时,由(7)与(8)式得

$$
\begin{aligned}
|f_n(z) - f_m(z)| &\leqslant |f_n(z) - f_n(z_j)| + |f_n(z_j) - f_m(z_j)| \\
&\quad + |f_m(z_j) - f_m(z)| < \varepsilon, \quad \forall z \in K.
\end{aligned}
$$

这表明 $\{f_n(z)\}$ 在 K 上一致收敛,即在 D 内内闭一致收敛. 证毕.

定理 2 设(1) $\{f_n(z)\}$ 在区域 D 内解析,且在 D 内内闭一致有界;

(2)点集 $E \subset D$ 在 D 内稠密,且 $\{f_n(z)\}$ 在 E 上收敛,

则 $\{f_n(z)\}$ 在 D 内内闭一致收敛.

证明 根据上一定理,只要证 $\{f_n(z)\}$ 在 D 内内闭等度连续,即证任给紧集 $K \subset D$,$\forall \varepsilon > 0$,一定有使(4)式成立的 $\delta = \delta(\varepsilon, K)$ 存在.

记 $\rho = \mathrm{dist}(K, \partial D) > 0$,考虑紧集 F:

$$F = \{z: \mathrm{dist}(z, K) \leqslant \rho/2\}.$$

显然 $K \subset F \subset D$. 由条件 $\exists M = M(F) > 0$,使得

$$|f_n(z)| \leqslant M, \quad \forall n \in \mathbb{N}, \forall z \in F. \tag{9}$$

设点 $z_1, z_2 \in K$,且令 $|z_1 - z_2| < \rho/4$. 考虑圆周 γ:$|\zeta - z_1| = \rho/2$,则 γ 与其内部属于 F. 由 Cauchy 公式与(9)式,得

$$
\begin{aligned}
|f_n(z_1) - f_n(z_2)| &= \left| \frac{1}{2\pi i} \int_\gamma \frac{f_n(\zeta)}{\zeta - z_1} d\zeta - \frac{1}{2\pi i} \int_\gamma \frac{f_n(\zeta)}{\zeta - z_2} d\zeta \right| \\
&= \frac{|z_1 - z_2|}{2\pi} \left| \int_\gamma \frac{f_n(\zeta)}{(\zeta - z_1)(\zeta - z_2)} d\zeta \right| \\
&\leqslant \frac{|z_1 - z_2|}{2\pi} \cdot \frac{M}{\rho/2 \cdot \rho/4} \cdot 2\pi \cdot \frac{\rho}{2} \\
&= \frac{4M}{\rho} |z_1 - z_2|.
\end{aligned}
$$

取 $\delta=\min(\rho/4,\rho\varepsilon/(4M))>0$,则当 $|z_1-z_2|<\delta,z_1,z_2\in K$ 时,就有

$$|f_n(z_1)-f_n(z_2)|<\varepsilon,\quad\forall\,n\in\mathbb{N}.$$

这表明 $\{f_n(z)\}$ 在 D 内内闭等度连续. 证毕.

定理 3（Montel 定理） 若 $\{f_n(z)\}$ 在区域 D 内解析,且在 D 内内闭一致有界,则必有子列 $\{f_{n_k}(z)\}$ 在 D 内内闭一致收敛.

证明 根据定理 2,只要证明存在子列 $\{f_{n_k}(z)\}$ 在 D 的稠密集 E 上收敛. 取 E 为集合

$$E=\{x+\mathrm{i}y\in D:x,y\ \text{为有理数}\}.$$

显然 E 在 D 上稠密. 证 E 可排列成一序列. 为此记 x,y 为简约分数形式：$x=\dfrac{m}{n},y=\dfrac{p}{q}$,其中 n,q 为正整数,m,p 为整数. E 中满足条件

$$n+q+|m|+|p|\leqslant 4$$

的点至多有限个,不管按什么顺序排成一有限点列. E 中满足条件

$$4<n+q+|m|+|p|\leqslant 4^2$$

的点至多有限个,不管按什么顺序接着上面有限点列排下去,依此下去,E 中满足条件

$$4^k<n+q+|m|+|p|<4^{k+1}$$

的点至多有限个,不管按什么顺序接着前面有限点列排下去($k=2,3,\cdots$). 这样就把 E 排成一点列.

再证在 E 上可求出收敛子列. 设 E 为

$$\{z_1,z_2,z_3,\cdots,z_p,\cdots\}.$$

由定理条件 $\{f_n(z_1)\}$ 有界,所以存在 z_1 点收敛的子列：

$$f_{n_1}^{(1)}(z),f_{n_2}^{(1)}(z),\cdots;$$

又 $\{f_{n_k}^{(1)}(z_2)\}$ 有界,存在 z_1,z_2 点收敛的子列：

$$f_{n_1}^{(2)}(z),f_{n_2}^{(2)}(z),\cdots;$$

由 $\{f_{n_k}^{(p-1)}(z_p)\}$ 有界,存在在 $z_1,z_2,\cdots,z_p$ 点收敛的子列：

$$f_{n_1}^{(p)}(z), \ f_{n_2}^{(p)}(z), \cdots; \tag{10}$$

依此下去可得无穷个子序列,后一序列是前一序列的子序列. 每抽一次子序列,收敛点增加一点,抽有限次子序列,也只能使该序列在有限个点上收敛. 怎么能使子序列在 E 上收敛呢? 诀窍是抽取"对角线序列":

$$f_{n_1}^{(1)}(z), f_{n_2}^{(2)}(z), \cdots, f_{n_k}^{(k)}(z), \cdots, \tag{11}$$

则它在 E 上收敛. 因为 $\forall z_p \in E$,序列(11)中自第 p 项以后序列,是第 p 个序列(10)的子列,所以它在 z_p 点收敛. 由 p 的任意性,即知序列(11)在 E 上收敛. 证毕.

2.2 黎曼存在定理

下面的引理是为了证明定理 4 作准备.

引理 1 若 Ω 是单位圆 D: $|z| < 1$ 内的单连通区域,且 $\Omega \neq D$ 和 $z = 0 \in \Omega$. 则存在单叶解析函数 $h(z)$,满足

$$h: \Omega \to D, \ h(0) = 0, \ h'(0) > 1.$$

证明 由条件 $\exists a \in D, a \overline{\in} \Omega$. 令

$$\varphi(z) = \frac{z-a}{1-\bar{a}z}.$$

因 $\varphi(z)$ 在单连通区域 Ω 内不为零,故 $\sqrt{\varphi(z)}$ 可取出单值解析分支,记为 $g(z) = \sqrt{\varphi(z)}$,函数 $g(z)$ 仍在 Ω 上单叶. 事实上设 $g(z_1) = g(z_2)$,两边平方得 $\varphi(z_1) = \varphi(z_2)$,推出 $z_1 = z_2$. 令 $g(0) = b = \sqrt{-a} \in D$,显然 $0 < |b| < 1$. 再令

$$\psi(z) = \frac{z-b}{1-\bar{b}z},$$

则函数

$$h(z) = e^{\mathrm{i}\arg b}\psi[g(z)]: \Omega \to D, \ h(0) = 0,$$

$h(z)$ 在 Ω 内单叶解析,且

$$h'(0) = e^{\mathrm{i}\arg b}\psi'(b)g'(0) = e^{\mathrm{i}\arg b}\psi'(b)\frac{\varphi'(0)}{2g(0)}$$

$$= \mathrm{e}^{\mathrm{i}\arg b} \frac{1}{1-|b|^2} \cdot \frac{1-|a|^2}{2b} = \frac{1+|b|^2}{2|b|} > 1.$$

证毕.

定理 4（Riemann 定理） 若 $\Omega \subset \mathbb{C}$ 为单连通区域,且不为 $\mathbb{C}$,$z_0 \in \Omega, \theta_0$ 为一实数($0 \leqslant \theta_0 < 2\pi$).则存在一函数 $f(z)$ 满足:

(1) $w = f(z)$ 在 Ω 内单叶解析,且把 Ω 保角地映为单位圆 $|w| < 1, f(z_0) = 0$;

(2) $\arg f'(z_0) = \theta_0$.

这样的函数是唯一的.

证明 若定理对 $\theta_0 = 0$,即 $f'(z_0) > 0$ 时已证毕,则对一般的 θ_0,映射函数也存在唯一.事实上函数

$$\mathrm{e}^{\mathrm{i}\theta_0} f(z)$$

满足定理中(1)与(2),其中 $f(z)$ 是 $\theta_0 = 0$ 时的映射函数;如果有两个映射函数 $f_1(z)$ 与 $f_2(z)$ 满足(1)与(2),则 $\mathrm{e}^{-\mathrm{i}\theta_0} f_1(z)$ 与 $\mathrm{e}^{-\mathrm{i}\theta_0} f_2(z)$ 满足 $\theta_0 = 0$ 时的条件(1)与(2),因此

$$\mathrm{e}^{-\mathrm{i}\theta_0} f_1(z) \equiv \mathrm{e}^{-\mathrm{i}\theta_0} f_2(z),$$

推出 $f_1(z) \equiv f_2(z)$.所以定理只需对 $\theta_0 = 0$ 或 $f'(z_0) > 0$ 加以证明.证明分四步.

(1) 在 Ω 上考虑函数集合

$$\mathscr{M} = \{g: g \text{ 在 } \Omega \text{ 内单叶解析}, g(z_0) = 0, g'(z_0) > 0,$$
$$|g(z)| < 1\}.$$

证集合 $\mathscr{M}$ 非空.由定理假设,$\exists a \in \mathbb{C}, a \bar{\in} \Omega$,在 Ω 内可取出 $\sqrt{z-a}$ 的单值解析分支,记做

$$\zeta = \varphi(z) = \sqrt{z-a}.$$

当 $z, z' \in \Omega$ 时,有等式

$$[\varphi(z) - \varphi(z')][\varphi(z) + \varphi(z')] = z - z'. \tag{12}$$

由(12)式,首先可得出 $\varphi(z)$ 在 Ω 内单叶,其次可得出 $\forall z \in \Omega$,$-\varphi(z) \bar{\in} \varphi(\Omega)$.如果不然,$\exists z, z' \in \Omega$,使 $-\varphi(z) = \varphi(z')$,由(12)式

得 $z=z'$，因而 $\varphi(z)=\varphi(z')$，进一步得 $\varphi(z)=0$，这与 $\varphi(z)$ 在 Ω 上不为零矛盾. 这说明 φ 把 Ω 映为单连通区域 $G=\varphi(\Omega)$，把 z_0 映为 $\zeta_0=\varphi(z_0)\in G$. 则 $-\zeta_0\bar{\in}G$. 任取闭圆 $|\zeta-\zeta_0|\leqslant r$ 属于 G，则该闭圆关于原点对称的闭圆 $|\zeta+\zeta_0|\leqslant r$ 完全不属于 G. 总存在分式线性变换 $L(\zeta)$，把圆 $|\zeta+\zeta_0|\leqslant r$ 的外部映为单位圆 $|w|<1$ 内部，并使 $L(\zeta_0)=0$. 再适当取 $\theta\in[0,2\pi)$，使

$$w=\mathrm{e}^{\mathrm{i}\theta}L[\varphi(z)]\in\mathcal{M}.$$

这证明了 $\mathcal{M}$ 非空集.

（2）令

$$\lambda=\sup_{g\in\mathcal{M}}g'(z_0). \tag{13}$$

首先说明 λ 不可能为 $+\infty$，这是因为 $g(z)$ 限制在 Ω 内圆 $|z-z_0|<r_0$ 上时，应用 Schwarz 引理得

$$0<g'(z_0)\leqslant\frac{1}{r_0},$$

由此可得

$$0<\lambda\leqslant\frac{1}{r_0}.$$

其次说明存在 $f\in\mathcal{M}$ 能取到上确界 λ. 由上确界定义，$\exists\,g_n\in\mathcal{M}$ 使得

$$\lim_{n\to\infty}g_n'(z_0)=\lambda.$$

序列 $\{g_n(z)\}$ 在 Ω 内一致有界，根据 Montel 定理，存在子序列 $\{g_{n_k}(z)\}$，它在 Ω 内内闭一致收敛于 $f(z)$. 由 Weierstrass 定理知函数 $f(z)$ 在 Ω 内解析，且 $\{g_{n_k}'(z)\}$ 在 Ω 内内闭一致收敛于 $f'(z)$，特别有

$$\lambda=\lim_{k\to\infty}g_{n_k}'(z_0)=f'(z_0).$$

这表明 $f(z)$ 不是常数，由 Hurwitz 定理知 $f(z)$ 在 Ω 内单叶. 容易看出 $f(z_0)=0$，$|f(z)|\leqslant1$，但由最大模原理得 $|f(z)|<1$，所以 $f\in\mathcal{M}$.

（3）$w=f(z)$ 把 Ω 保角地映为 $|w|<1$. 假设不然，单叶解析函数 $f(z)$ 把单连通区域 Ω 映为单连通区域 $f(\Omega)$，$f(\Omega)$ 不是单位圆，则由引理 1，存在 $f(\Omega)$ 内单叶解析函数 $h(w)$，把 $f(\Omega)$ 映入单位圆，$h(0)=0$，$h'(0)>1$. 函数

$$\psi(z)=h[f(z)]\in\mathcal{M},$$

而

$$\psi'(z_0)=h'(0)f'(z_0)>f'(z_0)=\lambda,$$

这与 λ 的定义矛盾. 所以 $f(z)$ 把 Ω 映为 $|w|<1$.

（4）证唯一性. 假如函数 $w=f_1(z)$ 也把 Ω 映为 $|w|<1$，且满足 $f_1(z_0)=0$，$f_1'(z_0)>0$，则函数 $F(w)=f[f_1^{-1}(w)]$ 满足 Schwarz 引理的条件，所以有

$$|F(w)|\leqslant|w|\quad\text{或}\quad|f(z)|\leqslant|f_1(z)|.\qquad(14)$$

同理，函数 $f_1[f^{-1}(w)]$ 也满足 Schwarz 引理的条件，又有

$$|f_1(z)|\leqslant|f(z)|.\qquad(15)$$

由（14）与（15）得 $|f(z)|\equiv|f_1(z)|$，因而 $f(z)=e^{i\alpha}f_1(z)$. 再由 $f'(z_0)=e^{i\alpha}f_1'(z_0)$ 和条件（2），推出 $\alpha=0$，即得 $f(z)\equiv f_1(z)$. 证毕.

黎曼的映射定理也可表述成如下形式.

推论 1 设 $\Omega\subset\mathbb{C}$ 为单连通区域，且不为 $\mathbb{C}$，$z_0\in\Omega$. 则一定存在函数 $w=F(z)$，它在 Ω 内单叶解析，把 Ω 保角地映为以原点为心的圆，$F(z_0)=0$，$F'(z_0)=1$，且这种映射函数是唯一的.

证明 设 $f(z)$ 是定理 4 中对应于 $\theta_0=0$ 的映射函数，令

$$F(z)=\frac{f(z)}{f'(z_0)},$$

它即为所求函数，把 Ω 映为半径是 $R=\dfrac{1}{f'(z_0)}$ 的圆. 如还有另一函数 $w=F_1(z)$，把 Ω 映为 $|w|<R_1$，$F_1(z_0)=0$，$F_1'(z_0)=1$. 由定理 4 的唯一性得

$$f(z)=\frac{F_1(z)}{R_1}.$$

因此 $f'(z_0) = \dfrac{1}{R_1}$，代入上式得

$$F_1(z) = \frac{f(z)}{f'(z_0)} = F(z).$$

证毕.

称半径 $R = \dfrac{1}{f'(z_0)}$ 为区域 Ω 在 z_0 点的**映射半径**.

§3 边 界 对 应

单连通区域 Ω 到单位圆 D：$|w| < 1$ 的保角映射函数 $w = f(z)$ 能否扩充为 $\overline{\Omega}$ 到 $\overline{D}$ 的同胚映射，即 $f(z)$ 在 $\overline{\Omega}$ 上是连续、一一的，反函数 $g(w)$ 在 $\overline{D}$ 上是连续、一一的，这时区域 Ω 的边界起了决定性作用.

定义 3 设 Ω 为单连通区域，$\zeta \in \partial\Omega$，对任一点列 $\{z_n\} \subset \Omega$，$\lim\limits_{n\to\infty} z_n = \zeta$，总存在一连续曲线

$$\gamma: [0, 1] \to \Omega \cup \{\zeta\}$$

和递增序列 $\{t_n\}$：$0 < t_1 < t_2 < \cdots < t_n < \cdots, t_n \to 1$，使 $\gamma(t_n) = z_n (n = 1, 2, \cdots)$ 和 $\gamma(t) \in \Omega (0 \leqslant t < 1)$. 则称 ζ 是 Ω 的**简单边界点**.

若 Ω 是 Jordan 区域，可以证明它的每一边界点是简单边界点. 单连通区域的边界点不一定是简单边界点，例如单连通区域 $\Omega = D \backslash \{x: 0 \leqslant x < 1\}$ 的边界点 $x (0 < x \leqslant 1)$，不是 Ω 的简单边界点. 这节我们要证明：若单连通区域 Ω 的每一边界点是简单边界点，则 Ω 到单位圆 D 的映射函数 $w = f(z)$，可以扩充为 $\overline{\Omega}$ 到 $\overline{D}$ 的同胚映射. 所以单连通区域 Ω 的每一边界点为简单边界点，则它一定是 Jordan 区域.

3.1 函数 $g(w)$ 的连续开拓

把证明中要用到的一些事实先作一交待.

（1）若 $z_n \to \partial\Omega$，则 $w_n = f(z_n) \to \partial D$，事实上如果有一子列

$w_{n_k} = f(z_{n_k}) \to w_0, |w_0| < 1$，考虑反函数 $z = g(w)$，有 $z_{n_k} = g(w_{n_k})$ $\to g(w_0) \in \Omega$. 这与假设矛盾，所以 $w_n \to \partial D$. 同理，若 $w_n \to \partial D$. 则 $z_n = g(w_n) \to \partial \Omega$.

（2）设 $z = g(w)$ 在 D 内单叶解析，把 D 映为 Ω. γ 是 D 内光滑曲线，其方程为 $w = w(t)(a \leqslant t \leqslant b)$，$g(w)$ 把 γ 映为光滑曲线 Γ，其方程为 $z = g[w(t)](a \leqslant t \leqslant b)$. 则 Γ 的长度为

$$\int_{\Gamma} |\mathrm{d}z| = \int_{\gamma} |g'(w)| |\mathrm{d}w|. \tag{16}$$

事实上利用参数方程计算上式两个积分，得到的定积分是一样的，所以(16)式成立.

（3）设 $E \subset D$ 是可求面积的集合，则 $g(E) \subset \Omega$ 也是可求面积的集合，且

$$\text{Area}(g(E)) = \iint\limits_{E} |g'(w)|^2 \mathrm{d}u\mathrm{d}v. \tag{17}$$

事实上利用重积分换元公式：把 $g(w) = x(u,v) + \mathrm{i}y(u,v)$ 看成二元函数变换得：

$$\text{Area}(g(E)) = \iint\limits_{g(E)} \mathrm{d}x\mathrm{d}y = \iint\limits_{E} \left\| \begin{matrix} \dfrac{\partial x}{\partial u} & \dfrac{\partial x}{\partial v} \\ \dfrac{\partial y}{\partial u} & \dfrac{\partial y}{\partial v} \end{matrix} \right\| \mathrm{d}u\mathrm{d}v$$

$$= \iint\limits_{E} |g'(w)|^2 \mathrm{d}u\mathrm{d}v.$$

（4）定积分的 Cauchy 不等式：

$$\left| \int_a^b f(x)g(x)\mathrm{d}x \right|^2 \leqslant \int_a^b |f(x)|^2\mathrm{d}x \cdot \int_a^b |g(x)|^2\mathrm{d}x.$$

定理 5 设单连通区域 Ω 的每个边界点为简单边界点，$w = f(z)$ 在 Ω 内单叶解析，且把 Ω 保角地映为单位圆 D：$|w| < 1$. 则其反函数 $z = g(w)$ 可连续扩充到 $\overline{D}$.

证明 $\forall w_0 \in \partial D$，证明

$$\lim_{D \in w \to w_0} g(w)$$

存在. 无妨设 $w_0 = -1$. 反证法. 假设 $\lim\limits_{w \to -1} g(w)$ 不存在, 则存在 D 内的序列 $\{w_n\}$ 和 $\{w'_n\}$, 满足 $\lim\limits_{n \to \infty} w_n = -1 = \lim\limits_{n \to \infty} w'_n$, 但

$$\lim_{n \to \infty} g(w_n) = \lim_{n \to \infty} z_n = \zeta_1 \in \partial\Omega,$$

$$\lim_{n \to \infty} g(w'_n) = \lim_{n \to \infty} z'_n = \zeta_2 \in \partial\Omega,$$

且 $\zeta_1 \neq \zeta_2$.

可以求出连续曲线

$$\gamma_i : [0,1] \to \mathbb{C} \quad (i = 1,2),$$

使 $\gamma_i(1) = \zeta_i, \gamma_i(t) \in \Omega, t \in [0,1) (i=1,2)$, 曲线 γ_1 通过点列 z_n, 曲线 γ_2 通过点列 z'_n. 无妨设曲线 γ_1, γ_2 不交. 由一致连续性, $\exists c \in (0,1)$, 当 $t_1, t_2 \in [c,1)$ 时, 有

$$|\gamma_1(t_1) - \gamma_2(t_2)| \geqslant \frac{1}{2}|\zeta_1 - \zeta_2|. \tag{18}$$

因为 $\gamma_i([0,c])$ 为 Ω 中紧集, 所以 $f[\gamma_i([0,c])]$ 为 D 中紧集, 于是 $\exists \delta > 0$, 使得区域 $D \bigcap V(-1;\delta) = A(\delta)$ 与 $f[\gamma_i([0,c])]$ 不交. 区域 $A(\delta)$ 的点用极坐标 (r,θ) 来表示 (见图 9-9) 为:

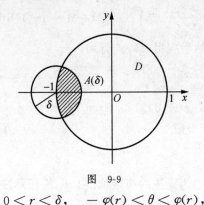

图 9-9

$$0 < r < \delta, \quad -\varphi(r) < \theta < \varphi(r),$$

其中

$$\varphi(r) = \frac{\arccos r}{2} \leqslant \frac{\pi}{2}.$$

由 (17) 式得

$$\text{Area}(g(A(\delta))) = \iint\limits_{A(\delta)} |g'(w)|^2 \mathrm{d}u \mathrm{d}v$$

$$= \int_0^\delta \int_{-\varphi(r)}^{\varphi(r)} |g'(-1 + re^{i\theta})|^2 r \, \mathrm{d}r \mathrm{d}\theta. \qquad (19)$$

下面用弧长来估计上式右端的积分. $\forall \, r: 0 < r < \delta$,考虑圆周 $C_r: |w+1| = r, C_r$ 必与曲线 $\gamma'_i = f \circ \gamma_i (i=1,2)$ 相交,分别取一交点记为 α_1, α_2. C_r 上的圆弧 $\overgroup{\alpha_1 \alpha_2}$ 在 $z = g(w)$ 映射下,其像为一端点在 γ_1, γ_2 上的光滑曲线. 由(18)与(16)式可得

$$\frac{1}{2} |\zeta_1 - \zeta_2| \leqslant \int_{\overgroup{\alpha_1 \alpha_2}} |g'(w)| \, |\mathrm{d}w|$$

$$\leqslant \int_{-\varphi(r)}^{\varphi(r)} |g'(-1 + re^{i\theta})| r \mathrm{d}\theta.$$

应用 Cauchy 不等式,得

$$\frac{1}{4} |\zeta_1 - \zeta_2|^2 \leqslant \int_{-\varphi(r)}^{\varphi(r)} \mathrm{d}\theta \int_{-\varphi(r)}^{\varphi(r)} |g'(-1 + re^{i\theta})|^2 r^2 \mathrm{d}\theta,$$

进而得

$$\frac{|\zeta_1 - \zeta_2|^2}{4\pi r} \leqslant \int_{-\varphi(r)}^{\varphi(r)} |g'(-1 + re^{i\theta})|^2 r \mathrm{d}\theta.$$

上式对 r 积分,然后应用(19)式得到

$$+\infty = \frac{|\zeta_1 - \zeta_2|^2}{4\pi} \int_0^\delta \frac{\mathrm{d}r}{r} \leqslant \int_0^\delta \int_{-\varphi(r)}^{\varphi(r)} |g'(-1 + re^{i\theta})|^2 r \mathrm{d}\theta \mathrm{d}r$$

$$= \text{Area}(g(A(\delta))) \leqslant \text{Area}(\Omega) < +\infty.$$

这个矛盾证明了极限

$$\lim_{D \ni w \to w_0} g(w)$$

存在. 定义 $g(w_0)$ 为上述的极限值. 由 w_0 的任意性,$g(w)$ 在 $\overline{D}$ 上有定义.

不难说明 $g(w)$ 在 $\overline{D}$ 上连续. 事实上 $\forall \, \varepsilon > 0, \exists \, \delta > 0$,当 $w \in D \bigcap V(w_0; \delta)$ 时,

$$|g(w) - g(w_0)| < \varepsilon.$$

令 $w \to w_1 \in \partial D \bigcap V(w_0; \delta)$，得

$$|g(w_1) - g(w_0)| \leqslant \varepsilon,$$

即当 $w \in \overline{D} \bigcap V(w_0; \delta)$ 时，有

$$|g(w) - g(w_0)| \leqslant \varepsilon.$$

上式说明 $g(w)$ 在 w_0 点连续. 由 w_0 的任意性，函数 $g(w)$ 在 $\overline{D}$ 上连续. 证毕.

3.2 函数 $f(z)$ 的连续开拓

先证一引理.

引理 2 函数 $h(w)$ 在单位圆 D 内解析、有界. w', w'' 为 $|w| = 1$ 上两个不同的点，$\{w'_n\}$ 和 $\{w''_n\}$ 分别为收敛于 w' 和 w'' 的 D 内的序列. l_n 是 D 内连接 w'_n 与 w''_n 的曲线，且位于环

$$1 - \varepsilon_n < |w| < 1 \quad (\varepsilon_n > 0)$$

内，其中 $\lim\limits_{n \to \infty} \varepsilon_n = 0$. 又 $\{\delta_n\}$ 为一趋于零的正序列，使

$$|h(w)| \leqslant \delta_n, \quad w \in l_n.$$

则 $h(w) \equiv 0$.

证明 无妨设 w', w'' 关于实轴对称 (图 9-10)：$w'' = \overline{w'}$，否则考虑函数 $h(e^{i\alpha}w)$ 即成. 取整数 N 充分大，使 $n \geqslant N$ 时，点列 $\{w'_n\}$ 和 $\{w''_n\}$ 落在角域 $|\theta| \leqslant \pi/N$ 之外. 记射线 $\theta = \pi/N$ 为 L'. 设 $l_n: [a_n, b_n] \to D$，令 t_n 为从 $w'_n = l_n(a_n)$

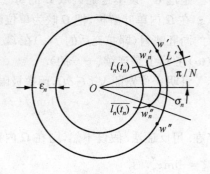

图 9-10

出发，曲线 l_n 与 L' 的最后一个交点 $l_n(t_n)$ 的参数，s_n 是 l_n 与实轴的第一个交点 $l_n(s_n)$ 的参数. l_n 限制在 $[t_n, s_n]$ 上的曲线 $l_n|[t_n, s_n]$ 落在角 $0 \leqslant \theta \leqslant \pi/N$ 内. 将曲线 $l_n|[t_n, s_n]$ 关于实轴作反射，得一连接点

$l_n(t_n)$ 与 $\overline{l_n(t_n)}$，且过 $l_n(s_n)$ 点的曲线 σ_n. 令 T 表示由函数 $\zeta = \mathrm{e}^{\mathrm{i}\frac{2\pi}{N}}w$ 给定的旋转变换. 考虑 N 条曲线

$$\sigma_n, T\sigma_n, \cdots, T^{N-1}\sigma_n, \tag{20}$$

则这 N 条曲线首尾相接，正好构成一条闭曲线，且位于圆环 $1-\varepsilon_n < |w| < 1$ 内. 令

$$h^*(w) = h(w)\,\overline{h(\overline{w})},$$

它在 D 内解析，在 σ_n 上

$$|h^*(w)| \leqslant \delta_n M,$$

其中 $M = \sup\limits_{w \in D}|h(w)|$. 再令

$$G(w) = h^*(w)h^*(Tw)\cdots h^*(T^{N-1}w),$$

它仍在 D 内解析，在 σ_n 上

$$|G(w)| \leqslant \delta_n M^{2N-1}. \tag{21}$$

当 w 属于曲线列(20)中任意一条曲线时，上式仍成立. 固定 $w \in D$，(21)式中令 $n \to \infty$，得 $G(w) = 0$. 因此在 D 内 $G(w) \equiv 0$，由此可推出 $h^*(w) \equiv 0$，进而得 $h(w) \equiv 0$. 证毕.

定理6 设单连通区域 Ω 的每一边界点为简单边界点，$w = f(z)$ 在 Ω 内单叶解析，把 Ω 映为单位圆 D. 则 $f(z)$ 可扩充为 $\overline{\Omega}$ 到 $\overline{D}$ 的同胚映射（即扩充后的 $f(z)$ 在 $\overline{\Omega}$ 上是连续、一一的，其反函数 $g(w)$ 在 $\overline{D}$ 上是连续、一一的）.

证明 首先证 $\forall \zeta \in \partial\Omega$，函数极限

$$\lim_{\Omega \ni z \to \zeta} f(z) \tag{22}$$

存在. 用反证法. 假设不然，则在 Ω 内存在序列 $\{z_n'\}$ 与 $\{z_n''\}$，$\lim\limits_{n \to \infty} z_n' = \zeta = \lim\limits_{n \to \infty} z_n''$，而

$$\lim_{n \to \infty} f(z_n') = \lim_{n \to \infty} w_n' = w',$$
$$\lim_{n \to \infty} f(z_n'') = \lim_{n \to \infty} w_n'' = w''. \qquad w' \neq w'', |w'| = 1 = |w''|.$$

考虑序列 $\{z_1', z_1'', z_2', z_2'', \cdots, z_n', z_n'', \cdots\}$，它趋于 ζ，所以存在曲线 γ: $[0,1] \to \mathbb{C}$，使 $\gamma(1) = \zeta, \gamma(t) \in \Omega, t \in [0,1)$，且对 t 的一个递增序

列，$\gamma(t)$ 依次取到序列 $\{z_1', z_1'', z_2', z_2'', \cdots\}$ 中的点. 记 γ_n 为 γ 限制在 z_n', z_n'' 的那部分. 令 $l_n = f \circ \gamma_n$，则曲线 l_n 一致地趋于边界 ∂D. 事实上只要证

$$\lim_{t \to 1} |f[\gamma(t)]| = 1. \tag{23}$$

如果不然，$\exists \; \varepsilon_0 > 0$，与 $\{s_n\}$，$\lim_{n \to \infty} s_n = 1$，而

$$|f[\gamma(s_n)]| \leqslant 1 - \varepsilon_0,$$

则点列 $\{f[\gamma(s_n)]\}$ 有一子序列趋于 w_0，$|w_0| \leqslant 1 - \varepsilon_0$. 令

$$g = f^{-1} : D \to \Omega.$$

则点列 $\{g(f[\gamma(s_n)])\} = \{\gamma(s_n)\}$ 有一子序列趋于 $g(w_0) \in \Omega$，这与 $s_n \to 1$ 时，$\gamma(s_n)$ 趋于 $\zeta \in \partial\Omega$ 矛盾. 所以 (23) 式成立，即曲线列 l_n 满足引理 2 中的条件. 令 $h(w) = g(w) - \zeta$，当 $w \in l_n$ 时，$z = g(w) \in \gamma_n$，所以

$$\delta_n = \sup_{w \in l_n} |h(w)| = \sup_{z \in \gamma_n} |z - \zeta| \mapsto 0 \quad (n \to \infty).$$

应用引理 2 得 $h(w) \equiv 0$，即 $g(w) \equiv \zeta$，这与 $g(w)$ 的单叶性相矛盾，故 (22) 式成立. 补充定义

$$f(\zeta) = \lim_{\Omega \ni z \to \zeta} f(z), \quad \forall \; \zeta \in \partial\Omega.$$

如定理 5 中的讨论知 $f(z)$ 在 $\overline{\Omega}$ 上连续.

其次证 $f(z)$ 是 $\overline{\Omega}$ 到 $\overline{D}$ 的同胚映射，因 $z \in \Omega$ 时，

$$g[f(z)] \equiv z.$$

令 $z \to \zeta \in \partial\Omega$，由复合函数取极限得

$$g[f(\zeta)] \equiv \zeta, \quad \zeta \in \partial\Omega.$$

所以在 $\overline{\Omega}$ 上有 $g[f(z)] \equiv z$. 这说明 $f(z)$ 在 $\overline{\Omega}$ 上是一一的，$g(w)$ 为满射. 同理有

$$f[g(w)] \equiv w, \quad w \in \overline{D}.$$

这说明 $g(w)$ 在 $\overline{D}$ 上是一一的，$f(z)$ 为满射. 由此得出扩充后的 $f(z)$ 与 $g(w)$ 仍互为反函数. 证毕.

利用定理 6 与分式线性变换性质，可证明下面推论.

推论 2 设 $\Omega_i (i = 1, 2)$ 为 Jordan 区域，z_1, z_2, z_3 为 $\partial\Omega_1$ 上三

点 $,w_1,w_2,w_3$ 为 $\partial\Omega_2$ 上三点，且均按边界正向排列. 则一定存在唯一的函数 $w=f(z)$，满足：

(1) $w=f(z)$ 在 Ω_1 内单叶解析，把 Ω_1 映为 Ω_2；

(2) $w=f(z)$ 在 $\overline{\Omega}_1$ 上连续，把 $\partial\Omega_1$ 一一地映为 $\partial\Omega_2$，且把 z_1，z_2,z_3 映为 w_1,w_2,w_3.

证明留给读者作为练习.

上半平面虽不是 Jordan 区域，推论 2 中 Ω_i 有一为上半平面时结论仍成立.

§4 多角形的共形映射

4.1 Schwarz-Christoffel 公式

考虑 z 平面上的上半平面 D 到 w 平面上的 n 角形 P 的内部 Ω 的保角映射

$$w = f(z).$$

由上两节知映射函数存在，且可连续开拓到边界，建立边界点之间的一一对应. 这节来求函数 $f(z)$ 的表示式. 设 n 边形 P 的顶点依正向排列为 $w_1,w_2,\cdots,w_n$，在点 w_k 的内角为 $\lambda_k\pi(0<\lambda_k<2)$，且

$$\lambda_1 + \lambda_2 + \cdots + \lambda_n = n - 2.$$

设 D 的边界点 a_k 与 w_k 对应(图 9-11)，且设

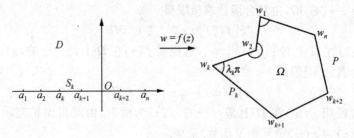

图 9-11

$$-\infty<a_1<a_2<\cdots<a_n<+\infty.$$

引理 3 函数 $f''(z)/f'(z)$ 可解析开拓到 $\mathbb{C}\setminus\{a_1,a_2,\cdots,a_n\}$.

证明 令 $S_k=(a_k,a_{k+1})$, $P_k=(w_k,w_{k+1})$ $(a_{n+1}=a_1,w_{n+1}=w_1,S_n=(a_n,+\infty)\cup(-\infty,a_1))$, 则 $f(z)$ 在 D 内解析, 在 $D\cup S_k$ 上连续, 在 S_k 上取值为 P_k. 由一般的对称原理, $f(z)$ 可越过 S_k 解析开拓到下半平面 D', 得到函数 $F_k(z)$, 它满足:

(1) $F_k(z)$ 在 $D\cup S_k\cup D'$ 内解析;

(2) 在 D 内 $F_k(z)=f(z)$. 因 $F_k(z)$ 把关于 S_k 的对称点映为关于 P_k 的对称点和把上半平面 D 映为 Ω, 所以它把下半平面 D' 映为 Ω 关于 P_k 的对称区域;

(3) $F_k(z)$ 在 $D\cup S_k\cup D'$ 内导数 $F_k'(z)\neq 0$. 这是因为 $F_k(z)$ 在 D 和 D' 内单叶, 当 $z\in D$ 或 D' 时, $F_k'(z)\neq 0$. 当 $z\in S_k$ 时, 存在 z 点的邻域, 使 $F_k(z)$ 在该邻域内单叶, 所以也有 $F_k'(z)\neq 0$. (注意: $F_k(z)$ 在 $D\cup S_k\cup D'$ 内可以不单叶).

这样我们得到 n 个函数

$$F_1(z),F_2(z),\cdots,F_n(z),$$

它们在 D 内都等于 $f(z)$, 而在下半平面 D' 内两两不等, 但我们要证明相邻两个函数只相差一个一次式变换, 即要证: $z\in D'$ 时,

$$F_k(z)=A_kF_{k+1}(z)+B_k \quad (k=1,2,\cdots,n-1), \qquad (24)$$

其中 A_k,B_k 为常数.

任取点 $z\in D'$, 则 $\bar{z}\in D$. 记

$$w'=f(\bar{z}),$$
$$w_k'=F_k(z),$$
$$w_{k+1}'=F_{k+1}(z).$$

w' 与 w_k' 两点关于 P_k 是对称的, w' 与 w_{k+1}' 两点关于 P_{k+1} 是对称的. 由图 9-12 看出, 向量 $w_k'-w_{k+1}$ 可由向量 $w_{k+1}'-w_{k+1}$ 经旋转角度 $2\pi\lambda_{k+1}$ 得到, 于是

$$w_k'-w_{k+1}=e^{2\pi\lambda_{k+1}i}(w_{k+1}'-w_{k+1}),$$

即

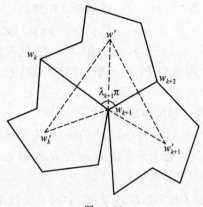

图 9-12

$$F_k(z) - w_{k+1} = e^{2\pi\lambda_{k+1}i}(F_{k+1}(z) - w_{k+1}).$$

取 $A_k = e^{2\pi\lambda_{k+1}i}$，$B = w_{k+1}(1 - e^{2\pi\lambda_{k+1}i})$ 便得(24)式. 因此在 D' 内

$$\frac{F_k''(z)}{F_k'(z)} = \frac{F_{k+1}''(z)}{F_{k+1}'(z)} \quad (k = 1, 2, \cdots, n-1).$$

这表明 n 个函数 $F_k''(z)/F_k'(z)(k=1,2,\cdots,n)$ 在 D' 内相等，在 D 内都等于 $f''(z)/f'(z)$，在 $D \bigcup S_k \bigcup D'$ 内解析. 所以 $f''(z)/f'(z)$ 可通过 $S_k(k=1,2,\cdots,n)$ 解析开拓到下半平面. 开拓后的函数仍记为 $f''(z)/f'(z)$，它在 $\mathbb{C} \setminus \{a_1, a_2, \cdots, a_n\}$ 上解析. 证毕.

引理 4 令 $g(z) = f''(z)/f'(z)$，则 a_k 是 $g(z)$ 的一级极点，$\text{Res}(g; a_k) = \lambda_k - 1(k=1,2,\cdots,n)$，且 $\lim\limits_{z\to\infty} g(z) = 0$.

证明 设 Δ_k 是 Ω 内以 w_k 为顶点的扇形：$\Delta_k = \Omega \bigcap V(w_k; \delta)$. 在 D 内与 Δ_k 对应的是域 d_k，d_k 的边界有一段是实轴上含有 a_k 的线段 S_k^*. $w = f(z)$ 将 d_k 保角地映为 Δ_k，将 S_k^* 双方单值地映为 Δ_k 的两条边线. 再利用幂函数

$$\zeta = (w - w_k)^{1/\lambda_k} \quad (\text{取定分支}),$$

将 Δ_k 保角地映为半圆 ω_k，Δ_k 的边界与 ω_k 的边界一一对应 (图 9-13). 则复合函数

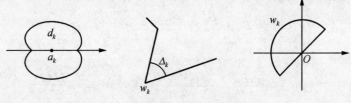

图 9-13

$$\zeta = \psi_k(z) = \{f(z) - w_k\}^{1/\lambda_k}$$

把 d_k 保角地映为 ω_k，把线段 S_k^* 一一地映为 ω_k 的直径，a_k 映为 $\zeta=0$. 根据对称原理，可以将 $\psi_k(z)$ 解析开拓到 $d_k \cup S_k^* \cup d_k'$，其中 d_k' 为 d_k 关于实轴的对称区域. 开拓后的函数仍记为 $\psi_k(z)$，它在 $d_k \cup S_k^* \cup d_k'$ 内单叶解析，所以在以 a_k 为心的小圆 C_k 内可展成 Taylor 级数：

$$\psi_k(z) = A_1^{(k)}(z - a_k) + A_2^{(k)}(z - a_k)^2 + \cdots,$$

其中 $A_1^{(k)} = \psi_k'(a_k) \neq 0$. 因此在 C_k 内

$$\psi_k(z) = (z - a_k)\mu_k(z), \quad \mu_k(a_k) \neq 0,$$

无妨设在 C_k 内 $\mu_k(z) \neq 0$，所以当 $z \in d_k$ 时，

$$f(z) - w_k = (\psi_k(z))^{\lambda_k} = (z - a_k)^{\lambda_k} \gamma_k(z), \tag{25}$$

其中 $\gamma_k(z) = (\mu_k(z))^{\lambda_k}$ 为 C_k 内取出的不为零的单值分支. 对(25)式求导得

$$f'(z) = (z - a_k)^{\lambda_k - 1} h_k(z), \quad z \in d_k, \tag{26}$$

其中 $h_k(z) = \lambda_k \gamma_k(z) + (z - a_k)\gamma_k'(z)$. 函数 $h_k(z)$ 在 C_k 内解析，$h_k(a_k) \neq 0$，无妨设在 C_k 内 $h_k(z)$ 不为零，对(26)式求导可得

$$g(z) = \frac{f''(z)}{f'(z)} = \frac{\lambda_k - 1}{z - a_k} + \frac{h_k'(z)}{h_k(z)}, \quad z \in d_k.$$

上式可解析开拓到 $C_k \backslash \{a_k\}$，即知 a_k 是 $g(z)$ 的一级极点，且

$$\text{Res}(g; a_k) = \lambda_k - 1.$$

最后证 $\lim\limits_{z \to \infty} g(z) = 0$. 由于 $f(z)$ 在 D 内有界，所以 ∞ 是 $F_n(z)$

的可去奇点. 它在 $z = \infty$ 邻域有 Laurent 展式:

$$F_n(z) = B_0 + \frac{B_m}{z^m} + \frac{B_{m+1}}{z^{m+1}} + \cdots, \quad B_m \neq 0.$$

于是有

$$F'_n(z) = -\frac{mB_m}{z^{m+1}} - \frac{(m+1)B_{m+1}}{z^{m+2}} - \cdots = -\frac{H(z)}{z^{m+1}},$$

其中函数 $H(z)$ 在 $z = \infty$ 邻域内解析, 且不为零. 对上式求导得

$$F''_n(z) = \frac{m+1}{z^{m+2}} H(z) - \frac{1}{z^{m+1}} H'(z),$$

进而得

$$\frac{f''(z)}{f'(z)} = \frac{F''_n(z)}{F'_n(z)} = -\frac{m+1}{z} + \frac{H'(z)}{H(z)}.$$

$z = \infty$ 至少是 $H'(z)/H(z)$ 的二级零点, 所以 $z = \infty$ 是函数 $f''(z)/f'(z)$ 的一级零点, 即得

$$\lim_{z \to \infty} g(z) = 0. \qquad 证毕.$$

定理 7 设 $w = f(z)$ 保角地将上半平面 $D: \operatorname{Im} z > 0$ 映到多边形 P 围成的域 Ω, a_k 依次对应 P 的顶点 $w_k (k = 1, 2, \cdots, n)$, P 在 w_k 的内角为 $\lambda_k \pi$, $0 < \lambda_k < 2 (k = 1, 2, \cdots, n)$, 且

$$\sum_{k=1}^{n} \lambda_k = n - 2.$$

则

$$f(z) = C_1 \int_{z_0}^{z} \prod_{k=1}^{n} (\zeta - a_k)^{\lambda_k - 1} \mathrm{d}\zeta + C_2,$$

其中 C_1, C_2 为常数, $z_0 \in \overline{D}$, 积分路径是 $\overline{D}$ 内任一从 z_0 到 z 的可求长曲线.

证明 考虑函数

$$G(z) = \frac{f''(z)}{f'(z)} - \sum_{k=1}^{n} \frac{\lambda_k - 1}{z - a_k}.$$

由引理 3 知 $G(z)$ 在 $\mathbb{C} \setminus \{a_1, a_2, \cdots, a_n\}$ 上解析, 又由引理 4 知 $a_k (k$

$=1,2,\cdots,n)$ 与 ∞ 是 $G(z)$ 的可去奇点,因此 $G(z)$ 补充定义后在 $\overline{\mathbb{C}}$ 上解析. 根据第五章第四节得 $G(z) \equiv$ 常数,而 $G(\infty) = 0$,得 $G(z) \equiv 0$,或

$$\frac{f''(z)}{f'(z)} = \sum_{k=1}^{n} \frac{\lambda_k - 1}{z - a_k}.$$

在 D 内对上式积分得

$$\log f'(z) = \sum_{k=1}^{n} (\lambda_k - 1) \log(z - a_k) + C',$$

化简得

$$f'(z) = C_1 \prod_{k=1}^{n} (z - a_k)^{\lambda_k - 1}, \quad z \in D.$$

由此看出 $f'(z)$ 在 $\overline{D} \backslash \{a_1, a_2, \cdots, a_n\}$ 上解析,所以当连接 z_0, z 的积分曲线属于 $\overline{D} \backslash \{a_1, a_2, \cdots, a_n\}$ 时,有

$$f(z) = C_1 \int_{z_0}^{z} \prod_{k=1}^{n} (\zeta - a_k)^{\lambda_k - 1} \mathrm{d}\zeta + C_2. \tag{27}$$

因

$$\prod_{k=1}^{n} (\zeta - a_k)^{\lambda_k - 1} = O(|\zeta - a_k|^{\lambda_k - 1}), \quad (\zeta \to a_k),$$

$$\prod_{k=1}^{n} (\zeta - a_k)^{\lambda_k - 1} = O(|\zeta|^{-2}), \quad (\zeta \to \infty).$$

这表明(27)式中瑕积分与广义积分皆绝对收敛,所以可取 $z_0 \in \overline{D}$,连接 z_0, z 的积分曲线也可取位于 $\overline{D}$ 内的任一可求长曲线. 证毕.

公式(27)称为 **Schwarz-Christoffel 公式**. 有了这个公式,求上半平面到多角形域的映射函数问题似乎完全解决了. 其实并非如此,因为多边形 P 给定后,顶点 w_k 与内角 $\lambda_k \pi$ 虽是已知数,而 a_k 是由映射函数所确定的,其具体值是未知的,若 a_k 的值定不出来,公式(27)只是理论上有意义. 一般来说,我们可以指定 ∂D 边界上三个点 a_1, a_2, a_3 映为顶点 w_1, w_2, w_3. 所以 P 为三角形时,求映射函数问题已完全解决. 对一般多边形 P,需要由方程 $f(a_k) = w_k$ 来确定 a_k.

推论 3 设 $w=f(z)$ 把 D：$\mathrm{Im}z>0$ 映为多边形 P 围成的区域 Ω，a_k 依次对应 P 的顶点 $w_k(k=1,2,\cdots,n-1)$，∞ 对应于顶点 w_n。w_k 点的内角为 $\lambda_k\pi(0<\lambda_k<2)(k=1,2,\cdots,n)$，$\sum\limits_{k=1}^{n}\lambda_k=n-2$。则

$$f(z)=C_1\int_{z_0}^{z}\prod_{k=1}^{n-1}(\zeta-a_k)^{\lambda_k-1}\mathrm{d}\zeta+C_2.$$

其中 C_1,C_2 为常数，$z_0\in\overline{D}$，积分路径是 $\overline{D}$ 内任一连接 z_0,z 的可求长曲线.

证明 令 $\zeta=\dfrac{1}{a-z}(a<a_1)$，它是上半平面到上半平面的映射，且把点

$$a_1<a_2<\cdots<a_{n-1}<+\infty$$

映为

$$\beta_1<\beta_2<\cdots<\beta_{n-1}<\beta_n=0,$$

这里 $\beta_k=\dfrac{1}{a-a_k}(k=1,2,\cdots,n-1)$. 令 $F(\zeta)=f\left(a-\dfrac{1}{\zeta}\right)$，它把 $\mathrm{Im}\zeta>0$ 映为 Ω，把点 β_k 映为 $w_k(k=1,2,\cdots,n)$. 由定理 7 得

$$F(\zeta)=C_1'\int_{\zeta_0}^{\zeta}\prod_{k=1}^{n}(\tau-\beta_k)^{\lambda_k-1}\mathrm{d}\tau+C_2'.$$

所以

$$f(z)=F\left(\frac{1}{a-z}\right)=C_1'\int_{\frac{1}{a-z_0}}^{\frac{1}{a-z}}\prod_{k=1}^{n}(\tau-\beta_k)^{\lambda_k-1}\mathrm{d}\tau+C_2'$$

$$=C_1'\int_{z_0}^{z}\prod_{k=1}^{n-1}\left(\frac{1}{a-\zeta}-\frac{1}{a-a_k}\right)^{\lambda_k-1}\frac{\mathrm{d}\zeta}{(a-\zeta)^{\lambda_n+1}}+C_2'$$

$$=C_1\int_{z_0}^{z}\prod_{k=1}^{n-1}(\zeta-a_k)^{\lambda_k-1}\mathrm{d}\zeta+C_2.$$

其中 $C_1=C_1'\prod\limits_{k=1}^{n-1}(a-a_k)^{1-\lambda_k}$，$C_2=C_2'$. 证毕.

4.2 矩形情形

给定矩形区域 Ω，其顶点为 $w_1=K,w_2=K+\mathrm{i}K',w_3=-K+\mathrm{i}K',w_4=-K(K>0,K'>0)$. 把上半平面 D 映为 Ω 的映射函数 $w=f(z)$ 可以很多，我们希望 $f(z)$ 具有某种对称性，使积分表示公式的形式能简单些. 为此先作把第一象限区域 D_1 映为 Ω 在第一象限部分 Ω_1 的保角映射，且使 D_1 与 Ω_1 的三个边界点对应如下（图 9-14）：

$$0 \mapsto 0, \quad 1 \mapsto K, \quad \infty \mapsto K'\mathrm{i}.$$

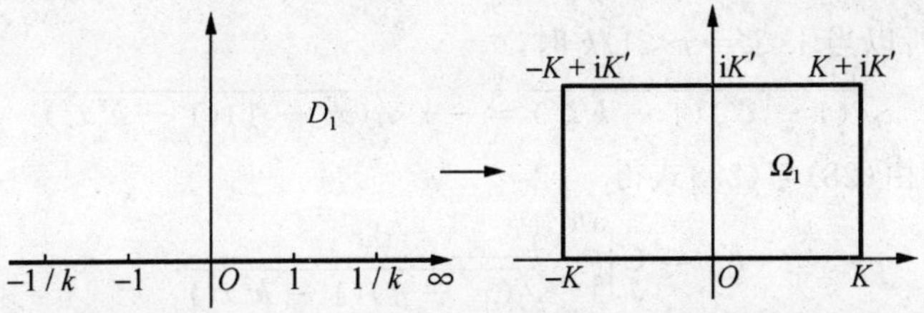

图 9-14

由推论 2 知这种映射函数 $f(z)$ 存在唯一. 它一定把某一点 $1/k$ $(0<k<1)$ 映为点 $w_2=K+\mathrm{i}K'$，把正虚轴映为线段 $[0,\mathrm{i}K']$. 应用对称原理，$w=f(z)$ 可解析开拓到上半平面 D，开拓后函数仍记为 $w=f(z)$，它把 D 映为矩形 Ω，$-1 \mapsto -K$，$-\dfrac{1}{k} \mapsto -K+\mathrm{i}K'$. 根据公式（27），我们有

$$f(z) = C_1 \int_0^z \frac{\mathrm{d}\zeta}{\sqrt{(\zeta+1/k)(\zeta+1)(\zeta-1)(\zeta-1/k)}} + C_2.$$

由 $f(0)=0$，推出 $C_2=0$，所以

$$f(z) = C \int_0^z \frac{\mathrm{d}\zeta}{\sqrt{(1-\zeta^2)(1-k^2\zeta^2)}} \quad (0<k<1).$$

上述积分称为**椭圆积分**，它给出了 D 到 Ω 的映射函数表示式. 但公式中包含两个未知常数 C 和 k，它俩可通过已知常数 K 与 K' 来

决定. 由 $f(1)=K$,得

$$K = C\int_0^1 \frac{\mathrm{d}x}{\sqrt{(1 - x^2)(1 - k^2 x^2)}}. \tag{28}$$

再由 $f\left(\dfrac{1}{k}\right)=K+\mathrm{i}K'$,得

$$K + \mathrm{i}K' = C\int_0^{1/k} \frac{\mathrm{d}x}{\sqrt{(1 - x^2)(1 - k^2 x^2)}}$$

$$= C\int_0^1 + C\int_1^{1/k}, \tag{29}$$

注意根式 $\sqrt{(1-\zeta^2)(1-k^2\zeta^2)}$ 取 $0<\zeta=x<1$ 时为正值的那个分支,所以当 $1<\zeta=x<1/k$ 时,

$$\sqrt{(1 - \zeta^2)(1 - k^2\zeta^2)} = -\mathrm{i}\sqrt{(x^2 - 1)(1 - k^2 x^2)}.$$

这样由(28)与(29)式得

$$K' = C\int_1^{1/k} \frac{\mathrm{d}x}{\sqrt{(x^2 - 1)(1 - k^2 x^2)}}.$$

令 $k'=\sqrt{1-k^2}$,$t=\dfrac{1}{k'}\sqrt{\dfrac{x^2-1}{x^2}}$,上式变为:

$$K' = C\int_0^1 \frac{\mathrm{d}t}{\sqrt{(1 - t^2)(1 - k'^2 t^2)}}$$

$$= C\int_0^1 \frac{\mathrm{d}x}{\sqrt{(1 - x^2)(1 - k'^2 x^2)}}. \tag{30}$$

由(28),(30)两个方程可解出两个未知数 C 与 k.

下面考查 $f: D \to \Omega$ 的反函数,记做 $F: \Omega \to D$. 由定理 6,$F(w)$ 可连续扩充到 $\overline{\Omega}$($F(\mathrm{i}K')=\infty$,在该点连续理解为 $\lim\limits_{\overline{\Omega}\ni w\to \mathrm{i}K'} F(w)=\infty$),且在边界 $\partial\Omega$ 上取实值. 应用对称原理,$F(w)$ 可解析开拓到 Ω_1(图 9-15),不难看出 $F(w)$ 可连续开到 $\overline{\Omega}_1(F(-\mathrm{i}K')=\infty)$;在 $\partial\Omega_1$ 上取实值;关于实轴对称的边界点 $w\in\partial\Omega$,$\overline{w}\in\partial\Omega_1$,有

$$F(w) = F(\overline{w}).$$

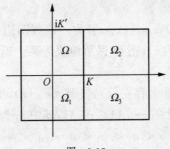

图 9-15

同理 $F(w)$ 可解析开拓到 Ω_2(图 9-15),并且可连续开拓到 $\overline{\Omega}_2(F(2K+iK')=\infty)$;在 $\partial\Omega_2$ 上取实值;关于直线 $\mathrm{Re}w=K$ 对称的点 $w\in\partial\Omega$ 与 $2K-w\in\partial\Omega_2$,有

$$F(w) = F(2K - w).$$

仍用对称原理,$F(w)$ 可由 Ω_2 解析开拓到 Ω_3,或由 Ω_1 解析开拓到 Ω_3,两者所得结果是一样的. $F(w)$ 可连续开拓到 $\overline{\Omega}_3$;在 $\partial\Omega_3$ 上取实值;关于实轴对称的边界点 $F(w)$ 取值一样,或关于直线 $\mathrm{Re}w=K$ 对称的边界点 $F(w)$ 取值一样.

令 $\overline{R}=\overline{\Omega}\bigcup\overline{\Omega}_1\bigcup\overline{\Omega}_2\bigcup\overline{\Omega}_3$,这样 $F(w)$ 在 R 内部解析;在 $\overline{R}$ 上广义意义下连续;当 w 属于 R 的下面边界时,有

$$F(w) = F(w + 2iK'), \tag{31}$$

当 w 属于 R 的左面边界时,有

$$F(w) = F(w + 4K), \tag{32}$$

且在矩形 R 的边界 ∂R 上取实值.利用公式(31)与(32),我们可将 $F(w)$ 开拓到全平面 $\mathbb{C}$,得到 $\mathbb{C}$ 上的半纯函数,$F(w)$ 是一个具有周期 $4K$ 和 $2iK'$ 的**双周期函数**,称双周期的半纯函数为**椭圆函数**.

作为这节结束,我们说明任一四边形总可保角地映为一矩形,并使四边形顶点依次序对应于矩形的顶点.

定义 4 设 γ 为 Jordan 曲线,在 γ 上依正向任意取定四点 z_1,z_2,z_3,z_4.则称 γ 内部是一以 $z_k(1\leqslant k\leqslant 4)$ 为顶点的**曲线四边形**,记

做 $Q(z_1, z_2, z_3, z_4)$.

定理 8 设 $Q(z_1, z_2, z_3, z_4)$ 为一曲线四边形,则存在 Q 内单叶解析函数 $w = f(z)$,把 Q 保角地映为某一矩形 R,且使 Q 的顶点对应于 R 的顶点.

证明 由定理 6,存在保角映射 $\eta = g(z)$,把 Q 保角地映为上半平面 $\text{Im}\,\eta > 0$. 设 $z_j \mapsto a_j (1 \leqslant j \leqslant 4)$,其中 a_j 为实数,且满足

$$-\infty < a_1 < a_2 < a_3 < a_4 < +\infty.$$

又存在分式线性变换 $\zeta = L(\eta)$,把 $\text{Im}\,\eta > 0$ 映为 $\text{Im}\,\zeta > 0$,并使

$$a_1 \mapsto -1/k, \quad a_2 \mapsto -1, \quad a_3 \mapsto 1, \quad a_4 \mapsto 1/k \quad (0 < k < 1).$$

这种分式线性变换存在性是因为交比 $(a_1, a_2, a_3, a_4) = r > 1$(事实上通过分式线性变换把 $a_1 \mapsto 0, a_2 \mapsto 1, a_4 \mapsto \infty$,则 $a_3 \mapsto b > 1$,和交比不变性 $(a_1, a_2, a_3, a_4) = (0, 1, b, \infty) = \dfrac{b}{b-1} = r > 1$),和交比在分式线性变换下的不变性,得

$$\left(-\frac{1}{k}, -1, 1, \frac{1}{k}\right) = \left(\frac{1+k}{2\sqrt{k}}\right)^2 = r.$$

由上式可定出常数 $k (0 < k < 1)$,这说明变换 $\zeta = L(\eta)$ 存在. 再作变换

$$w = f(\zeta) = \int_0^{\zeta} \frac{\mathrm{d}t}{\sqrt{(1-t^2)(1-k^2 t^2)}},$$

它把 $\text{Im}\,\zeta > 0$ 映为矩形 R,其顶点为 $K, K + \mathrm{i}K', -K + \mathrm{i}K', -K$,其中

$$K = \int_0^1 \frac{\mathrm{d}x}{\sqrt{(1-x^2)(1-k^2 x^2)}},$$

$$K' = \int_0^1 \frac{\mathrm{d}x}{\sqrt{(1-x^2)(1-k'^2 x^2)}}$$

($k' = \sqrt{1-k^2}$). 则复合函数 $w = f \circ L \circ g(z)$ 把 Q 映为 R,且使顶点互相对应. 证毕.

习　题

1. 求把下列所示区域 D 共形映为上半平面的映射函数.

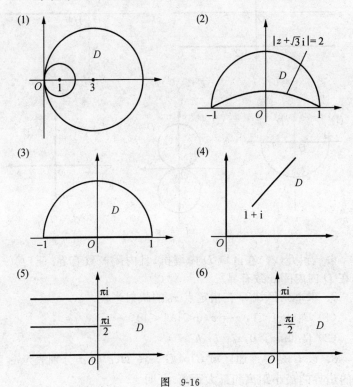

图　9-16

2. 求下列所示区域 D(图 9-17)映为单位圆,且 $O \mapsto O$ 的映射函数.

3. 求将下列所示区域 D(图 9-18)映为单位圆外部的映射函数.

4. 求出将偏心圆环 $|z-3|>9$,$|z-8|<16$ 映为同心圆环 $1<|w|<R$ 的分式线性变换.

5. 试将 $|z-2|=1$ 与虚轴围成的二连通区域映为 $1<|w|<R$,并求出 R.

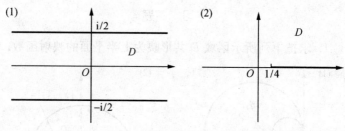

图 9-17

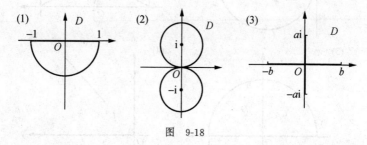

图 9-18

6. 若 $\{f_n(z)\}$ 在区域 D 内解析,且内闭一致有界. 证$\{f'_n(z)\}$ 也在 D 内内闭一致有界.

7. 求下列区域 Ω 在指定点 z_0 的映射半径.

(1) Ω: $|z|<1$, $z_0=a(0<|a|<1)$;

(2) Ω: $\mathrm{Im}z>0$, $z_0=hi(h>0)$.

8. 设 Ω 是单连通区域,$\Omega\neq\mathbb{C}$,$z_0\in\Omega$,δ 和 d 分别表示 z_0 到 Ω 的边界的最小距离和最大距离. 证明

$$\delta \leqslant R \leqslant d,$$

其中 R 是 Ω 在 z_0 点的映射半径.

9. 证明:单位圆 $|z|<1$ 到多角形 P 的内部 Ω 的共形映照函数为:

$$f(z) = C_1 \int_{z_0}^{z} \prod_{k=1}^{n} (\zeta - a_k)^{\lambda_k-1} \mathrm{d}\zeta + C_2,$$

其中 $a_k(|a_k|=1)$ 依次序与多角形顶点 w_k 对应,$\lambda_k\pi$ 为顶点 w_k 的内角,$|z_0|\leqslant 1$,连接 z_0,z 的积分路径位于 $|z|\leqslant 1$ 内. C_1,C_2 为常

数.

10. 设 Ω 为正 n 边形,多边形中心在 $w=0$,$w=a>0$ 为一顶点,证 $|z|<1$ 到 Ω 的共形映射函数为:

$$f(z) = C\int_0^z \frac{\mathrm{d}\zeta}{(1-\zeta^n)^{2/n}} \quad (n \geqslant 3).$$

11. 求上半平面到菱形(图 9-19)的共形映射,使得 $0,1,\infty$ 分别与菱形的顶点 $0,a,a(1+e^{i\alpha\pi})$ 相对应.

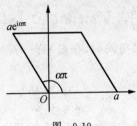

图 9-19

附　录

我们来讨论分式线性变换的分类及其应用. 给定分式线性变换

$$w = \frac{az+b}{cz+d}, \quad a,b,c,d \in \mathbb{C}, \ ad-bc \neq 0, \tag{1}$$

它是 $\overline{\mathbb{C}}$ 到 $\overline{\mathbb{C}}$ 的单叶保角映射, 在 $\overline{\mathbb{C}} \backslash \{-d/c\}$ 上解析. 对任一非零复数 λ, 函数

$$w = \frac{\lambda az + \lambda b}{\lambda cz + \lambda d} \tag{2}$$

与 (1) 表示的是同一分式线性变换. 反之, 若

$$w = \frac{\alpha z + \beta}{\gamma z + \delta} \tag{3}$$

与 (1) 表示的是同一分式线性变换, 则 (3) 一定可表示成 (2) 的形式. 事实上, 对所有的 $z \in \mathbb{C}$, 由

$$\frac{az+b}{cz+d} = \frac{\alpha z + \beta}{\gamma z + \delta},$$

可推出

$$a\gamma = c\alpha, \quad a\delta + b\gamma = ad + c\beta, \quad b\delta = d\beta. \tag{4}$$

由 (4) 中第一与第三式得

$$\alpha = pa, \quad \gamma = pc, \quad \beta = qb, \quad \delta = qd. \tag{5}$$

其中 p,q 为复数. 将 (5) 代入 (4) 中第二式, 得

$$q(ad-bc) = p(ad-bc),$$

进而得 $p=q$. 取 $\lambda = p(=q)$, (5) 式化为 (2) 的形式. 在 (2) 中若取 $\lambda = \lambda_1 = \dfrac{1}{\sqrt{ad-bc}}$ (开根随意取定一值), 考虑函数 (2) 的系数构成的矩阵:

$$\begin{bmatrix} \lambda_1 a & \lambda_1 b \\ \lambda_1 c & \lambda_1 d \end{bmatrix},$$

它的行列式之值为 1. 凡具有这一性质的表示式(2)称为分式线性变换(1)的规范化表示. 注意, 当 $\lambda = -\lambda_1$ 时, (2)式也是(1)的规范化表示. 每个分式线性变换只有两个规范化表示.

由上所述, 我们可以只讨论如下的分式线性变换

$$w = T(z) = \frac{az+b}{cz+d}, \quad ad - bc = 1. \tag{6}$$

记系数矩阵也为 T:

$$T = \begin{bmatrix} a & b \\ c & d \end{bmatrix}, \quad \det T = 1. \tag{7}$$

(6)的逆变换仍为分式线性变换

$$w = T^{-1}(z) = \frac{dz - b}{-cz + a},$$

其对应的系数矩阵为 T 的逆矩阵

$$T^{-1} = \begin{bmatrix} d & -b \\ -c & a \end{bmatrix}.$$

设另有一分式线性变换

$$w = S(z) = \frac{\alpha z + \beta}{\gamma z + \delta}, \quad \alpha\delta - \gamma\beta = 1.$$

对应系数矩阵记为

$$S = \begin{bmatrix} \alpha & \beta \\ \gamma & \delta \end{bmatrix}.$$

则复合函数 $w = T \circ S(z)$ 仍为分式线性变换, 其对应的系数矩阵为两矩阵的乘积:

$$T \cdot S = \begin{bmatrix} a & b \\ c & d \end{bmatrix} \begin{bmatrix} \alpha & \beta \\ \gamma & \delta \end{bmatrix}.$$

恒等变换对应于单位矩阵 I.

这样一来, 所有形如(6)的分式线性变换构成一个群, 它与(7)所表示的二阶矩阵群同构, 后者群用记号 $\mathrm{SL}(2, \mathbb{C})$ 表示, 由于同

构,我们也说分式线性变换属于**群 SL**$(2, \mathbb{C})$.

矩阵 T 的**迹**定义为主对角线元素之和：

$$\text{Trace } T = a + d.$$

每一分式线性变换有两个规范式,但 $(\text{Trace } T)^2$ 是唯一确定的,于是我们可以利用迹的平方对分式线性变换加以分类.

定义 1 给定

$$w = T(z) = \frac{az + b}{cz + d}, \quad ad - bc = 1$$

为非恒等变换的分式线性变换,对应的系数矩阵

$$T = \begin{bmatrix} a & b \\ c & d \end{bmatrix}, \quad (\text{Trace } T)^2 = (a + d)^2.$$

（1）若 $(\text{Trace } T)^2 = 4$,则称 $T(z)$ 为**抛物型**；

（2）若 $0 \leqslant (\text{Trace } T)^2 < 4$,则称 $T(z)$ 为**椭圆型**；

（3）若 $(\text{Trace } T)^2 > 4$,则称 $T(z)$ 为**双曲型**；

（4）若 $(\text{Trace } T)^2 \in [0, +\infty)$,则称 $T(z)$ 为**斜驶型**.

例 1 设 $w = T(z) = z + 1$,它的规范式对应的矩阵为

$$T = \begin{bmatrix} 1 & 1 \\ 0 & 1 \end{bmatrix},$$

由 $(\text{Trace } T)^2 = (1 + 1)^2 = 4$,所以 $T(z)$ 为抛物型.

例 2 设 $w = T(z) = e^{i\theta}z (0 < \theta < 2\pi)$. 它的规范式对应的矩阵为

$$T = \begin{bmatrix} e^{i\theta/2} & 0 \\ 0 & e^{-i\theta/2} \end{bmatrix},$$

由 $0 \leqslant (\text{Trace } T)^2 = (e^{i\theta/2} + e^{-i\theta/2})^2 = 4\cos^2 \dfrac{\theta}{2} < 4$,所以 $T(z)$ 为椭圆型.

例 3 设 $w = T(z) = \lambda z (\lambda > 0, \lambda \neq 1)$,它的规范式对应的矩阵为

$$T = \begin{bmatrix} \sqrt{\lambda} & 0 \\ 0 & 1/\sqrt{\lambda} \end{bmatrix},$$

由 $(\mathrm{Trace}\ T)^2=\left(\sqrt{\lambda}+\dfrac{1}{\sqrt{\lambda}}\right)^2>4$，所以 $T(z)$ 为双曲型.

例 4 设 $w=T(z)=\lambda\mathrm{e}^{\mathrm{i}\theta}z(\lambda>0,\lambda\neq1,0<\theta<2\pi)$，它的规范式对应的矩阵为

$$T=\begin{bmatrix}\sqrt{\lambda}\,\mathrm{e}^{\mathrm{i}\theta/2} & 0 \\ 0 & 1/\sqrt{\lambda}\,\mathrm{e}^{-\mathrm{i}\theta/2}\end{bmatrix}.$$

又由于 $(\mathrm{Trace}\ T)^2=\left(\sqrt{\lambda}\,\mathrm{e}^{\mathrm{i}\theta/2}+\dfrac{1}{\sqrt{\lambda}}\mathrm{e}^{-\mathrm{i}\theta/2}\right)^2=\left(\lambda+\dfrac{1}{\lambda}\right)\cos\theta+2+$

$\mathrm{i}\left(\lambda-\dfrac{1}{\lambda}\right)\sin\theta\in[0,+\infty)$，所以 $T(z)$ 为斜驶型.

定理 1 设 $T(z)=\dfrac{az+b}{cz+d},ad-bc=1$ 为非恒等变换，则 $T(z)$ 是抛物型当且仅当 $T(z)$ 只有一个不动点.

证明 求方程 $T(z)=z$ 或

$$cz^2+(d-a)z-b=0$$

的根. 若 $c\neq0$，得方程的根为

$$z=\frac{(a-d)\pm\sqrt{(a+d)^2-4}}{2c}. \tag{8}$$

由此可见，$T(z)$ 只有一个不动点，当且仅当 $(a+d)^2=4$，即 $T(z)$ 只有一个不动点，当且仅当 $T(z)$ 为抛物型.

若 $c=0$，由

$$T(z)=\frac{az+b}{d}=z, \tag{9}$$

知 $T(z)$ 只有一个不动点 $(z=\infty)$，当且仅且 $a=d$，结合规范化条件 $ad=1$，推出 $T(z)$ 只有一个不动点，当且仅当 $a=d=\pm1$，即 $T(z)$ 为抛物型. 证毕.

定理 2 设 $T(z)=\dfrac{az+b}{cz+d},ad-bc=1$ 为非恒等变换，且把上半平面映为上半平面. 则 $T(z)$ 是非斜驶型的，并且，

(1) $T(z)$ 为抛物型，当且仅当 $T(z)$ 在实轴上只有一个不动点；

(2) $T(z)$ 为双曲型,当且仅当 $T(z)$ 在实轴上有两个不动点；

(3) $T(z)$ 为椭圆型,当且仅当在上半平面内有一不动点.

证明 由于 $T(z)$ 把实轴映为实轴,和把实轴上三点映为实轴上三点的分式线性变换唯一性,推得 a,b,c,d 为实数,所以有

$$0 \leqslant (\text{Trace } T)^2 = (a+d)^2 < +\infty,$$

这说明,$T(z)$ 是非斜驶型的.

(1) 若 $T(z)$ 为抛物型,由定理 1 知 $T(z)$ 只有一个不动点 z_0, z_0 必位于实轴上,否则 $\bar{z}_0$ 也是 $T(z)$ 的一个不动点,这与 $T(z)$ 只有一不动点矛盾.反之,$T(z)$ 在实轴上有一不动点,则不能有其他不动点,所以 $T(z)$ 为抛物型.

(2) 若 $c \neq 0$,由(8)式看出,$T(z)$ 在实轴上有两个不动点,当且仅当 $T(z)$ 为双曲型；若 $c=0$,由(9)式看出,$T(z)$ 在实轴上有两个不动点,当且仅当 $a \neq d$.结合规范化条件 $ad=1$,有

$$(a+d)^2 = (a-d)^2 + 4.$$

所以 $T(z)$ 在实轴上有两个不动点,当且仅当 $T(z)$ 为双曲型.

(3) 由(1)与(2),知 $T(z)$ 在实轴上有不动点,当且仅当 $T(z)$ 为抛物型或双曲型,所以,$T(z)$ 为椭圆型当且仅当 $T(z)$ 在实轴上无不动点,而 $T(z)$ 在实轴上无不动点,当且仅当 $T(z)$ 在上半平面有一不动点.证毕.

研究分式线性变换,我们常把它变到最简单形式进行讨论.为此我们引进共轭变换的概念.

定义 2 设 $T(z),M(z)$ 为分式线性变换,则称

$$S(z) = M^{-1} \circ T \circ M(z)$$

是 $T(z)$(关于分式线性变换群)的**共轭分式线性变换**.

显然,$T(z)$ 也是 $S(z)$ 的共轭分式线性变换.若 $T(z)$ 有不变集 E：$T(E)=E$,则 $T(z)$ 的共轭变换 $S(z)$ 也有不变集 $M^{-1}(E)$,所以 $T(z)$ 与 $S(z)$ 有相同个数的不动点.又 $T(z)$ 有不变圆 E,则 $S(z)$ 也有不变圆 $M^{-1}(E)$.

定理 3 变换 $T(z)$ 与其共轭变换 $S(z)$ 有相同的类型.

证明 对任意两个矩阵 $A,B \in \mathrm{SL}(2,\mathbb{C})$，容易验证

$$\mathrm{Trace}(AB) = \mathrm{Trace}(BA).$$

再注意到求逆变换规范化的系数矩阵，等于先求变换规范化的系数矩阵，然后再求逆；求两变换复合的规范化系数矩阵，等于先求两变换的规范化的系数矩阵，然后再求积。设 $S(z) = M^{-1} \circ T \circ M(z)$ 的规范化的系数矩阵仍用 S,M,T 表示，则

$$\mathrm{Trace}(S) = \mathrm{Trace}(M^{-1} \cdot T \cdot M) = \mathrm{Trace}(M \cdot M^{-1} \cdot T)$$
$$= \mathrm{Trace}(T).$$

所以 $T(z)$ 与 $S(z)$ 属于同一类型。证毕。

定理 4 （1）$T(z)$ 属于抛物型的充要条件，为 $T(z)$ 共轭于变换 $S(z) = z + 1$；

（2）$T(z)$ 属于双曲型的充要条件，为 $T(z)$ 共轭于变换 $S(z) = \lambda z (\lambda > 0, \lambda \neq 1)$；

（3）$T(z)$ 属于椭圆型的充要条件，为 $T(z)$ 共轭于变换 $S(z) = e^{i\theta} z (0 < \theta < 2\pi)$；

（4）$T(z)$ 属于斜驶型的充要条件，为 $T(z)$ 共轭于变换 $S(z) = \lambda e^{i\theta} z (0 < \theta < 2\pi, \lambda > 0, \lambda \neq 1)$。

证明 定理的充分性，由前面的例与定理 3 即知。所以只需证必要性。

（1）设 $T(z)$ 为抛物型，则 $T(z)$ 只有一个不动点 z_0，令

$$M(z) = \frac{1}{z - z_0},$$

则 $T(z)$ 的共轭变换 $L(z) = M \circ T \circ M^{-1}(z)$ 也只有一个不动点 $z = \infty$，故 $L(z)$ 可表示成

$$L(z) = M \circ T \circ M^{-1}(z) = z + b \quad (b \neq 0).$$

再令

$$N(z) = \frac{z}{b},$$

则 $S(z) = N \circ L \circ N^{-1}(z) = z + 1$，或

$$S(z) = (N \circ M) \circ T \circ (N \circ M)^{-1}(z) = z + 1,$$

即 $T(z)$ 共轭于变换 $S(z)=z+1$.

设 $T(z)$ 有两个不动点 $z_1, z_2 (z_1 \neq z_2)$，令

$$M(z) = \frac{z - z_1}{z - z_2}.$$

则 $T(z)$ 的共轭变换 $S(z)=M \circ T \circ M^{-1}(z)$ 有不动点 $z=0$ 和 $z=\infty$，故 $S(z)$ 可表示成

$$S(z) = \lambda e^{i\theta} z \quad (\lambda > 0, 0 \leqslant \theta < 2\pi).$$

记 $S(z)$ 的规范式系数矩阵为 S，则

$$(\text{Trace } S)^2 = \left[\sqrt{\lambda}\, e^{i\theta/2} + \frac{1}{\sqrt{\lambda}} e^{-i\theta/2} \right]^2$$

$$= \left(\lambda + \frac{1}{\lambda} \right) \cos\theta + 2 + i \left(\lambda - \frac{1}{\lambda} \right) \sin\theta.$$

(2) 若 $T(z)$ 是双曲型，由定理 3 知 $S(z)$ 也是双曲型，因此 λ, θ 要满足关系式：

$$\left(\lambda - \frac{1}{\lambda} \right) \sin\theta = 0, \quad \left(\lambda + \frac{1}{\lambda} \right) \cos\theta > 2.$$

这只有当 $\theta=0, \lambda \neq 1$ 时才成立，所以 $S(z)=\lambda z (\lambda > 0, \lambda \neq 1)$.

(3) 若 $T(z)$ 是椭圆型，知 $S(z)$ 也是椭圆型，因此 λ, θ 要满足关系式：

$$\left(\lambda - \frac{1}{\lambda} \right) \sin\theta = 0, \quad -2 \leqslant \left(\lambda + \frac{1}{\lambda} \right) \cos\theta < 2.$$

这只有当 $\lambda=1, 0<\theta<2\pi$ 时才成立，所以

$$S(z) = e^{i\theta} z \quad (0 < \theta < 2\pi).$$

(4) 若 $T(z)$ 是斜驶型，$S(z)$ 也是斜驶型，因此 λ, θ 要满足关系式

$$\left(\lambda - \frac{1}{\lambda} \right) \sin\theta \neq 0 \quad \text{或} \quad \left(\lambda - \frac{1}{\lambda} \right) \sin\theta = 0,$$

$$\left(\lambda + \frac{1}{\lambda} \right) \cos\theta < -2.$$

这只有当 $\lambda \neq 1, 0 < \theta < 2\pi$ 时才成立,所以

$$S(z) = \lambda e^{i\theta} z \quad (\lambda > 0, \lambda \neq 1, 0 < \theta < 2\pi).$$

证毕.

由定理 4 可以看出,若 $T(z)$ 是斜驶型,则 $T(z)$ 可共轭于 $S(z) = \lambda e^{i\theta} z (\lambda > 0, \lambda \neq 1, 0 < \theta < 2\pi)$. 而 $S(z)$ 在复平面上没有不变圆,所以 $T(z)$ 在复平面上也没有不变圆;

若 $T(z)$ 是抛物型,则它可共轭于 $S(z) = z + 1, S(z)$ 有无穷多个不变圆 $\text{Im} z > c (c$ 为实数),这些不变圆的边界交于一点 $z = \infty$,所以 $T(z)$ 有无穷多个不变圆,它们的边界交于 $T(z)$ 的不动点 $z = z_0$;

若 $T(z)$ 是双曲型,则它可共轭于 $S(z) = \lambda z (\lambda > 0, \lambda \neq 1)$,$S(z)$ 有无穷多个不变圆(过原点直线的一侧),它们的边界交于两点 $z = 0$ 和 $z = \infty$,所以 $T(z)$ 有无穷多个不变圆,它们的边界交于 $T(z)$ 的两个不动点 z_1, z_2;

若 $T(z)$ 是椭圆型,则它可共轭于 $S(z) = e^{i\theta} z (0 < \theta < 2\pi)$,它有无穷多个不变圆 $|z| < r$,它们的边界两两不交,但有公共的对称点 $z = 0$ 和 $z = \infty$,所以 $T(z)$ 有无穷多个不变圆,它们的边界两两不交,但以 $T(z)$ 的不动点 z_1, z_2 为其公共的对称点.

总之我们可以说:若 $T(z)$ 没有不变圆,则它是斜驶型;若 $T(z)$ 有一不变圆,则必有无穷多个不变圆,若它们的边界交于一点,则 $T(z)$ 为抛物型;若它们的边界交于两点,则 $T(z)$ 为双曲型;若它们的边界两两不交,则 $T(z)$ 为椭圆型.

下面讨论定理 4 的一些应用.

定义 3　非恒等变换 $T(z)$,若满足

$$T \circ T(z) \equiv z,$$

则称 $T(z)$ 为**对合变换**.

若 $T(z)$ 为对合变换,则其共轭变换 $S(z)$ 也是对合变换. 由定理 4 知对合变换一定是椭圆型,且可共轭于变换 $S(z) = -z$.

定理 5　设 $T(z), S(z)$ 是两个非恒等变换的分式线性变换,

满足

$$T \circ S(z) = S \circ T(z).$$

则或 $T(z), S(z)$ 有相同的不动点,或 $T(z), S(z)$ 为对合变换,且 $T(S)$ 把 $S(T)$ 的一个不动点映为另一不动点.

证明 设 $S(z)$ 为抛物型或只有一个不动点.因 $S(z), T(z)$ 用其共轭变换 $\tilde{S}(z) = M^{-1} \circ S \circ M(z), \tilde{T}(z) = M^{-1} \circ T \circ M(z)$ 代之,仍具有复合运算可交换性,若对 $\tilde{S}(z), \tilde{T}(z)$ 证得定理结论成立,则对 $S(z), T(z)$ 定理结论也成立.故无妨设 $S(z) = z + 1$,并设 $S(z), T(z)$ 规范式的系数矩阵为:

$$S = \begin{bmatrix} 1 & 1 \\ 0 & 1 \end{bmatrix}, \quad T = \begin{bmatrix} a & b \\ c & d \end{bmatrix}.$$

注意到矩阵 $\pm TS$ 对应于同一分式线性变换 $T \circ S(z)$,所以由定理条件得到

$$\begin{bmatrix} a+c & b+d \\ c & d \end{bmatrix} = \pm \begin{bmatrix} a & a+b \\ c & c+d \end{bmatrix}.$$

要使上式成立,上式右端必须取"$+$"号,且 $c = 0, a = d$. 再结合规范条件 $ad = 1$,得 $a = d = \pm 1$,于是 $T(z) = z \pm b$,所以 $T(z), S(z)$ 有相同的不动点 $z = \infty$.

设 $S(z)$ 有两个不动点. 无妨设 $S(z) = kz (k \neq 0, 1)$,由定理条件得

$$\begin{bmatrix} a & b \\ c & d \end{bmatrix} \begin{bmatrix} \sqrt{k} & 0 \\ 0 & 1/\sqrt{k} \end{bmatrix} = \pm \begin{bmatrix} \sqrt{k} & 0 \\ 0 & 1/\sqrt{k} \end{bmatrix} \begin{bmatrix} a & b \\ c & d \end{bmatrix},$$

或

$$\begin{bmatrix} \sqrt{k}\,a & b/\sqrt{k} \\ \sqrt{k}\,c & d/\sqrt{k} \end{bmatrix} = \pm \begin{bmatrix} \sqrt{k}\,a & \sqrt{k}\,b \\ c/\sqrt{k} & d/\sqrt{k} \end{bmatrix}. \tag{10}$$

若 $c \neq 0$,要使上式成立,右端必须取"$-$"号,并由此推出 $a = 0, d = 0, k = -1$. 因此 $S(z) = -z, T(z) = \dfrac{\lambda}{z}$($\lambda = b/c$,因 $bc = -1$,所以 $\lambda \neq 0$),这表明 $S(z), T(z)$ 是对合变换,$S(z)$ 的不动点为 $0, \infty$,

$T(z)$ 的不动点为 $\sqrt{\lambda},-\sqrt{\lambda}$. 故 $T(S)$ 把 $S(T)$ 的一个不动点映为另一个不动点.

若 $c=0$,要使(10)式成立,右端必须取"$+$"号,且 $b=0$. 因此 $S(z)=kz,T(z)=\lambda z(\lambda=a/d,$ 因 $ad=1,$ 所以 $\lambda\neq0),$ 即可看出 $S(z),T(z)$ 有相同的不动点 $0,\infty$. 证毕.

定义 4 设 G 为一分式线性变换群,称
$$\Gamma_{z_0}=\{T\in G:T(z_0)=z_0\}$$
为 z_0 点的 G 的**稳定化子群**.

定理 6 若 Γ_{z_0} 是有限群,则 Γ_{z_0} 是由椭圆元素生成的有限循环群,且存在 z_0 点的任意小邻域 U,使
$$T(U)=U,\quad\forall\,T\in\Gamma_{z_0}.$$

证明 (1) 证 Γ_{z_0} 不含抛物元素. 假设 Γ_{z_0} 包含一抛物元素 $T(z)$,它仅有不动点 z_0,令 $M(z)=\dfrac{1}{z-z_0}$,则 $M\Gamma_{z_0}M^{-1}$ 也是有限群,记做 $\widetilde{\Gamma}_{\infty}$,它含有抛物元素 $\widetilde{T}(z)=z+b(b\neq0)$,它的 n 次复合 $\widetilde{T}^m(z)=z+nb\in\widetilde{\Gamma}_{\infty}$,这与 $\widetilde{\Gamma}_{\infty}$ 是有限群相矛盾. 所以 Γ_{z_0} 不包含抛物元.

(2) 证 Γ_{z_0} 中元素除恒等变换外有相同的不动点. 假设 Γ_{z_0} 有元素 $T(z)$ 与 $S(z)$,其不动点分别为 z_0,z_1 和 z_0,z_2,且 $z_1\neq z_2$. 由定理 5 可知 $T\circ S\circ T^{-1}\circ S^{-1}(z)$ 非恒等变换,下面来说明它是一抛物元. 事实上,考虑有限群 $\widetilde{\Gamma}_{\infty},T(z),S(z)$ 共轭于 $\widetilde{\Gamma}_{\infty}$ 中元素 $\widetilde{T}(z),\widetilde{S}(z)$,它们对应的规范式矩阵设为:
$$\widetilde{T}=\begin{pmatrix}a&b\\0&d\end{pmatrix},ad=1;\quad\widetilde{S}=\begin{pmatrix}\alpha&\beta\\0&\delta\end{pmatrix},\alpha\delta=1.$$

容易求出
$$\mathrm{Trace}(\widetilde{T}\circ\widetilde{S}\circ\widetilde{T}^{-1}\circ\widetilde{S}^{-1})=2,$$
这说明 $\widetilde{T}\circ\widetilde{S}\circ\widetilde{T}^{-1}\circ\widetilde{S}^{-1}(z)$ 为抛物元素,所以 $T\circ S\circ T^{-1}\circ S^{-1}(z)$ 也是抛物元素,这与已证的结论(1)矛盾.

（3）证 Γ_{z_0} 是由椭圆元素生成的有限循环群. 设 Γ_{z_0} 中元素有不动点 z_0, z_1, 令

$$M(z) = \frac{z - z_0}{z - z_1},$$

考虑有限群

$$\tilde{\Gamma} = M\Gamma_{z_0}M^{-1} = \{M \circ T \circ M^{-1}(z) : T \in \Gamma_{z_0}\}.$$

则 $\tilde{\Gamma}$ 中元素为 $\tilde{T}(z) = \lambda e^{i\theta} z (\lambda > 0)$. 因 $\forall \tilde{T} \in \tilde{\Gamma}, \exists n \in \mathbb{N}$, 使

$$\tilde{T}^n(z) \equiv z \quad (\text{记号 } \tilde{T}^n(z) \text{ 表示函数的 } n \text{ 次复合}),$$

所以 $\lambda = 1$, 即 $\tilde{T}(z)$ 为椭圆元素. 我们列出 $\tilde{\Gamma}$ 的全部元素:

$$I(z) \equiv z, \tilde{T}_1(z) = e^{i\theta_1}z, \cdots, \tilde{T}_{N-1}(z) = e^{i\theta_{N-1}}z$$

$(0 < \theta_1 < \theta_2 < \cdots < \theta_{N-1} < 2\pi)$, 对 $\tilde{T}_1(z)$, 存在最小自然数 N_1, 使

$$\tilde{T}_1^{N_1}(z) \equiv z,$$

所以 $\theta_1 = \dfrac{2\pi}{N_1}$. 显然 $N_1 \leqslant N$, 否则 $\tilde{\Gamma}$ 的元素个数要大于 N. 证 $N_1 = N$. 若 $N_1 < N$, 则在下面 $N_1 + 1$ 个数

$$0, \frac{2\pi}{N_1}, \frac{4\pi}{N_1}, \cdots, \frac{2l\pi}{N_1}, \frac{2(l+1)\pi}{N_1}, \cdots, \frac{2(N_1-1)\pi}{N_1}, 2\pi$$

之外, 一定存在 θ_k, 使

$$\frac{2l\pi}{N_1} < \theta_k < \frac{2(l+1)\pi}{N_1} \quad (\text{某一 } l),$$

或

$$0 < \theta_k - \frac{2l\pi}{N_1} < \frac{2\pi}{N_1} = \theta_1.$$

既然 $\tilde{T}_k(z) = e^{i\theta_k}z$ 与 $\tilde{T}_1^l(z) = e^{i\frac{2l\pi}{N_1}}z$ 都属于 $\tilde{\Gamma}$, 所以

$$\tilde{T}_k \circ (\tilde{T}_1^l)^{-1}(z) = e^{i\left(\theta_k - \frac{2l\pi}{N_1}\right)}z \in \tilde{\Gamma}.$$

这与 $\tilde{\Gamma}$ 元素中 θ_1 是最小的取法矛盾. 于是 $N_1 = N$, 且 $\tilde{\Gamma}$ 是由椭圆元素 $\tilde{T}_1(z) = e^{i\frac{2\pi}{N}}z$ 生成的循环群. 因此 Γ_{z_0} 是由椭圆元素 $T_1(z) = M^{-1} \circ \tilde{T}_1 \circ M(z)$ 生成的有限循环群, 又对邻域 $V = V(0; \delta)$, 有

$$\tilde{T}(V) = V, \quad \forall \tilde{T} \in \tilde{\Gamma}.$$

所以对邻域 $U=M^{-1}(V)$,有
$$T(U)=U, \quad \forall\, T \in \Gamma_{z_0}.$$
证毕.

下面讨论分式线性变换群 G 是否有不变圆呢? 如由 $g(z)=z+1$ 生成的群 G 有无限多个不变圆,而由 $g_1(z)=z+1$ 和 $g_2(z)=z+i$ 生成的群 G 没有不变圆.

定理7 设 G 为分式线性变换群,不含斜驶元,且含有两个无公共不动点的双曲元 g,h,则 G 有不变圆 D: $\forall\, f\in G, f(D)=D$. 除 D 与 $\overline{\mathbb{C}}\backslash D$ 外 G 无其他不变圆.

证明 若 G 的共轭群
$$\widetilde{G}=\{\varphi g\varphi^{-1}\colon g\in G\}$$
有不变圆,则 G 也有不变圆. 所以无妨设
$$g(z)=\lambda^2 z\,(\lambda>1), \quad h(z)=\frac{az+b}{cz+d},\, ad-bc=1.$$
$\forall\, f\in G$,设 f 的系数矩阵为
$$\begin{pmatrix} \alpha & \beta \\ \gamma & \delta \end{pmatrix}\in \mathrm{SL}(2,\mathbb{C}),$$
令
$$t_1=\mathrm{Trace}f=\alpha+\delta; \quad t_2=\mathrm{Trace}(gf)=\lambda\alpha+\delta/\lambda.$$
因 f,gf 为非斜驶型,所以 t_1,t_2 为实数,由此得出 α,δ 为实数,即 G 的每个元素的系数矩阵中,其对角线元素为实数. 特别有 a,d 为实数,h 的不动点为
$$z_1,z_2=\frac{(a-d)\pm\sqrt{(a+d)^2-4}}{2c}.$$
因 h 的不动点不为 $0,\infty$,故 $bc\neq 0$(否则 h 有一不动点为 0 或 ∞). 由此推出 z_1/z_2 为实数,即 h,g 的不动点位于一直线上. 无妨设该直线即为实轴(否则考虑共轭群),于是得出 c,b 为实数.

$\forall\, f\in G$,由 $f\circ h$ 对应的矩阵

$$\begin{pmatrix} \alpha a + \beta c & \alpha b + \beta d \\ \gamma a + \delta c & \gamma b + \delta d \end{pmatrix} \in \mathrm{SL}(2, \mathbb{C}),$$

和已证得 $\alpha a + \beta c, \gamma b + \delta d, a, b, c, d, \alpha, \delta$ 为实数,推出 β, γ 为实数,即 f 把上半平面 H 映为 H,故 G 有不变圆 H.

G 的不变圆除 H 和下半平面外,没有其他的不变圆. 这是因为 G 的不变圆也是 g, h 的不变圆,而 g 的不变圆边界为过 $0, \infty$ 的直线,h 的不变圆边界为过 z_1, z_2 的圆周,它们的公共不变圆只能是 H 与下半平面. 证毕.

分式线性变换与黎曼曲面、间断群、非欧几何等都有密切的联系,由于这方面内容太丰富,无法作简单地介绍. 这儿只讨论分式线性变换与球面几何的关系.

在第一章,利用球极射影,我们在 $\overline{\mathbb{C}}$ 上引入球距离

$$d(z, z') = \frac{2|z - z'|}{\sqrt{1 + |z|^2} \cdot \sqrt{1 + |z'|^2}}.$$

令 $z' \to z$,即得 $\overline{\mathbb{C}}$ 上**球度量**或**椭圆度量**

$$\mathrm{d}s = \frac{2|\mathrm{d}z|}{1 + |z|^2}.$$

设 L 为黎曼球面 S 上一光滑曲线,通过球极射影,将 L 射影到 $\overline{\mathbb{C}}$ 上,得 $\overline{\mathbb{C}}$ 上一光滑曲线 l. 则

$$L \text{ 的欧氏长度} = \int_l \frac{2|\mathrm{d}z|}{1 + |z|^2}.$$

定理 8 分式线性变换 $T(z)$ 保持球度量不变,即满足

$$\frac{2|T'(z)||\mathrm{d}z|}{1 + |T(z)|^2} = \frac{2|\mathrm{d}z|}{1 + |z|^2}, \tag{11}$$

当且仅当

$$T(z) = \frac{az - \bar{c}}{cz + \bar{a}}, \quad |a|^2 + |c|^2 = 1. \tag{12}$$

证明 设 $T(z)$ 由(12)式给出,因

$$|T'(z)| = \frac{1}{|cz + \bar{a}|^2},$$

所以

$$\frac{|T'(z)|}{1+|T(z)|^2} = \frac{1}{|cz+\bar a|^2+|az-\bar c|^2} = \frac{1}{1+|z|^2},$$

即推出(11)式成立.

反之,设 $T(z)=\dfrac{az+b}{cz+d}, ad-bc=1$. 由(11)式成立得

$$\frac{1}{|cz+d|^2+|az+b|^2} = \frac{1}{1+|z|^2},$$

或

$$\begin{aligned}
1+|z|^2 &= |cz+d|^2+|az+b|^2 \\
&= (|a|^2+|c|^2)|z|^2 + (c\bar d + a\bar b)z \\
&\quad + (d\bar c + b\bar a)\bar z + |b|^2 + |d|^2.
\end{aligned}$$

比较系数得出

$$|a|^2+|c|^2=1, \quad |b|^2+|d|^2=1, \quad c\bar d + a\bar b = 0,$$

结合规范化条件$-cb+ad=1$,解出 $c=-\bar b, a=\bar d$. 故(12)式成立. 证毕.

若 $T(z)$ 非恒等变换,则由(12)式得

$$(\mathrm{Trace}\, T)^2 = (a+\bar a)^2 = 4(\mathrm{Re}\,a)^2.$$

由 $|\mathrm{Re}\,a| \leqslant |a| \leqslant 1$,若 $|\mathrm{Re}\,a|=1$,则 $a=\pm 1, c=0$,由此推出 $T(z)$ 为恒等变换,与假设相矛盾. 所以 $|\mathrm{Re}\,a|<1$,即 $T(z)$ 为椭圆型. 若 z_0 为其不动点,则 $-\dfrac{1}{\bar z_0}$ 也是 $T(z)$ 的不动点. 它们是球面 S 上某一直径的两个端点的球极射影.

定理 9 给定分式线性变换(12):

$$z' = \frac{az-\bar c}{cz+\bar a}, \quad |a|^2+|c|^2=1,$$

则可导出黎曼球面 S 到 S 上的欧氏变换 $Z'=HZ$,H 是正交矩阵,$\det H=1$. 用分量表示为:

$$\begin{bmatrix} x_1' \\ x_2' \\ x_3' \end{bmatrix} = \begin{bmatrix} h_{11} & h_{12} & h_{13} \\ h_{21} & h_{22} & h_{23} \\ h_{31} & h_{33} & h_{34} \end{bmatrix} \begin{bmatrix} x_1 \\ x_2 \\ x_3 \end{bmatrix}. \tag{13}$$

反之,给定 S 到 S 上的欧氏变换 $Z' = HZ$(H 为正交矩阵,$\det H = 1$),则可导出 $\mathbb{C}$ 到 $\mathbb{C}$ 上的分式线性变换(12).

证明 由球极射影关系式,得

$$
\begin{aligned}
x_1' &= \frac{z' + \bar{z}'}{|z'|^2 + 1} \\
&= \frac{(az - \bar{c})(\bar{c}\bar{z} + a) + (\bar{a}\bar{z} - c)(cz + \bar{a})}{(cz + \bar{a})(\bar{c}\bar{z} + a) + (az - \bar{c})(\bar{a}\bar{z} - c)} \\
&= \frac{(a\bar{c} + \bar{a}c)|z|^2 + (a^2 - c^2)z + (\bar{a}^2 - \bar{c}^2)\bar{z} - (a\bar{c} + \bar{a}c)}{|c|^2|z|^2 + |a|^2 + |a|^2|z|^2 + |c|^2} \\
&= \mathrm{Re}(a^2 - c^2)x_1 - \mathrm{Im}(a^2 - c^2)x_2 + 2\mathrm{Re}a\bar{c}x_3, \\
x_2' &= \mathrm{Im}(a^2 + c^2)x_1 + \mathrm{Re}(a^2 + c^2)x_2 + 2\mathrm{Im}a\bar{c}x_3, \\
x_3' &= -2\mathrm{Re}ac x_1 + 2\mathrm{Im}\, ac x_2 + (|a|^2 - |c|^2)x_3.
\end{aligned}
$$

令

$$
H = \begin{bmatrix}
\mathrm{Re}(a^2 - c^2) & -\mathrm{Im}(a^2 - c^2) & 2\mathrm{Re}a\bar{c} \\
\mathrm{Im}(a^2 + c^2) & \mathrm{Re}(a^2 + c^2) & 2\mathrm{Im}a\bar{c} \\
-2\mathrm{Re}ac & 2\mathrm{Im}ac & |a|^2 - |c|^2
\end{bmatrix}.
$$

设 $a = re^{i\alpha}$,$c = \sqrt{1 - r^2}e^{i\beta}$,通过直接验算知 H 为正交矩阵. $\det H = 1$,即得 S 到 S 上的欧氏变换 $Z' = HZ$.

反之,给定 S 到 S 上的欧氏变换 $Z' = HZ$,H 为正交矩阵,$\det H = 1$. 通过球极射影,得 $\mathbb{C}$ 到 $\mathbb{C}$ 上的单叶变换 $z' = T(z)$,它在 $\mathbb{C}$ 上除一点外实可微,且保持球距离不变,即

$$
\frac{2|T(z_2) - T(z_1)|}{\sqrt{1 + |T(z_1)|^2} \cdot \sqrt{1 + |T(z_2)|^2}} = \frac{2|z_1 - z_2|}{\sqrt{1 + |z_1|^2} \cdot \sqrt{1 + |z_2|^2}}.
$$

令 $z_2 \to z_1$,推出 $T(z)$ 在 z_1 点是保形变换,即

$$
\lim_{z_2 \to z_1} \frac{|T(z_2) - T(z_1)|}{|z_2 - z_1|} = \frac{1 + |T(z_1)|^2}{1 + |z_1|^2}.
$$

由第一章习题第 16 题知,$T(z)$ 是两次反定向的反射变换和一次保定向的正交变换的复合,所以 $T(z)$ 在 z_1 点保定向. 再由第三章习题第 23 题知 $T(z)$ 在 z_1 点可导. 设 $T(z_0)=\infty$,则 $T(z)$ 在 $\overline{\mathbb{C}} \setminus \{z_0\}$ 上解析. 根据第五章最后一个定理,知 $T(z)$ 为分式线性变换. 再根据定理 8,得 $T(z)$ 为(12)形式的分式线性变换. 证毕.

形如(12)的分式线性变换有不动点 $z_0, -\dfrac{1}{\overline{z_0}}$,它们对应于 S 上点 Z_0 和 $-Z_0$. 这表明 S 到 S 上的欧氏变换一定是绕过 $Z_0, -Z_0$ 轴的旋转.

习题答案与提示

第 一 章

1. $\sqrt{2}$, $\dfrac{\pi}{4}$; $\sqrt{13}$, $-\arctan\dfrac{3}{2}$; $2\cos\dfrac{\theta}{2}$, $\dfrac{\theta}{2}$.

2. $\cos\dfrac{n\pi}{2}+\mathrm{i}\sin\dfrac{n\pi}{2}$; $-\mathrm{i}$; -8 ; $2^{\frac{n}{2}+1}\cos\dfrac{n}{4}\pi$. **3.** $\mathrm{i}\cot\dfrac{\theta}{2}$.

4. 平行四边形两对角线长度平方之和,等于其四边长度平方之和.

6. 由第 5 题可得

$$1-\left|\frac{z_1-z_2}{1-\bar z_1 z_2}\right|^2=\frac{(1-|z_1|^2)(1-|z_2|^2)}{|1-\bar z_1 z_2|^2}.$$

用 $|z_1|$, $\pm|z_2|$ 代替式中的 z_1,z_2 ,又可得两个等式,然后进行比较.

7. (1) 设 L 是线段 $[z_1,z_2]$ 的垂直平分线,集合 E 为包含 z_1 且以 L 为边界的开半平面;

(2) 当 $z\ne z_2$ 时,条件可化为 $\mathrm{Re}(z-z_1)(\bar z-\bar z_2)=0$,所以集合 E 是以 $[z_1,z_2]$ 为直径的圆周除去 z_2 点. 或利用

$$\mathrm{Re}\,z=\frac{1}{2}(z+\bar z),$$

得圆周方程 $z\bar z-\dfrac{z_1+z_2}{2}\bar z-\dfrac{\bar z_1+\bar z_2}{2}z+\mathrm{Re}\,z_1\bar z_2=0$,同样得出集合 E .

(3) 由 $0<-y<1$,所以 E 是带域 $-1<y<0$.

(4) 当 $z\ne z_2$ 时,条件可化为 $\mathrm{Re}\,\mathrm{i}\dfrac{z-z_1}{z-z_2}=0$,或

$$\mathrm{Re}\,\mathrm{i}(z-z_1)(\bar z-\bar z_2)=0,$$

要使向量 $\mathrm{i}(z-z_1)$ 与 $z-z_2$ 正交,可知 E 为过 z_1,z_2 的直线(除去 z_2). 或利用 $\mathrm{Im}\,z=\dfrac{z-\bar z}{2\mathrm{i}}$,方程可化为直线方程

$$\frac{z_2-z_1}{2\mathrm{i}}\bar z+\frac{\bar z_1-\bar z_2}{2\mathrm{i}}z+\mathrm{Im}\,z_1\bar z_2=0;$$

(5) 条件等价于 $\mathrm{Re}\,\dfrac{z+\mathrm{i}}{z-\mathrm{i}}>\mathrm{Im}\,\dfrac{z+\mathrm{i}}{z-\mathrm{i}}>0$. 由

$$\mathrm{Im}\,\frac{z+\mathrm{i}}{z-\mathrm{i}}>0,$$

推出 $\mathrm{Re}\,z>0$;由 $\mathrm{Re}\,\dfrac{z+\mathrm{i}}{z-\mathrm{i}}>\mathrm{Im}\,\dfrac{z+\mathrm{i}}{z-\mathrm{i}}$,推出 $|z-1|^2>2$. 所以 E 是右半平面 $\mathrm{Re}\,z$

>0 与圆周 $|z-1|=\sqrt{2}$ 外部区域的交集.

8. 圆周方程为 $(1-\lambda^2)z\bar{z}+(\lambda^2 z_2-z_1)\bar{z}+(\lambda^2\bar{z}_2-\bar{z}_1)z+|z_1|^2-\lambda^2|z_2|^2=0$，圆心为 $\dfrac{\lambda^2 z_2-z_1}{\lambda^2-1}$，半径为 $\dfrac{\lambda|z_2-z_1|}{|1-\lambda^2|}$.

9. (1) 直线方程为 $(-1+i)\bar{z}+(-1-i)z=0$，故所求的点为 $i\bar{z}_0$；

(2) 直线方程为 $(1-i)z+(1+i)\bar{z}=0$，故所求的点为 $-i\bar{z}_0$.

10. 直线方程为 $z+\bar{z}-2a=0$，故所求的点为 $2a-\bar{z}_0$.

11. $\pm\sqrt{3}$. **12.** $-\dfrac{1}{4}$，-4.

13. 设 z 对应于 S 上的点为 (x_1,x_2,x_3)，证 $1/\bar{z}$ 对应的点为 $(x_1,x_2,-x_3)$.

14. 设 z,z' 对应于 S 上的点为 (x_1,x_2,x_3) 和 (x_1',x_2',x_3')，证 $z\bar{z}'=-1$ 成立充要条件为 $x_i=-x_i'(i=1,2,3)$.

15. 利用 $Az\bar{z}+B\bar{z}+\bar{B}z+C=0$ 是 S 上大圆周的球极投影的充要条件为 $A+C=0$.

16. $\overline{zN}=\sqrt{1+|z|^2}$，$\overline{ZN}=\dfrac{2}{\sqrt{1+|z|^2}}$.

第 二 章

1. 利用不等式

$$\left.\begin{array}{l}|\mathrm{Re}z_n-\mathrm{Re}z_0|\\|\mathrm{Im}z_n-\mathrm{Im}z_0|\end{array}\right\}\leqslant|z_n-z_0|\leqslant|\mathrm{Re}z_n-\mathrm{Re}z_0|+|\mathrm{Im}z_n-\mathrm{Im}z_0|.$$

2. 第一式利用 $||z_n|-|z_0||\leqslant|z_n-z_0|$. 证第二式时，先在 $[-\pi,\pi)$ 内取定复数 z_n/z_0 的主辐角，则由 $z_n/z_0\to 1$，得

$$\lim_{n\to\infty}\arg\frac{z_n}{z_0}=0.$$

然后取定 z_0 的辐角主值 $\arg z_0$，则一定可取出 z_n 的辐角 $\arg z_n$，使 $\arg z_n-\arg z_0=\arg\dfrac{z_n}{z_0}$.

3. (1) 利用极限

$$\lim_{n\to\infty}\left|\left(1+\frac{x+iy}{n}\right)^n\right|=\lim_{n\to\infty}\left(1+\frac{2x}{n}+\frac{x^2+y^2}{n^2}\right)^{\frac{n}{2}}=e^x,$$

$$\lim_{n\to\infty}\arg\left(1+\frac{x+\mathrm{i}y}{n}\right)^n=\lim_{n\to\infty}n\arctan\frac{\dfrac{y}{n}}{1+\dfrac{x}{n}}=y.$$

（2）利用极限

$$\lim_{n\to\infty}n\left(|z|^{\frac{1}{n}}\cos\frac{\arg z+2k\pi}{n}-1\right)=\log|z|,$$

$$\lim_{n\to\infty}n|z|^{\frac{1}{n}}\sin\frac{\arg z+2k\pi}{n}=\arg z+2k\pi.$$

4. （1）$\forall\,\zeta\in A$,则

$$d(z_1,A)\leqslant|z_1-\zeta|\leqslant|z_1-z_2|+|z_2-\zeta|,$$

然后对 $\zeta\in A$ 取下确界.

（2）$\forall\,z\in B$,由 A 是闭集,证 $d(z,A)>0$. 再由（1）知 $d(z,A)$ 是紧集 B 上的连续函数,所以

$$d(B,A)=\inf_{z\in B}d(z,A)=d(z_0,A)>0.$$

5. 设 $c=a+\mathrm{i}b, f(t)=x(t)+\mathrm{i}y(t)$,则

$$
\begin{aligned}
c\int_\alpha^\beta f(t)\mathrm{d}t&=\left[a\int_\alpha^\beta x(t)\mathrm{d}t-b\int_\alpha^\beta y(t)\mathrm{d}t\right]+\mathrm{i}\left[a\int_\alpha^\beta y(t)\mathrm{d}t+b\int_\alpha^\beta x(t)\mathrm{d}t\right]\\
&=\int_\alpha^\beta[ax(t)-by(t)]\mathrm{d}t+\mathrm{i}\int_\alpha^\beta[ay(t)+bx(t)]\mathrm{d}t\\
&=\int_\alpha^\beta cf(t)\mathrm{d}t.
\end{aligned}
$$

6. 先证 $f(E)$ 为闭集. 设 w_0 是 $f(E)$ 的极限点,即存在 $\{z_n\}\subset E$,使 $\lim_{n\to\infty}f(z_n)=w_0$. 由 E 的紧性,$\exists\,\{z_{n_k}\}$,使 $\lim_{k\to\infty}z_{n_k}=z_0\in E$,所以

$$f(z_0)=\lim_{k\to\infty}f(z_{n_k})=w_0\in f(E).$$

即 $f(E)$ 为闭集. 又利用实函数 $|f(z)|$ 在 E 上有界,可知 $f(E)$ 为有界集,因此 $f(E)$ 是 $\mathbb{C}$ 中紧集.

第 三 章

1. （1）$u(x,y)$ 在 $z=0$ 点不可微,故 $f(z)$ 在 $z=0$ 不可导. 当 $z\neq0$ 时,$u(x,y),v(x,y)$ 不满足 C-R 方程,故 $f(z)$ 不可导.

2. 在 $z=0$ 点满足 C-R 方程,但 $u(x,y)$ 在 $z=0$ 不可微,故 $f(z)$ 不可导.

3. 引用数学分析中一阶偏导数恒为零时,二元函数为常数.

4. (3) 设 $|f(z)|\equiv C$. 若 $C=0$, 则 $f(z)\equiv 0$; 若 $C\neq 0$, 由 $f(z)\overline{f(z)}\equiv C^2$, 得 $\dfrac{\partial f}{\partial z}\overline{f(z)}+f(z)\dfrac{\partial \overline{f}}{\partial z}\equiv\dfrac{\partial \overline{f}}{\partial z}\overline{f(z)}\equiv 0$, 推出 $\dfrac{\partial f}{\partial z}=f'(z)\equiv 0$.

5. 利用 C-R 方程可推出 $\dfrac{\partial u}{\partial x}\equiv\dfrac{\partial u}{\partial y}\equiv\dfrac{\partial v}{\partial x}\equiv\dfrac{\partial v}{\partial y}\equiv 0$.

6. 当 z_0 位于下半平面时, 由导数定义得

$$\lim_{z\to z_0}\frac{\overline{f(\bar{z})}-\overline{f(\bar{z}_0)}}{z-z_0}=\overline{f'(\bar{z}_0)}.$$

7. 由 $f(z)=\dfrac{1}{2\mathrm{i}}\left[\dfrac{1}{z-\mathrm{i}}-\dfrac{1}{z+\mathrm{i}}\right]$, 得

$$f^{(4n+3)}(1)=-\frac{(4n+3)!}{2\mathrm{i}}\left[\frac{\mathrm{e}^{(n+1)\pi\mathrm{i}}}{4^{n+1}}-\frac{\mathrm{e}^{-(n+1)\pi\mathrm{i}}}{4^{n+1}}\right]$$

$$=-\frac{(4n+3)!}{4^{n+1}}\sin(n+1)\pi=0.$$

8. 利用曲线 $u(x,y)=C_1$ 在 (x_0,y_0) 点的法向量为 $\left(\dfrac{\partial u}{\partial x},\dfrac{\partial u}{\partial y}\right)_{(x_0,y_0)}$.

9. 利用导数定义或微分.

10. $|f(z)|^p=(f(z)\overline{f(z)})^{p/2}$, $\dfrac{\partial |f|^p}{\partial z}=\dfrac{p}{2}(f(z)\overline{f(z)})^{\frac{p}{2}-1}\dfrac{\partial f}{\partial z}\times\overline{f(z)}$. 微分时注意 $\dfrac{\partial f}{\partial \bar{z}}=0$, $\dfrac{\partial \overline{f}}{\partial z}=0$, $\dfrac{\partial \overline{f}}{\partial \bar{z}}=\overline{\dfrac{\partial f}{\partial z}}=\overline{f'(z)}$.

11. $\lim_{z\to z_0}\left|\dfrac{f(z)-f(z_0)}{z-z_0}\right|=\lim_{z\to z_0}\left|\dfrac{\partial f(z_0)}{\partial z}+\dfrac{\partial f(z_0)}{\partial \bar{z}}\mathrm{e}^{-2\mathrm{i}\theta}\right|$, 其中 $\theta=\arg(z-z_0)$. 若 $\dfrac{\partial f(z_0)}{\partial z}$, $\dfrac{\partial f(z_0)}{\partial \bar{z}}$ 都不为零, 总可求出两个方向, 当 z 沿该方向趋于 z_0 时, 上式极限不等, 这与假设矛盾. 所以两偏导数至少有一为零.

12. 方法一 利用 $u'_r=u'_x\cos\theta+u'_y\sin\theta$, $u'_\theta=u'_x(-r\sin\theta)+u'_y(r\cos\theta)$, 类似有 v'_r, v'_θ 表示式.

方法二 当动点 $(r+\Delta r)\mathrm{e}^{\mathrm{i}\theta}$ 趋于定点 $r\mathrm{e}^{\mathrm{i}\theta}$ 时,

$$f'(z)=\lim_{\Delta r\to 0}\frac{f[(r+\Delta r)\mathrm{e}^{\mathrm{i}\theta}]-f(r\mathrm{e}^{\mathrm{i}\theta})}{\Delta r\mathrm{e}^{\mathrm{i}\theta}}=\frac{1}{\mathrm{e}^{\mathrm{i}\theta}}(u'_r+\mathrm{i}v'_r).$$

再令动点 $r\mathrm{e}^{\mathrm{i}(\theta+\Delta\theta)}$ 趋于 $r\mathrm{e}^{\mathrm{i}\theta}$ 时,

$$f'(z)=\lim_{\Delta\theta\to 0}\frac{f[(r\mathrm{e}^{\mathrm{i}(\theta+\Delta\theta)})]-f(r\mathrm{e}^{\mathrm{i}\theta})}{r\mathrm{e}^{\mathrm{i}\theta}[\mathrm{e}^{\mathrm{i}\Delta\theta}-1]}=\frac{1}{\mathrm{i}r\mathrm{e}^{\mathrm{i}\theta}}(u'_\theta+\mathrm{i}v'_\theta).$$

方法三 任取 $z_0\neq 0$, 令 $\zeta_0=\log z_0$, 则 $\zeta=\log z$ 把 z_0 邻域 $V(z_0;\delta)$ 映为 ζ_0 邻域 U, 由反函数定理, $z=\mathrm{e}^\zeta$ 把 U 映为 $V(z_0;\delta)$. 函数 $f(\mathrm{e}^\zeta)$ 在 U 内解析, 令

$\zeta=\xi+i\eta=\log r+i\theta$，得

$$\frac{\partial u(e^{\zeta})}{\partial\xi}=\frac{\partial v(e^{\zeta})}{\partial\eta},\quad \frac{\partial u(e^{\zeta})}{\partial\eta}=-\frac{\partial v(e^{\zeta})}{\partial\xi}.$$

再令 $\zeta=\log z$，故在 $V(z_0;\delta)$ 内有

$$\frac{\partial u(z)}{\partial(\log r)}=\frac{\partial v(z)}{\partial\theta},\quad \frac{\partial u(z)}{\partial\theta}=-\frac{\partial v(z)}{\partial\log r}.$$

14. 方法一 令 $\zeta=az,\zeta=\xi+i\eta$，它把带域 $|\mathrm{Im}z|<\dfrac{\pi}{2}$ 映为两平行直线 $\dfrac{a\eta-b\xi}{a^2+b^2}=\pm\dfrac{\pi}{2}$ 围成的带域 D. 当 $a^2+b^2\leqslant 2|a|$ 时，此带域垂直宽度不超过 2π，所以 e^{ζ} 在此带域内单叶，故 e^{az} 在带域 $|\mathrm{Im}z|<\dfrac{\pi}{2}$ 内单叶. 反之，若 $a^2+b^2>2|a|$，则带域 D 的垂直宽度大于 2π，e^{ζ} 在 D 内不单叶，故 e^{az} 在 $|\mathrm{Im}z|<\dfrac{\pi}{2}$ 内不单叶，即要单叶时必有 $a^2+b^2\leqslant 2|a|$.

方法二 由 $e^{az_1}=e^{az_2}(z_j=x_j+iy_j)$，得

$$x_1-x_2=-\frac{2bk\pi}{a^2+b^2},\quad y_1-y_2=\frac{2ak\pi}{a^2+b^2}\quad(k\in\mathbb{Z}).$$

当 z_1,z_2 位于 $|\mathrm{Im}\,z|<\dfrac{\pi}{2}$ 内时，

$$\pi>|y_1-y_2|=\left|\frac{2ak\pi}{a^2+b^2}\right|\geqslant|k|\pi\quad(a^2+b^2\leqslant 2|a|),$$

推出 $k=0$，即得 $z_1=z_2$. 反之，若 $a^2+b^2>2|a|$，则在

$$|\mathrm{Im}\,z|<\frac{\pi}{2}$$

内总存在两不同点 z_1,z_2 使

$$x_1-x_2=-\frac{2b\pi}{a^2+b^2},\quad y_1-y_2=\frac{2a\pi}{a^2+b^2}.$$

即 e^{az} 在带域内不单叶.

16. 方法一 设圆周 C 的方程为 $|z-ib|=\sqrt{1+b^2}$，由 $|z_1-ib|<\sqrt{1+b^2}$，可推出 $|z_2-ib|>\sqrt{1+b^2}$.

方法二 作分式线性变换 $w=\dfrac{z+1}{z-1}$，把圆周 C 映为过原点的直线 L，把 z_1,z_2 映为 w_1,w_2，由 $w_2=-w_1$ 即知 z_1,z_2 在 C 的两侧.

17. $w=e^{i\theta}\dfrac{R(z-a)}{R^2-\bar{a}z}(|a|<R)$.　**18.** $w=\dfrac{z-z_0}{z-2a+\bar{z}_0}$.

19. （1）论证 $w=\dfrac{az+b}{cz+d}$ 中 $c=0,a=d$.　**20.** $\pm e^{i\arg a}$.

21. $\dfrac{a}{1+\sqrt{1-|a|^2}}$.　　**22.** $|\mathrm{d}w|=|w'(z)||\mathrm{d}z|$.

23. 证 $\dfrac{|\mathrm{d}w|}{w-\overline{w}}=\dfrac{|\mathrm{d}z|}{z-\overline{z}}$.

24. 方法一　$z=\dfrac{\mathrm{d}w-b}{-cw+a}$,由 $\left|z+\dfrac{d}{c}\right|=R$,推出

$$\left|w+\dfrac{a}{c}\right|=\dfrac{|ad-bc|}{|c|^2R},$$

取 $R=\sqrt{|ad-bc|}/|c|$.

方法二　因

$$|w_1-w_2|=\dfrac{|ad-bc||z_1-z_2|}{|c|^2\left|z_1+\dfrac{d}{c}\right|\left|z_2+\dfrac{d}{c}\right|}.$$

当 z_1,z_2 位于圆周 $\left|z+\dfrac{d}{c}\right|=\sqrt{|ad-bc|}/|c|$ 上时,

$$|w_1-w_2|=|z_1-z_2|.$$

25. 作分式线性变换,使 $z_1\mapsto 0,z_2\mapsto 1,z_4\mapsto\infty$,则由条件 $z_3\mapsto r>1$.

26. 计算 $(z_1,\overline{z}_1,\overline{z}_2,z_2)$.

27. 考虑分式线性变换 $\left(z,2,\dfrac{1}{2},a\right)=\left(w,2,\dfrac{1}{2},\infty\right)$,它把 $|z|=1$ 映为

圆周 C,C 以 $0,\infty$ 为对称点,所以 C 有形式 $|w|=R$,又 C 以 $2,\dfrac{1}{2}$ 为对称点,

故 $R=1$.

28. $w=\dfrac{5z-4}{4z-5}$.　　**29.** $\mathrm{e}^{-\pi/2},\mathrm{e}^{-\pi/2},1$.

30. 分支点为 a,b,∞. 单值域为

$$\mathbb{C}\setminus\{[a,\infty)\cup[b,\infty)\}\ \text{而}\ [a,\infty)\cap[b,\infty)=\varnothing.$$

31. 可取出单值解析分支,它是奇函数.

32. (1) 分支点为 a_1,a_2,a_3,∞. 单值域为

$$\mathbb{C}\setminus\{[a_1,a_2)\cup[a_3,\infty)\}\ \text{而}\ [a_1,a_2]\cap[a_3,\infty)=\varnothing.$$

(2) 分支点为 a_1,a_2,a_3,a_4. 单值域为

$$\mathbb{C}\setminus\{[a_1,a_2]\cup[a_3,a_4]\}\ \text{而}\ [a_1,a_2]\cap[a_3,a_4]=\varnothing.$$

33. (1) 是；(2) 是；(3) 是.

34. 分支点为 $0,1$. 单值域为 $\mathbb{C}\setminus[0,1]$.

35. 可以. $f(2)=\log 3+\mathrm{i}\pi$, $f(-2)=\log 3-\mathrm{i}\pi$.

第 四 章

1. (1) $2\pi\sin 1i$；(2) $-\pi e^{-i}$.

2. (1) $-\dfrac{3\pi i}{8}$；(2) a,b 在 $|z|=R$ 内部或外部时，$I=0$；a 在内部，b 在外部时，$I=-\dfrac{2\pi i}{(b-a)^n}$；$a$ 在外部，b 在内部时，$I=\dfrac{2\pi i}{(b-a)^n}$.

3. (1) $8\pi i$；(2) 0；(3) 应用圆外 Cauchy 定理和圆内 Cauchy 公式，

$$I=\int_{|z|=1}\frac{P_n(z)}{z^k(z-z_0)}\mathrm{d}z$$

$$=\int_{|z|=1}\frac{\sum\limits_{l=0}^{k-1}a_l z^l}{z^k(z-z_0)}\mathrm{d}z+\int_{|z|=1}\frac{\sum\limits_{l=k}^{n}a_l z^{l-k}}{z-z_0}\mathrm{d}z$$

$$=2\pi i\sum_{l=k}^{n}a_l z_0^{l-k}.$$

4. $2\pi i\dfrac{(2n)!}{(n!)^2}$.

5. $\dfrac{1}{2\pi i}\displaystyle\int_{|z|=R}\frac{z+a}{z-a}\frac{\mathrm{d}z}{z}=\dfrac{1}{2\pi i}\displaystyle\int_{|z|=R}\left[\frac{2}{z-a}-\frac{1}{z}\right]\mathrm{d}z=1$.

6. 考虑辅助函数 $F(z)=\dfrac{f(z)-1}{f(z)+1}$ 或 $F(z)=e^{-f(z)}$.

7. 固定 z，取 R 充分大

$$|f^{(k+1)}(z)|=\left|\frac{(k+1)!}{2\pi i}\int_{|\zeta|=R}\frac{f(\zeta)}{(\zeta-z)^{k+2}}\mathrm{d}\zeta\right|$$

$$\leqslant\frac{(k+1)!}{2\pi}\frac{MR^k}{(R-|z|)^{k+2}}\cdot 2\pi R.$$

8. 反证并考虑 $f(z)=1/P(z)$.

9. 对 $f(z)$ 与 $1/f(z)$ 应用最大模原理.

10. (1) 对函数 $\dfrac{f(z)-f(\infty)}{z}$ 在 $R\leqslant|z|\leqslant R_1$ 上应用 Cauchy 定理，然后令 $R_1\rightarrow+\infty$；

(2) 令 $M=\sup\limits_{1<|z|<+\infty}|f(z)|$，证 $|f(\infty)|<M$.

11. 对函数 $P_n(z)/z^n$ 在 $|z|\geqslant 1$ 上应用最大模原理，然后再对 $P_n(z)$ 在 $|z|\leqslant R$ 上应用最大模原理.

12. 对 $P_n(z)/z$ 在 $|z|\geqslant 1$ 上应用最大模原理.

13. 考虑函数 $F(z)=f(z)f(-z)$.

14. 对函数 $F(\zeta)=\dfrac{1}{M}f(R\zeta)$ 应用 Schwarz 引理.

15. 对函数 $F(z)=\dfrac{f(z)-f(0)}{1-\overline{f(0)}f(z)}$ 应用 Schwarz 引理.

16. 作辅助函数

$$F(z) = \begin{cases} \dfrac{f(z)}{(z-z_1)\cdots(z-z_n)}, & |z|<R, z\neq z_j, \\[3mm] \dfrac{f'(z_j)}{\displaystyle\prod_{\substack{l=1\\l\neq j}}^{n}(z_j-z_l)}, & z=z_j(j=1,2,\cdots,n). \end{cases}$$

17. 对函数 $F(z)=\dfrac{f(z)-\alpha}{f(z)+\alpha}$ 应用 Schwarz 引理.

18. 对函数 $F(z)=\dfrac{f(z)}{f(z)-2A}$ 应用 Schwarz 引理.

19. 考虑函数 $F(z)=f(z)-f(0)$,由调和函数最大模原理知 $A-$ $\mathrm{Re}f(0)>0$,然后应用 18 题. 或考虑函数

$$F(z) = f(z) - f(0) + \varepsilon \quad (\forall\, \varepsilon > 0),$$

最后令 $\varepsilon\to 0$.

20. $|P'_n(z)| = \left|\dfrac{1}{2\pi\mathrm{i}}\displaystyle\int_{|\zeta|=R}\dfrac{P_n(\zeta)}{(\zeta-z)^2}\mathrm{d}\zeta\right| \leqslant \dfrac{MR^n}{2\pi}\int_0^{2\pi}\dfrac{R}{|\zeta-z|^2}\mathrm{d}\theta$

$\leqslant MR^n\dfrac{R}{R^2-|z|^2} \leqslant \dfrac{MR^{n+1}}{R^2-1},$

取 $R=\sqrt{1+1/n}$,得

$$|P'_n(z)| \leqslant nM\left(1+\dfrac{1}{n}\right)^{\frac{n+1}{2}} \leqslant nM\left(1+\dfrac{1}{n}\right)^n \leqslant \mathrm{e}nM.$$

第 五 章

1. 利用 $\mathrm{Re}c_n=\dfrac{c_n+\bar{c}_n}{2}$, $|c_n|\leqslant\dfrac{\mathrm{Re}c_n}{\cos\alpha}$.

2. (1) 当 $\mathrm{Im}z\neq 0$ 时,一般项

$$\dfrac{|\cos nz|}{n^2} \geqslant \dfrac{\sqrt{\mathrm{ch}^2ny-1}}{n^2} \to +\infty,$$

所以收敛域为实轴;

(2) $|z|<1$.

3. $\forall$ 紧集 K，$\exists R$ 使 K 包含在 $|z| \leqslant R$ 内，$\exists N > R$，说明级数 $\sum\limits_{n=N}^{\infty} (-1)^n \left(\dfrac{1}{z-n} + \dfrac{1}{n} \right)$ 在 K 上一致收敛.

4. 利用级数 $\sum\limits_{n=1}^{\infty} (-1)^n \dfrac{1}{n}$ 在 K 上一致收敛.

5. $\forall$ 紧集 $K \subset D$，记 $2\rho = d(K, \partial D) > 0$. 则当 $z \in K$ 时，

$$|f'_{n+1}(z)| + \cdots + |f'_{n+p}(z)|$$

$$\leqslant \frac{1}{2\pi} \int_{|\zeta-z|=\rho} \frac{|f_{n+1}(\zeta)| + \cdots + |f_{n+p}(\zeta)|}{|\zeta - z|^2} |\mathrm{d}\zeta| \leqslant \frac{\varepsilon}{\rho}.$$

6. 利用 $|f(re^{\mathrm{i}\theta})|^2 = \left(\sum\limits_{n=0}^{\infty} c_n r^n e^{\mathrm{i}n\theta} \right) \left(\sum\limits_{m=0}^{\infty} \bar{c}_m r^m e^{-\mathrm{i}m\theta} \right).$

8. 由条件 $\varlimsup\limits_{n\to\infty} \sqrt[n]{|c_n|} \leqslant \dfrac{1}{R}$，得 $\varlimsup\limits_{n\to\infty} \sqrt[n]{\dfrac{|c_n|}{n!}} = 0$，故级数 $\sum\limits_{n=0}^{\infty} \dfrac{c_n}{n!} z^n$ 收敛半径为 $+\infty$. 令 $|c_n R^n| \leqslant M$，可得估计式.

9. (2) $\max\limits_{|z|=1} \left| \dfrac{e^z - 1}{z} \right| = \max\limits_{|z|=1} |e^z - 1| \leqslant e - 1 < \dfrac{7}{4}.$

$$\min\limits_{|z|=1} \left| \frac{e^z - 1}{z} \right| = \min\limits_{|z|=1} |e^z - 1|$$

$$= \min\limits_{|z|=1} \left| 1 + \frac{z}{2!} + \cdots + \frac{z^{n-1}}{n!} + \cdots \right|$$

$$\geqslant 1 - \left(\frac{1}{2!} + \cdots + \frac{1}{n!} + \cdots \right) = 3 - e > \frac{1}{4}.$$

10. (1) 利用 $\overline{f(z)} = \sum\limits_{k=0}^{\infty} \bar{c}_k \bar{z}^k$；　　(2) 利用 c_n 公式和 (1)；

(3) $|c_n| \leqslant \dfrac{1}{\pi r^n} \int_0^{2\pi} u(re^{\mathrm{i}\theta}) \mathrm{d}\theta = \dfrac{2u(0)}{r^n} = \dfrac{2}{r^n}$，令 $r \to 1$；

(4) 对 $\dfrac{1}{\zeta - z}$ 展成 z 的幂级数；　　(5) 利用 Cauchy 公式与 (4).

11. 先求出和函数 $f(z) = \dfrac{1}{1 - z - z^2}$，可得收敛半径 $R = \dfrac{\sqrt{5} - 1}{2}$.

12. $\forall r < 1$，函数 $f(rz)$ 在 $|z| < \dfrac{1}{r}$ 解析，故其幂级数部分和在 $|z| \leqslant 1$ 上一致收敛于 $f(rz)$.

13. (1) $\sum\limits_{n=-\infty}^{\infty} 2^{-|n|} z^n$；　　(2) $-\sum\limits_{n=0}^{\infty} (n+1) \mathrm{i}^n (z-\mathrm{i})^{n-1}$；

(3) $-\dfrac{5}{3} + 8 \sum\limits_{n=1}^{\infty} \dfrac{(-1)^{n+1}}{3^{n+1}} z^n + 3 \sum\limits_{n=0}^{\infty} (-1)^n \dfrac{2^n}{z^{n+1}}$；

(4) $\dfrac{\alpha}{\beta z^3}+\dfrac{\alpha(\beta^2-\alpha^2)}{6\beta z}+\cdots.$

14. (1) $-\log 2-\displaystyle\sum_{n=1}^{\infty}\dfrac{2^n-1}{n2^n}z^n,\ \sum_{n=1}^{\infty}\dfrac{2^n-1}{z^n};$

(2) $\mathrm{e}+\mathrm{e}z+\dfrac{3\mathrm{e}}{2}z^2+\dfrac{13\mathrm{e}}{6}z^3+\cdots,\quad 1+\dfrac{1}{z}+\dfrac{3}{2z^2}+\dfrac{13}{6z^3}+\cdots;$

(3) 利用第三章第 7 题知 $\displaystyle\sum_{n=0}^{\infty}(-1)^n\dfrac{\sin\dfrac{n+1}{4}\pi}{(\sqrt{2})^{n+1}}(z-1)^n.$

15. 证明 a 不是 $f(z)$ 的极点和可去奇点.

16. 证 Laurent 展式系数皆为零.

17. 由 a 是 $\varphi(z)=(z-a)f(z)$ 的可去奇点,推出 a 是 $f(z)$ 的可去奇点.

18. 证明 $\varphi(z)$ 在 $\mathbb{C}$ 上实部有界,然后证 $\varphi(z)$ 为常数.

19. 注意 $a_k(1\leqslant k\leqslant n)$ 为 $f(z)$ 的可去奇点.

20. 利用 $|f(z^n)|\leqslant|z^n|$.

21. 用 11 题有相同和函数 $\dfrac{1}{1-z-z^2}$,但所给级数的收敛域为 $|z(1+z)|<1$.

22. 记方程 $1-z-z^2=0$ 的根为

$$\alpha=\frac{\sqrt{5}-1}{2},\quad \beta=\frac{-\sqrt{5}-1}{2}.$$

设 δ 充分小,R 充分大,则有

$$0=\frac{-1}{2\pi\mathrm{i}}\int_{|z|=R}\frac{\mathrm{d}z}{(1-z-z^2)z^{n+1}}$$

$$=\frac{1}{2\pi\mathrm{i}}\int_{|z-\alpha|=\delta}\frac{\mathrm{d}z}{(1-z-z^2)z^{n+1}}$$

$$+\frac{1}{2\pi\mathrm{i}}\int_{|z-\beta|=\delta}\frac{\mathrm{d}z}{(1-z-z^2)z^{n+1}}+\frac{1}{2\pi\mathrm{i}}\int_{|z|=\delta}\frac{\mathrm{d}z}{(1-z-z^2)z^{n+1}}.$$

由此得

$$c_n=\frac{1}{\alpha^{n+1}(\alpha-\beta)}+\frac{1}{\beta^{n+1}(\beta-\alpha)}$$

$$=\frac{1}{\sqrt{5}}\left(\frac{\sqrt{5}+1}{2}\right)^{n+1}+\frac{(-1)^n}{\sqrt{5}}\left(\frac{\sqrt{5}-1}{2}\right)^{n+1}.$$

第 六 章

1. (1) $\dfrac{\alpha(\beta^2-\alpha^2)}{6\beta}$; (2) $a-b$; (3) $\mathrm{Res}(f;1)=-\mathrm{e},$

$\text{Res}(f; \infty) = 1$, $\text{Res}(f; 0) = e - 1$.

2. (1) $-\dfrac{\pi i}{2}$； (2) $\dfrac{\pi i}{4}(a-b)^2$. **3.** 利用 $z_k^4 = -a^4$.

4. 先由 $\dfrac{1}{\cos^2(z_n + \zeta)}$ 是 ζ 的偶函数，得 Laurent 展式

$$\frac{1}{\cos^2(z_n + \zeta)} = \sum_{k=-\infty}^{\infty} c_{2k} \zeta^{2k},$$

或 $\dfrac{1}{\cos^2 z} = \displaystyle\sum_{k=-\infty}^{\infty} c_{2k}(z - z_n)^{2k}$. 所以有 $\text{Res}\left(\dfrac{1}{\cos^2 z}, z_n\right) = 0$，然后利用等式

$$\text{Res}\left(\frac{f(z)}{\cos^2 z}; z_n\right) = \text{Res}\left(\frac{f(z) - f(z_n)}{\cos^2 z}; z_n\right)$$

化为求一级极点的留数.

5. 即求留数.

6. 利用 $f(\zeta) - \dfrac{A}{\zeta - \zeta_0} = f[\varphi(z)] - \dfrac{A}{\varphi(z) - \varphi(a)}$ 在 a 点解析.

7. (1) 利用留数定义和积分变换； (2) 要说明原点留数为零.

8. 在 $1 < |z| < 2$ 内有两个根，在 $2 < |z| < 5/2$ 内有三个根.

9. (1) 一个根；(2) 四个根；(3) 一个根；(4) 一个根.

10. 利用 $w = \dfrac{z+2}{z+1}$ 把右半平面映为过 $z = 1, 2$，且与实轴正交的圆内部.

11. 取如图 6-2 中的回路 γ，$\Delta_\gamma \arg P(z) = 4\pi + o(1)$.

12. 取如图 6-2 中的回路 γ，$\Delta_\gamma \arg P(z) = 2\pi + o(1)$.

13. 在 $|z| = 1 + M$ 上 $|a_1 z^{n-1} + \cdots + a_n| < |z^n|$.

14. 先证 $|a_k| \leqslant M (1 \leqslant k \leqslant n)$，然后应用上一题.

15. (1) a 是 $f(z)$ 的可去奇点时，要说明 $F(a) \neq 0$，即证积分

$$\frac{1}{2\pi i} \int_{|z-a|=\rho} \frac{F'(z)}{F(z)} dz = 0.$$

(2) 本性奇点.

17. 反证. 得 $F(f(z))$ 把 D 映为一区域.

18. 利用 $P_n(z)$ 在 $|z| < 1$ 内内闭一致收敛于 $\dfrac{1}{(1-z)^2}$.

19. 即证 $\forall R > 0$，$\exists N$，当 $n \geqslant N$ 时，$P_n(z)$ 在 $|z| \leqslant R$ 内无零点.

20. 反证. 考虑反函数 $g(w)$ 限制在 $|w| < 1$ 上的函数，仍记为 $g(w)$，对 $g(w)$ 应用 Schwarz 引理.

21. 设 $f^{-1}(0) = a$，$\varphi(z) = \dfrac{z-a}{1 - \bar{a}z}$，对 $\varphi[f^{-1}(z)]$ 和 $f[\varphi^{-1}(z)]$ 应用

Schwarz 引理.

22. (1) 应用 Rouché 定理;

(2) 函数 $f(z)=\dfrac{z-a}{1-az}(0<a<1)$ 在 $|z|<1$ 内无不动点. 考虑 $f_n(z)=$

$\left(1-\dfrac{1}{n}\right)f(z)-z$ 或考虑 $F(z)=\varphi\circ f\circ\varphi^{-1}(z)$, $\varphi(z)=\dfrac{z-z_0}{1-\bar{z}_0 z}$, 其中 z_0,z_1 为

两个不动点, 设法得一矛盾.

23. (1) $\dfrac{\pi}{4}\sqrt{\dfrac{\sqrt{13}-3}{2}}$. 计算时可利用恒等式:

$$(-\sqrt{z}+\sqrt{\bar{z}})^2=-2(|z|-\mathrm{Re}z);$$

(2) $\dfrac{\pi}{n\sin\dfrac{\pi}{n}}$.

24. (1) $\dfrac{2\pi}{\sqrt{a^2-1}}$; (2) $\dfrac{1}{1-a^2}$. **25.** (1) $\dfrac{\pi}{2}\mathrm{e}^{-a^2}$; (2) 0.

26. (1) $\left(\dfrac{\pi}{2}\right)^2$; (2) $\cos\dfrac{p\pi}{2}\Gamma(p)$. **27.** $\dfrac{\sqrt{\pi}}{4}\sqrt{1+\sqrt{2}}$.

28. (1) $\left|\displaystyle\int_{\gamma_r}\dfrac{\log(1-z)}{z}\mathrm{d}z\right|\leqslant\dfrac{\log\dfrac{1}{r}}{1-r}\pi r\to 0(r\to 0).$

(3) 利用 $|1-\mathrm{e}^{i\theta}|=2\sin\dfrac{\theta}{2}$.

第 七 章

1. 利用 $f'(z)=\dfrac{\partial u}{\partial x}-\mathrm{i}\dfrac{\partial u}{\partial y}$ 在 D 内解析和解析函数的唯一性定理.

2. 利用上一题.

3. 利用第一节引理 1, 或对 $\log|f(z)|=\dfrac{1}{2}\log[f(z)\overline{f(z)}]$ 求 $\dfrac{\partial^2}{\partial z\partial\bar{z}}$, 或利用每点邻域内 $\log f(z)$ 可取出单值解析分支.

4. 利用求偏导数与次序无关性质.

5. 先由条件可得 $\dfrac{\partial f}{\partial z}\cdot\dfrac{\partial f}{\partial\bar{z}}\equiv 0$, 再由第 4 题与第 2 题得 $\dfrac{\partial f}{\partial z}\equiv 0$ 或 $\dfrac{\partial f}{\partial\bar{z}}\equiv 0$.

6. 方法一 利用推论 2 与调和函数的最大最小值原理;

方法二 对函数 $\pm u(z)+\varepsilon\log|z|$ 应用最大最小值原理, 然后令 $\varepsilon\to 0$.

7. 方法一 从几何考虑. 因变换 $\left(\dfrac{1-z}{1+z}\right)^2$ 把单位圆变为 $\mathbb{C}\setminus[-\infty,0]$, 把半径变为从 1 出发终于负实轴上一点的曲线;

方法二　固定 $\theta \in (0,\pi) \bigcup (\pi, 2\pi)$，由

$$u(re^{i\theta}) = -\frac{4\sin\theta(1-r^2)}{|1+z|^4} \quad (z = re^{i\theta}),$$

即可得出 $r \to 1$ 时极限为零．

8. 在 $|z| \leqslant r < 1$ 上利用 Poisson 公式，然后令 $r \to 1$．对调和函数 $u(z) = \mathrm{Re}\,\dfrac{1+z}{1-z}$，即可看出结果不能改进．

9. 由

$$\begin{aligned}
f(z) &= \frac{1}{2\pi i} \int_{|\zeta|=\rho} \frac{\zeta+z}{\zeta-z} u(\zeta)\, \frac{d\zeta}{\zeta} \\
&= \frac{1}{2\pi i} \int_{|\zeta|=\rho} \frac{u(\zeta)}{\zeta-z} d\zeta + \frac{z}{2\pi i} \int_{|\zeta|=\rho} \frac{u(\zeta)/\zeta}{\zeta-z} d\zeta,
\end{aligned}$$

对每个积分应用第四章引理 2.

10. 固定 z，由上题可得

$$\begin{aligned}
|f'(z)| &\leqslant \frac{1}{\pi} \frac{\max\limits_{|\zeta|=R} |u(\zeta)|}{(R-|z|)^2} 2\pi R \\
&= 2\left(\frac{R}{R-|z|} \right)^2 \max\limits_{|\zeta|=R} \left| \frac{\mathrm{Re}\,f(\zeta)}{\zeta} \right| \to 0 \;(R \to +\infty).
\end{aligned}$$

11. 要证公式

$$u(rz) = \frac{1}{2\pi} \int_{|\zeta|=1} \frac{1-|z|^2}{|\zeta-z|^2} u(r\zeta)\, dr,$$

可以两边对 $r \to 1$ 求极限．即要证 $\forall\, \varepsilon > 0$，$\exists\, r_0$，当 $r_0 < r < 1$ 时，有

$$\left| \frac{1}{2\pi} \int_{|\zeta|=1} \frac{1-|z|^2}{|\zeta-z|^2} u(r\zeta)\, d\theta - \frac{1}{2\pi} \int_{|\zeta|=1} \frac{1-|z|^2}{|\zeta-z|^2} u(\zeta)\, d\theta \right| < \varepsilon.$$

12. 将 $w = \dfrac{z-i}{z+i}$，$\zeta = \dfrac{t-i}{t+i}$ 代入，得

$$\frac{1-|w|^2}{|\zeta-w|^2} = \frac{y(1+t^2)}{(x-t)^2+y^2}, \qquad \frac{d\zeta}{i\zeta} = \frac{2}{1+t^2} dt.$$

13. 函数 $u\left(i\dfrac{1+w}{1-w} \right)$ 在 $|w| < 1$ 内调和，在 $|w| < 1$ 除去 $w = 1$ 外连续、有界．由第 11 题得

$$u\left(i\frac{1+w}{1-w} \right) = \frac{1}{2\pi} \int_{|\zeta|=1} \frac{1-|w|^2}{|\zeta-w|^2} u\left(i\frac{1+\zeta}{1-\zeta} \right) \frac{d\zeta}{i\zeta},$$

对上式作 $w = \dfrac{z-i}{z+i}$ 变换，得

$$u(z) = \frac{1}{\pi} \int_{-\infty}^{\infty} \frac{y}{(x-t)^2+y^2} u(t)\, dt.$$

14. 计算 $\dfrac{\partial^2 u^2(z)}{\partial z \partial \bar{z}}$.

15. 若 $f(z_0)=0$，$|f(z)|^p$ 在 z_0 点的平均值不等式显然成立. 若 $f(z_0) \neq 0$，$\exists\, V(z_0;\delta)$，$f(z)$ 在其上不为零. $f^p(z)$ 可取出单值解析分支，由解析函数平均值公式，得 $|f(z)|^p$ 在 z_0 点的平均值不等式.

16. 若 $u(z_0)=0$，$|u(z)|^p$ 在 z_0 点的平均值不等式显然成立. 若 $u(z_0) \neq 0$，$\exists\, V(z_0;\delta)$，$u(z)$ 在其上不为零. 无妨设 $|u(z)|^p = u(z)^p$，$\dfrac{\partial^2 u^p}{\partial z \partial \bar{z}} = p(p-1)u^{p-2} \left| \dfrac{\partial u}{\partial z} \right|^2 \geqslant 0$，所以在 $V(z_0;\delta)$ 上 $|u(z)|^p$ 为次调和函数，故在 z_0 点平均值不等式成立.

17. 由

$$v_j(z_0) \leqslant \frac{1}{2\pi} \int_0^{2\pi} v_j(z_0 + re^{i\theta}) d\theta \leqslant \frac{1}{2\pi} \int_0^{2\pi} v(z_0 + re^{i\theta}) d\theta$$

$(j=1,2,0<r<\delta)$，即得

$$v(z_0) \leqslant \frac{1}{2\pi} \int_0^{2\pi} v(z_0 + re^{i\theta}) d\theta \quad (0<r<\delta).$$

18. (1) 在 $|z-z_0|<d(z_0,\partial D)$ 上 $u(z)$ 有共轭调和函数 $v(z)$，对解析函数 $e^{u(z)+iv(z)}$ 应用平均值公式，然后取模即得.

(2) 因 $\dfrac{\partial u}{\partial z} e^{u+iv}$ 为 $|z-z_0|<d(z_0,\partial D)$ 内解析函数，所以其模为次调和函数. 由 z_0 的任意性，$\left| \dfrac{\partial u}{\partial z} \right| e^u$ 为 D 内次调和函数.

第 八 章

1. 第一个级数收敛域为 $|z|<1$，和函数为 $\dfrac{1}{1-az}$，第二个级数收敛域为 $|z+1|<\sqrt{2}$，和函数为 $\dfrac{1}{1-az}$.

2. 方法一 在 $|z|<2$ 内定义解析函数

$$F(z) = 2f\left(\frac{z}{2} \right) f'\left(\frac{z}{2} \right).$$

当 $|z|<1$ 时，$F(z)=f(z)$，所以 $f(z)$ 可解析开拓到 $|z|<2$. 由解析函数唯一性定理，$|z|<2$ 时，

$$f(z) = 2f\left(\frac{z}{2} \right) f'\left(\frac{z}{2} \right).$$

依此下去可开拓到 $\mathbb{C}$.

方法二　反证. 假设 $f(z)$ 的幂级数展式收敛半径为 $R<+\infty$. 由条件 $f(2z)$ 与 $2f(z)f'(z)$ 应有相同的收敛半径. 但 $f(2z)$ 展式的收敛半径为 $\dfrac{R}{2}$, $2f(z)f'(z)$ 展式的收敛半径 $\geqslant R$, 故矛盾.

3. z_0 为 $f(z)-\dfrac{\alpha}{z-z_0}$ 的可去奇点.

4. (1) 设 $\displaystyle\sum_{n=0}^{\infty}c_n z^n$ 的收敛半径为 $R=|z_0|$, 利用 $f(z)-\dfrac{\alpha}{z-z_0}$ 的幂级数在 $|z|=R<R_1$ 上处处收敛, $\dfrac{\alpha}{z-z_0}$ 的幂级数在 $|z|=R$ 上处处发散.

(2) 利用 $\displaystyle\sum_{n=0}^{\infty}\left(c_n+\dfrac{\alpha}{z_0^{n+1}}\right)z^n$ 在 z_0 点收敛.

5. 反证. 假设在 $|z|=R$ 上一点 z_0 收敛, $\zeta=Re^{i\theta}$, 利用不等式

$$\left|(z-\zeta)\sum_{n=0}^{\infty}c_n z^n\right|\leqslant |z-\zeta|\left|\sum_{n=0}^{N}c_n z^n\right|+|z-\zeta|\left|\sum_{n=N+1}^{\infty}c_n z_0^n\left(\frac{z}{z_0}\right)^n\right|,$$

证明 $z=re^{i\theta}$ 的模 r 充分接近 R 时, 上式小于 ε. 证明时注意 N 充分大时, $|c_n z_0^n|<\varepsilon(n>N)$, 固定 N, $\displaystyle\sum_{n=0}^{N}|c_n|$ 为常数.

6. (1) $f^{(k)}(z)=\displaystyle\sum_{n=k}^{\infty}\dfrac{n!}{(n-k)!}c_n z^{n-k}$,

$$\alpha_k=\sum_{n=k}^{\infty}\dfrac{n!}{(n-k)!}c_n\left(\dfrac{1}{2}\right)^{n-k}\bigg/k!\geqslant 0.$$

(3) 反证. 如果 1 是正则点, 则 $\dfrac{1}{\varlimsup\limits_{k\to\infty}\sqrt[k]{\alpha_k}}>\dfrac{1}{2}$. 由此推出 $|z|=1$ 上每一点为正则点.

7. 在 D 内作两条可求长 Jordan 曲线 C_1,C_2, 使 C_2 位于 C_1 的内部. 当 z 位于 C_2 与 C_1 之间区域时,

$$f(z)=\dfrac{1}{2\pi i}\int_{C_1}\dfrac{f(\zeta)}{\zeta-z}d\zeta+\dfrac{1}{2\pi i}\int_{C_2^-}\dfrac{f(\zeta)}{\zeta-z}d\zeta$$

$$=f_1(z)+f_2(z).$$

$f_1(z)$ 在 C_1 内部解析, $f_2(z)$ 在 C_2 外部解析. 由 $f_1(z)=f(z)-f_2(z)$, 可将 $f_1(z)$ 解析开拓到 γ_1 的内部. 同理, 由 $f_2(z)=f(z)-f_1(z)$, 可将 $f_2(z)$ 解析开拓到 γ_2 的外部.

8. 由条件可得 $f(z)=\overline{f(\bar{z})}$，$f(z)=-\overline{f(-\bar{z})}$.

9. $f(z)=\dfrac{f(z)+\overline{f(\bar{z})}}{2}+\dfrac{f(z)-\overline{f(\bar{z})}}{2}$.

10. 方法一　$f(z)$ 可开拓成 $\overline{\mathbb{C}}$ 上的半纯函数.

方法二　先说明 $f(z)$ 在 $|z|<1$ 内只有有限个零点, 设为 $a_1,\cdots,a_n$, 然后考虑函数

$$F(z)=f(z)\bigg/\prod_{k=1}^{n}\frac{z-a_k}{1-\bar{a}_k z}.$$

11. $f(z)$ 可解析开拓到区域

$$\Omega=\{r<|z|<R\}\cup\gamma\cup\{R<|z|<R^2/r\}.$$

第 九 章

1. (1) $e^{3\pi i\left(\frac{1}{z}-\frac{1}{6}\right)}$；　　(2) $i\left(\dfrac{z+1}{z-1}\right)^3$；

(3) $-\dfrac{1}{2}\left(z+\dfrac{1}{z}\right)$ 或 $\left(\dfrac{1+z}{1-z}\right)^2$；　(4) $\sqrt{\dfrac{1}{z^4}+\dfrac{1}{4}}$；

(5) $\sqrt{e^{2z}+1}$；　　(6) $\dfrac{\sqrt{2(1+e^{2z})}}{1+e^z}$.

2. (1) $\dfrac{e^{\pi z}-1}{e^{\pi z}+1}$；　　(2) $\dfrac{\sqrt{z-\dfrac{1}{4}}-\dfrac{i}{2}}{\sqrt{z-\dfrac{1}{4}}+\dfrac{i}{2}}$.

3. (1) $\dfrac{\sqrt{z^2-1}+\sqrt{2iz}}{z-i}$；　　(2) $\dfrac{e^{\frac{\pi}{z}}+1}{e^{\frac{\pi}{z}}-1}$；

(3) $\dfrac{1}{\sqrt{a^2+b^2}}\left(\sqrt{z^2+a^2}+\sqrt{z^2-b^2}\right)$.

4. $w=\dfrac{3z}{z+24}$，$R=\dfrac{3}{2}$.

5. $w=(2+\sqrt{3})\dfrac{z-\sqrt{3}}{z+\sqrt{3}}$，$R=2+\sqrt{3}$.

6. $\forall$ 紧集 $K\subset D$, 记 $\rho=\mathrm{dist}(K,\partial D)>0$, 令

$$F=\{z\in D:\mathrm{dist}(z,K)\leqslant\rho/2\}.$$

由 $\{f_n(z)\}$ 在 F 上一致有界, 利用 Cauchy 不等式, 证 $\{f_n'(z)\}$ 在 K 上一致有界.

7. (1) $R=1-|a|^2$；　　(2) $R=2h$.

8. 在 $|z-z_0|<\delta$ 上对映射函数 $f\colon\Omega\to D, f(z_0)=0$ 应用 Schwarz 引理；对 f 的反函数 $g\colon D\to\Omega$ 看成 $g\colon D\to|z-z_0|<d$ 应用 Schwarz 引理.

9. 变换 $\zeta=\mathrm{i}\dfrac{1+z}{1-z}$ 把 $D\to\mathrm{Im}\zeta>0, a_k\mapsto b_k, F(\zeta)=f\left(\dfrac{\zeta-\mathrm{i}}{\zeta+\mathrm{i}}\right)$. 对 $F(\zeta)$ 有表示式：

$$F(\zeta)=C_1'\int_{\zeta_0}^{\zeta}\prod_{k=1}^{n}(\tau-b_k)^{\lambda_k-1}\mathrm{d}\tau+C_2'.$$

先通过 $\zeta=\mathrm{i}\dfrac{1+z}{1-z}$ 把上式变成 $f(z)$ 的积分公式，再作积分变换即得所证公式.

10. 利用对称原理知 $a_k=\mathrm{e}^{\frac{2\pi\mathrm{i}}{n}k}(k=0,1,\cdots,n-1), \lambda_k=1-\dfrac{2}{n}(k=0,1,\cdots,n-1)$，代入上一题公式得

$$f(z)=\frac{na}{\mathrm{B}\left(\dfrac{1}{n},1-\dfrac{2}{n}\right)}\int_0^z\frac{\mathrm{d}\zeta}{(1-\zeta^n)^{2/n}}.$$

11. $f(z)=\dfrac{2a}{\mathrm{B}\left(\dfrac{\alpha}{2},1-\alpha\right)}\displaystyle\int_0^z\frac{\zeta^{\alpha-1}}{(1-\zeta^2)^\alpha}\mathrm{d}\zeta.$

名词索引

参 考 书 目

[1] Ahlfors L V. Complex Analysis, 3rd ed. New York: McGraw-Hill, 1979.

[2] Beardon A F. Complex Analysis. New York: Wiley, 1979.

[3] Conway J B. Functions of one Complex Variable, 2nd ed. New York: Springer-Verlag, 1978.

[4] Farkas H M, Kra F. Riemann Surfaces. New York: Springer-Verlag, 1980.

[5] Lang S. Complex Analysis, 2nd ed. New York: Springer-Verlag, 1985.

[6] Rudin N. Real and Complex Functions. New York: McGraw-Hill, 1966.

[7] 庄圻泰,张南岳. 复变函数. 北京: 北京大学出版社,1984.